全国医药中等职业技术学校教材

药用植物基础

全国医药职业技术教育研究会　组织编写

秦泽平　主编　　初　敏　主审

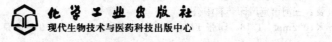

·北京·

图书在版编目(CIP)数据

药用植物基础/秦泽平主编．—北京：化学工业出版社，
2005.11（2019.9重印）
全国医药中等职业技术学校教材
ISBN 978-7-5025-7910-4

Ⅰ．药… Ⅱ．李… Ⅲ．药用植物学-专业学校-教材
Ⅳ．Q949

中国版本图书馆 CIP 数据核字（2005）第 138851 号

责任编辑：李少华　余晓捷　孙小芳　　　　　　文字编辑：李锦侠
责任校对：于志岩　　　　　　　　　　　　　　装帧设计：关　飞

出版发行：化学工业出版社（北京市东城区青年湖南街 13 号　邮政编码 100011）
印　　装：三河市延风印装有限公司
787mm×1092mm　1/16　印张 14¼　字数 339 千字　2019 年 9 月北京第 1 版第 11 次印刷

购书咨询：010-64518888　　售后服务：010-64518899
网　　址：http://www.cip.com.cn
凡购买本书，如有缺损质量问题，本社销售中心负责调换。

定　价：35.00 元　　　　　　　　　　　　　　　　　　　　　　版权所有　违者必究

《药用植物基础》编审人员

主　　编　秦泽平　（天津市药科中等专业学校）
主　　审　初　敏　（天津市中药饮片厂）
副 主 编　李光锋　（湖南省医药中等专业学校）
编写人员　（按姓氏笔画排序）
　　　　　刘　波　（上海市医药学校）
　　　　　刘素英　（广州市医药中等专业学校）
　　　　　许　倩　（河南省医药学校）
　　　　　李光锋　（湖南省医药中等专业学校）
　　　　　秦泽平　（天津市药科中等专业学校）

全国医药职业技术教育研究会委员名单

会　　长　苏怀德　国家食品药品监督管理局

副会长　（按姓氏笔画排序）
　　　　　　王书林　成都中医药大学峨眉学院
　　　　　　严　振　广东化工制药职业技术学院
　　　　　　陆国民　上海市医药学校
　　　　　　周晓明　山西生物应用职业技术学院
　　　　　　缪立德　湖北省医药学校

委　　员　（按姓氏笔画排序）
　　　　　　马孔琛　沈阳药科大学高等职业技术学院
　　　　　　王吉东　江苏省徐州医药高等职业学校
　　　　　　王自勇　浙江医药高等专科学校
　　　　　　左淑芬　河南中医学院药学高职部
　　　　　　白　钢　苏州市医药职工中等专业学校
　　　　　　刘效昌　广州市医药中等专业学校
　　　　　　闫丽霞　天津生物工程职业技术学院
　　　　　　阳　欢　江西中医学院大专部
　　　　　　李元富　山东中医药高级技工学校
　　　　　　张希斌　黑龙江省医药职工中等专业学校
　　　　　　林锦兴　山东省医药学校
　　　　　　罗以密　上海医药职工大学
　　　　　　钱家骏　北京市中医药学校
　　　　　　黄跃进　江苏省连云港中医药高等职业技术学校
　　　　　　黄庶亮　福建食品药品职业技术学院
　　　　　　黄新启　江西中医学院高等职业技术学院
　　　　　　彭　敏　重庆市医药技工学校
　　　　　　彭　毅　长沙市医药中等专业学校
　　　　　　谭骁彧　湖南生物机电职业技术学院药学部

秘书长　（按姓氏笔画排序）
　　　　　　刘　佳　成都中医药大学峨眉学院
　　　　　　谢淑俊　北京市高新职业技术学院

全国医药中等职业技术教育教材
建设委员会委员名单

主 任 委 员	苏怀德	国家食品药品监督管理局
常务副主任委员	王书林	成都中医药大学峨眉学院
副 主 任 委 员	（按姓氏笔画排序）	
	李松涛	山东中医药高级技工学校
	陆国民	上海市医药学校
	林锦兴	山东省医药学校
	缪立德	湖北省医药学校
顾 问	（按姓氏笔画排序）	
	齐宗韶	广州市医药中等专业学校
	路振山	天津市药科中等专业学校
委 员	（按姓氏笔画排序）	
	王质明	江苏省徐州医药中等专业学校
	王建新	河南省医药学校
	石 磊	江西省医药学校
	冯维希	江苏省连云港中药学校
	刘 佳	四川省医药学校
	刘效昌	广州市医药中等专业学校
	闫丽霞	天津市药科中等专业学校
	李光锋	湖南省医药中等专业学校
	彭 敏	重庆市医药技工学校
	董建慧	杭州市高级技工学校
	潘 雪	北京市医药器械学校
秘 书	（按姓氏笔画排序）	
	王建萍	上海市医药学校
	冯志平	四川省医药学校
	张 莉	北京市医药器械学校

前 言

半个世纪以来，我国中等医药职业技术教育一直按中等专业教育（简称为中专）和中等技术教育（简称为中技）分别进行。自 20 世纪 90 年代起，国家教育部倡导同一层次的同类教育求同存异。因此，全国医药中等职业技术教育教材建设委员会在原各自教材建设委员会的基础上合并组建，并在全国医药职业技术教育研究会的组织领导下，专门负责医药中职教材建设工作。

鉴于几十年来全国医药中等职业技术教育一直未形成自身的规范化教材，原国家医药管理局科技教育司应各医药院校的要求，履行其指导全国药学教育、为全国药学教育服务的职责，于 20 世纪 80 年代中期开始出面组织各校联合编写中职教材。先后组织出版了全国医药中等职业技术教育系列教材 60 余种，基本上满足了各校对医药中职教材的需求。

为进一步推动全国教育管理体制和教学改革，使人才培养更加适应社会主义建设之需，自 20 世纪 90 年代末，中央提倡大力发展职业技术教育，包括中等职业技术教育。据此，自 2000 年起，全国医药职业技术教育研究会组织开展了教学改革交流研讨活动，教材建设更是其中的重要活动内容之一。

几年来，在全国医药职业技术教育研究会的组织协调下，各医药职业技术院校认真学习有关方针政策，齐心协力，已取得丰硕成果。各校一致认为，中等职业技术教育应定位于培养拥护党的基本路线，适应生产、管理、服务第一线需要的德、智、体、美各方面全面发展的技术应用型人才。专业设置必须紧密结合地方经济和社会发展需要，根据市场对各类人才的需求和学校的办学条件，有针对性地调整和设置专业。在课程体系和教学内容方面则要突出职业技术特点，注意实践技能的培养，加强针对性和实用性，基础知识和基本理论以必需够用为度，以讲清概念，强化应用为教学重点。各校先后学习了《中华人民共和国职业分类大典》及医药行业工人技术等级标准等有关职业分类、岗位群及岗位要求的具体规定，并且组织师生深入实际，广泛调研市场的需求和有关职业岗位群对各类从业人员素质、技能、知识等方面的基本要求，针对特定的职业岗位群，设立专业，确定人才培养规格和素质、技能、知识结构，建立技术考核标准、课程标准和课程体系，最后具体编制为专业教学计划以开展教学活动。教材是教学活动中必须使用的基本材料，也是各校办学的必需材料。因此研究会首先组织各学校按国家专业设置要求制订专业教学计划、技术考核标准和课程标准。在完成专业教学计划、技术考核标准和课程标准的制订后，以此作为依据，及时开展了医药中职教材建设的研讨和有组织的编写活动。由于专业教学计划、技术考核标准和课程标准都是从现实职业岗位群的实际需要中归纳出来的，因而研究会组织的教材编写活动就形成了以下特点。

1. 教材内容的范围和深度与相应职业岗位群的要求紧密挂钩，以收录现行适用、成熟规范的现代技术和管理知识为主。因此其实践性、应用性较强，突破了传统教材以理论知识为主的局限，突出了职业技能特点。

2. 教材编写人员尽量以产学结合的方式选聘，使其各展所长、互相学习，从而有效地克服了内容脱离实际工作的弊端。

3. 实行主审制，每种教材均邀请精通该专业业务的专家担任主审，以确保业务内容正确无误。

4. 按模块化组织教材体系，各教材之间相互衔接较好，且具有一定的可裁减性和可拼接性。一个专业的全套教材既可以圆满地完成专业教学任务，又可以根据不同的培养目标和地区特点，或市场需求变化供相近专业选用，甚至适应不同层次教学之需。

本套教材主要是针对医药中职教育而组织编写的，它既适用于医药中专、医药技校、职工中专等不同类型教学之需，同时因为中等职业教育主要培养技术操作型人才，所以本套教材也适合于同类岗位群的在职员工培训之用。

现已编写出版的各种医药中职教材虽然由于种种主客观因素的限制仍留有诸多遗憾，上述特点在各种教材中体现的程度也参差不齐，但与传统学科型教材相比毕竟前进了一步。紧扣社会职业需求，以实用技术为主，产学结合，这是医药教材编写上的重大转变。今后的任务是在使用中加以检验，听取各方面的意见及时修订并继续开发新教材以促进其与时俱进、臻于完善。

愿使用本系列教材的每位教师、学生、读者收获丰硕！愿全国医药事业不断发展！

全国医药职业技术教育研究会
2005 年 6 月

编写说明

为了适应中药专业职业技能的培养要求，满足中药专业学生的职业需要，根据全国医药职业技术教育研究会的安排，我们编写了《药用植物基础》这本教材，主要用于中等职业学校中药专业教学使用，也可作为药用植物基层工作者的参考书。

本教材分为上、下两篇。上篇主要介绍药用植物各个入药部位的观察特征，包括显微特征和形态特征；下篇主要是引导认知一些常见的药用原植物，包括代表药用植物的形态、分布、生境、入药部位及主要功能，对重点药用植物介绍了其产地和加工方法，简单介绍了药用植物生产的质量要求，最后介绍了药用植物的检索认知方法。与以往教材相比，本教材更力求强化学生对药用植物的感性认识，培养学生认识药用原植物的能力。因此，对各种入药部位的结构和药用原植物形态均附了相应的插图。

本教材编写分工如下：绪论、第五章、第七章、第八章、第十三章中的百合科至兰科、第十四章、第十五章和附录由天津市药科中等专业学校秦泽平编写；第一章、第二章、第十二章、第十三章十字花科至伞形科由上海市医药学校刘波编写；第三章、第九章、第十章、第十三章木兰科至石竹科由河南省医药学校许倩编写；第四章、第十一章、第十三章木犀科至天南星科由广州市医药中等专业学校刘素英编写；第六章由湖南省医药中等专业学校李光锋编写。全书由秦泽平统稿，聘请天津市中药饮片厂主任中药师初敏对全书进行审校定稿。

由于时间仓促和编者水平所限，仍会存在有一些疏漏之处，敬请读者和各校师生在使用中提出批评，以便进一步完善。

编　者
2005 年 7 月

目 录

绪论 ································· 1
  一、什么是药用植物 ················· 1
  二、为什么要学习药用植物 ············· 1
  三、怎样学好药用植物 ················ 2

上篇 药用植物的形态和显微结构观察

第一章 植物细胞观察 ·················· 5
  第一节 植物细胞的形态和基本构造 ······ 5
    一、植物细胞的构成 ················ 5
    二、植物细胞后含物 ················ 8
    三、细胞壁的特征 ·················· 10
  第二节 植物细胞的观察方法 ·········· 13
    一、显微镜的结构和使用方法 ········· 13
    二、显微制片技术 ·················· 15
    三、植物细胞基本结构的观察 ········· 17
    四、细胞后含物的观察 ·············· 18
    五、植物细胞壁特化的观察 ··········· 20

第二章 植物组织的特征及其观察方法 ····· 21
  第一节 分生组织的特征、类型及其
        观察方法 ··················· 21
    一、分生组织的细胞特征和类型 ······· 21
    二、分生组织观察方法 ·············· 22
  第二节 基本组织的特征、类型及其
        观察方法 ··················· 22
    一、基本组织的特征和类型 ··········· 22
    二、基本组织的观察方法 ············· 22
  第三节 保护组织的特征、类型及其
        观察方法 ··················· 23
    一、表皮组织 ····················· 23
    二、周皮 ························· 25
    三、保护组织的观察方法 ············· 26
  第四节 分泌组织的特征、类型及其
        观察方法 ··················· 27
    一、分泌组织的特征和类型 ··········· 27
    二、分泌组织的观察方法 ············· 28
  第五节 机械组织的特征、类型及其
        观察方法 ··················· 29
    一、机械组织的特征和类型 ··········· 29
    二、机械组织的观察方法 ············· 30
  第六节 输导组织的特征、类型及其
        观察方法 ··················· 32
    一、输导组织的特征和类型 ··········· 32
    二、输导组织的观察方法 ············· 33
  第七节 维管束的特征、类型及其识别 ···· 34
    一、维管束的构成 ·················· 34
    二、维管束的类型及其观察方法 ······· 34

第三章 药用植物根的形态和显微结构观察 ··· 36
  第一节 根的形态和类型识别 ·········· 36
    一、根的特征 ····················· 36
    二、根和根系的类型识别 ············· 36
    三、各种变态根的特征识别 ··········· 37
  第二节 根的基本结构 ················ 38
    一、根的初生结构 ·················· 38
    二、根的次生生长及次生结构 ········· 40
  第三节 常用药用植物根的内部结构观察 ··· 42
    一、药用单子叶植物块根的内部
       结构观察 ······················ 42
    二、药用直根内部结构特征观察 ······· 42
    三、药用根皮的内部结构特征 ········· 42
    四、根的异型结构观察 ·············· 42

第四章 药用植物茎的形态和显微结构观察 ··· 45
  第一节 茎的形态特征和类型识别 ······· 45
    一、茎的形态特征 ·················· 45
    二、茎的类型识别 ·················· 46
    三、茎的变态类型识别 ·············· 47
  第二节 茎的基本结构 ················ 49
    一、双子叶植物茎的初生结构 ········· 49
    二、双子叶植物木质茎的次生生长和
       次生结构 ······················ 50
    三、单子叶植物茎的结构特征 ········· 52
  第三节 药用地上茎的内部结构观察 ····· 53
    一、药用草质茎的结构特征观察 ······· 53
    二、药用茎枝的结构特征观察 ········· 53
    三、药用茎木的横切面观察 ··········· 54
  第四节 药用地下茎的内部结构观察 ····· 54
    一、药用双子叶植物根状茎的结构

    特征观察 ·················· 54
  二、药用单子叶植物根状茎的结构
    特征观察 ·················· 55
第五章 药用植物叶的形态和显微结构观察 ··· 56
 第一节 叶的组成和形态识别 ·········· 56
  一、叶的组成 ················ 56
  二、叶的形态识别 ·············· 57
 第二节 叶的类型识别 ·············· 59
  一、正常叶的类型识别 ··········· 59
  二、变态叶的类型识别 ··········· 61
 第三节 叶在茎枝上的着生方式 ········ 62
  一、叶的互生 ················ 62
  二、叶的对生 ················ 62
  三、叶的轮生 ················ 62
  四、叶的簇生 ················ 63
  五、基生叶 ·················· 63
 第四节 叶的内部结构观察 ··········· 63
  一、药用双子叶植物叶的一般结构观察 ··· 63
  二、药用单子叶植物叶片的结构特点 ··· 64
第六章 花的形态类型和结构观察 ········ 66
 第一节 花的组成及形态观察 ·········· 66
  一、花梗和花托的形态识别 ······· 66
  二、花被的形态和类型识别 ······· 66
  三、雄蕊群的类型识别及花粉的
    形态观察 ·················· 68
  四、雌蕊群的类型识别和子房内部
    结构的观察 ················ 70
  五、双筒解剖镜的使用 ··········· 73
 第二节 花的类型识别 ·············· 74
  一、重被花、单被花、无被花的识别 ··· 74
  二、两性花、单性花、无性花的识别 ··· 75
  三、花的对称性识别 ············ 75
 第三节 花序的类型识别 ············ 75
  一、无限花序类型的识别 ········· 76
  二、有限花序（聚伞花序）类型
    的识别 ···················· 77
第七章 果实和种子的形态类型识别 ······ 79
 第一节 果实的形态和类型识别 ········ 79
  一、果实的构成 ··············· 79
  二、果实的类型 ··············· 79
 第二节 种子的形态和类型识别 ········ 83
  一、种子的结构 ··············· 83
  二、种子的类型 ··············· 85

下篇 药用植物的基本认知

第八章 药用植物分类概述 ············ 87
 一、植物界的类群 ··············· 87
 二、植物的分类等级 ·············· 87
 三、植物命名 ·················· 88
第九章 药用低等植物 ················ 90
 第一节 药用藻类植物 ············· 90
  一、药用藻类植物的一般特征 ····· 90
  二、药用藻类植物的认知 ········· 91
 第二节 药用真菌植物 ············· 92
  一、药用真菌植物的一般特征 ····· 92
  二、药用真菌的认知 ············ 92
 第三节 药用地衣 ················ 95
  一、药用地衣的一般特征 ········· 95
  二、药用地衣的认知 ············ 95
第十章 药用苔藓植物 ················ 96
  一、药用苔藓植物的主要认识特征 ··· 96
  二、药用苔藓植物的认知 ········· 96
第十一章 药用蕨类植物 ·············· 98
 第一节 药用蕨类植物的主要认知特征 ··· 98
 第二节 药用蕨类植物的认知 ········· 99
第十二章 药用裸子植物 ············· 103
 第一节 药用裸子植物的主要认知特征 ··· 103
 第二节 药用裸子植物的认知 ········ 103
  1. 苏铁科（Cycadaceae） ········ 103
  2. 银杏科（Ginkgoaceae） ······· 104
  3. 松科（Pinaceae） ············ 104
  4. 柏科（Cupressaceae） ········ 104
  5. 红豆杉科（Taxaceae） ········ 105
  6. 麻黄科（Ephedraceae） ······· 105
第十三章 药用被子植物 ············· 106
 第一节 药用双子叶植物的认知 ······ 106
  1. 木兰科（Magnoliaceae） ······ 106
  2. 毛茛科（Ranunculaceae） ····· 108
  3. 桑科（Moraceae） ··········· 112
  4. 蓼科（Polygonaceae） ········ 113
  5. 石竹科（Caryophyllaceae） ···· 114
  6. 十字花科（Cruiferae） ······· 115
  7. 蔷薇科（Rosaceae） ·········· 116
  8. 豆科（Leguminosae） ········ 120
  9. 芸香科（Rutaceae） ·········· 123

10. 大戟科（Euphorbiaceae） …………… 126
　11. 五加科（Araliaceae） ……………… 127
　12. 伞形科（Umbelliferae） …………… 130
　13. 木犀科（Oleaceae） ………………… 134
　14. 唇形科（Labiatae） ………………… 135
　15. 茄科（Solanaceae） ………………… 137
　16. 玄参科（Scrophulariaceae） ……… 139
　17. 茜草科（Rubiaceae） ……………… 140
　18. 葫芦科（Cucurbitaceae） ………… 143
　19. 桔梗科（Campanulaceae） ………… 145
　20. 菊科（Compositae） ………………… 146
　第二节　药用单子叶植物的认知 ………… 151
　21. 禾本科（Gramineae） ……………… 151
　22. 百合科（Liliaceae） ……………… 153
　23. 天南星科（Araceae） ……………… 156
　24. 姜科（Zingiberaceae） …………… 158
　25. 兰科（Orchidaceae） ……………… 160
第十四章　药用植物的分布和质量要求 …… 162
　第一节　我国药用植物的分布 …………… 162
　　一、东北区 ………………………………… 162
　　二、华北区 ………………………………… 162
　　三、华东-华中区 ………………………… 162
　　四、西南区 ………………………………… 162
　　五、华南区 ………………………………… 163
　　六、内蒙古区 ……………………………… 163
　　七、西北区 ………………………………… 163
　　八、青藏区 ………………………………… 163
　第二节　药用植物生产的质量要求 ……… 163
　　一、药用植物的种质要求 ………………… 163
　　二、"道地药材"的地理区域特征要求 … 164
　　三、药用植物生长环境的空气
　　　　质量要求 ……………………………… 164
　　四、药用植物生长环境的土壤及
　　　　施肥要求 ……………………………… 164
　　五、药用植物生长的水质要求 …………… 164
　　六、药用植物病虫害防治的要求 ………… 165
　　七、药用植物产品的质量标准 …………… 165
**第十五章　药用植物的采集和检索
　　　　　　认知方法** ………………………… 166
　第一节　药用植物的野外采集 …………… 166
　　一、采集工具的准备 ……………………… 166
　　二、采集地点和采集时期的选择 ………… 166
　　三、植物标本的采集方法 ………………… 167
　　四、野外采集记录 ………………………… 168
　　五、蜡叶标本的制作 ……………………… 169
　第二节　药用植物的检索认知方法 ……… 170
　　一、药用植物认知的初步分类 …………… 170
　　二、系统检索认知方法 …………………… 172
附录　被子植物门分科检索表 …………… 179
参考文献 …………………………………… 213

绪 论

一、什么是药用植物

在初中生物课本中，我们接触到了形形色色的植物，知道了像桃、番茄、葡萄等这类能够长出果实并且在果实里包有种子的植物属于被子植物；而像松树、柏树等植物，没有形成果实，种子直接裸露在外的植物称为裸子植物。在各种各样的植物中，桃、苹果、荔枝、芒果、葡萄等植物为我们提供了丰富的水果，我们通常把它们称为果树；白菜、番茄、辣椒、黄瓜等植物为我们提供了各种各样的蔬菜，我们称之为蔬菜植物；同样，水稻、玉米、小麦等植物为我们提供了足够的粮食，我们称它们是粮食作物……同学们或许知道在众多的植物中还有一些能够治病、使人恢复健康的植物，这类植物就是药用植物。所谓药用植物是指那些含有药用成分，并能够用来预防、治疗疾病，具有保健作用的植物。药用植物种类繁多，相当多的药用植物经过加工之后成为中草药，进一步生产出各种中药饮片和中成药，因此可以说药用植物是中药的主要来源。

二、为什么要学习药用植物

中药原植物来自于各种低等的或高等的植物类群，由于形态近似，很多中药材的原植物存在误采、误种、误用的情况，造成了不少中药伪品的出现。例如，有人曾把与人参长得很像的商陆科植物商陆（*Phytolacca acinosa*）误用作中药人参，引起中毒；生活中也曾经有人把莽草（*Illicium lanceolatum*）的果实采来作为八角茴香出售，造成食用后中毒的现象。此外，由于各地用药历史和用药习惯的差异，植物和药材名称不统一，造成同名异物或同物异名现象十分严重。如中药五加皮各地使用的有两种，南五加皮为传统所用的细柱五加（*Acanthopanax gracilistylus*）的根皮，是五加科植物，无毒，而另一种北五加皮是萝藦科杠柳（*Periploca sepium*）的根皮，则有毒；一种天南星科植物名字叫鞭檐犁头尖（*Typhonium flagelliforme*），由于外形与半夏相似，目前在某些地区仍误将其作为半夏使用等。诸如此类的事例不胜枚举。因此，我们学习药用植物首先就是要准确识别中药原植物，确保中药材来源的准确性。

随着科学技术的发展，人们发现的有药用价值的植物越来越多。如过去本草著作无记载的或认为无药用价值的萝芙木、长春花、喜树、红豆杉等，如今已从中提取到了有效的降血压或抗癌成分利血平、长春新碱、喜树碱和紫杉醇。原产于其他国家，我国引种的药用植物如西洋参、毛花洋地黄、木贼麻黄、黄花夹竹桃、颠茄、番红花等，现在已经普遍栽培和使用。同时，随着人们认识的提高，发现原来作为药用的一些中草药在临床上却存在着严重的毒性，不再药用，如马兜铃科含有毒性成分马兜铃酸的一些植物，包括东北马兜铃（原中药关木通的原植物）、广防己（根中药原用作广防己）、马兜铃（果实中药原用作马兜铃、根原用作青木香、茎原用作天仙藤）、异叶马兜铃（根原用作汉中防己）、绵毛马兜铃（原地上全草用作中药寻骨风）等，这些植物已经不准再作药用。所有这些对于我们学习中药技能的学生来说，首先要求我们必须要能够认识这些植物，掌握这些植物的识别特征和鉴别方法。

中药材的鉴别包括性状鉴别和显微鉴别等技术。要学会这些技能，首先要掌握药用植物的一些基础知识，如药用植物根、茎、叶、花、果等外部特征和内部结构的识别，各种植物组织特征的识别等，这些都为我们进一步学习中药专业各方面的技能打下基础。

学习药用植物也会丰富我们的日常生活知识。例如，在我国东部平原地区不可能分布有野生大黄、当归等这些高寒地区的植物，华北以南山区也几乎不可能采集到野生的人参，华山参不是山参，太子参也不是太子吃的人参，龙胆更不可能是龙的胆。此外，学会识别常见药用植物，还可以弥补日常所用草药的不足。有些不常用的草药一般药店中很少经营。例如，一种茄科的药用植物龙葵（Solanum nigrum）全草有清热解毒作用，中医用来治疗癌症，但由于不太常用，药店经常缺货，但这种植物在全国各地广泛分布，类似的如萹蓄、老鹳草、徐长卿等，只要我们认识，就很容易采集到，这也是体现我们专业技能的好机会。

三、怎样学好药用植物

《药用植物基础》这门课程主要学习药用植物的形态识别和内部结构特征的观察，要学会区分药用植物各个部位的形态特征，并把它们应用于药用植物的认知实践中去。通过认知实践，学会认知方法，并能够认识一些常用的重要药用植物，掌握其药用价值。要学会怎样观察和识别药用植物各入药部位的内部组织结构特征，为中药材的鉴定打好基础。此外，还要了解常用药用植物的产地、分布、产地加工等方面的一些专业基础知识，逐步培养我们的专业技能。

要学好药用植物应当做到以下几点。

(1) 必须明确和掌握有关药用植物的形态、构造和分类中的一些名词术语，并做到准确记忆。

(2) 要充分观察和比较实物，准确地理解植物形态、显微构造的特征描述，一定要把教材中的形态以及显微构造的描述与实际观察中所看到的特征密切联系，达到完全相符。药用植物课程是一项技能性非常强的课程，只有勤动手、勤观察、善于思考，才能掌握住其中的操作技巧。

(3) 经常性地认知药用植物。对将来从事中药方面工作的人员来说，认识药用植物是一项最基本的技能，要养成随时随地认知药用植物的良好习惯。我们可以通过在实验或实习中由老师指导来认知一些药用植物，也可以利用药用植物图谱或中药材图谱认知一些重要的药用植物，还可以利用植物检索表检索认知在生活中遇到的药用植物等。

利用图片工具认知药用植物是一种比较好的方法。对于我们来说常用的认知工具就是各种药用植物的原色图谱，目前主要有：

(1) 中华人民共和国药典（1995年版）中药彩色图集（广东科学技术出版社，1996）；

(2) 实用中草药彩色图集（广东科学技术出版社，2000）；

(3) 中草药彩色图谱（福建科学技术出版社，2003）；

(4) 中草药彩图手册（广西科学技术出版社，2001）；

(5) 全国中草药汇编彩色图谱（人民卫生出版社，1996）。

除了原色图谱以外，还有药用植物专著，如《中国药用植物志》、《中国本草图录》、《中国药用真菌》、《中国药用地衣》、《中国药用孢子植物》、《浙江药用植物志》、《广西药用植物》、《东北药用植物志》、《新疆药用植物志》、《中国民族药志》等。此外，同学们也可通过互联网等工具检索认知一些常见的药用植物，目前可登陆的一些网址有：

http：//www.wujue.com/changshi/caoyao.htm
http：//www.tcml.com/zyzy/cydd/cydd.asp
http：//21tcm.com/shtml/list/31543736/1.shtml
http：//www.zjtcm.net/wljx/medicine/kejian1/pinindex.HTMl
http：//www.zjtcm.net/wljx/medicine/kejian2/pinindex.HTMl
http：//www.zjtcm.net/wljx/medicine/kejian3/pinindex.HTMl
http：//www.zjtcm.net/wljx/medicine/kejian4/bpininx.HTM#no17
http：//www.zjtcm.net/wljx/medicine/kejian5/bpininx.HTM#no17

上篇　药用植物的形态和显微结构观察

第一章　植物细胞观察

在初中生物学中，我们已经知道，植物体是由植物细胞组成的，植物细胞是构成植物有机体的形态结构和生命活动的基本单位。有些低等植物仅由一个细胞组成，其生长、发育和繁殖等生命活动过程均由这一个细胞完成。高等植物的个体由许多形态结构和功能不同的细胞组成，各细胞间相互依存，分工协作，共同完成着复杂的生命活动。现已证明，高等植物的生活细胞具有经培养后发育成原植物新个体的全能性。

第一节　植物细胞的形态和基本构造

植物细胞的形状随植物种类以及存在部位和执行机能不同而异。游离的或排列疏松的细胞多呈球状体；排列紧密的细胞则多呈多面体或其他形状；执行机械支持作用的细胞，细胞壁常增厚，多呈纺锤形、圆柱形等；执行输导作用的细胞则多呈长管状（见图1-1）。

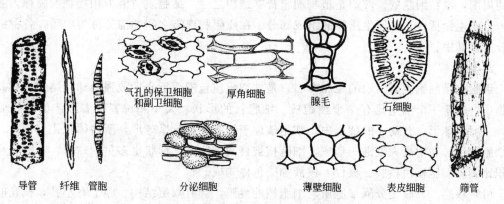

图1-1　种子植物几种形状的体细胞

植物细胞个体的大小差异很大，一般是很小的，直径在10～50μm之间，必须借助显微镜才能观察到。仅少数植物的细胞肉眼可见，如苎麻纤维细胞一般可达200mm，有的甚至可达550mm，最长的无节乳管细胞可达数十米。

一、植物细胞的构成

在初中生物学中，我们曾经通过制作临时装片，观察了洋葱鳞茎叶片表皮细胞和根尖细胞。由此我们发现，各种植物细胞的构造不尽相同，即使是同一细胞在不同的生长发育时期结构也有变化。因此不可能在一个细胞内同时看到细胞的全部构造。为了便于学习和掌握细胞的结构，现将各种植物细胞的主要构造集中在一个细胞里加以说明，这个细胞被称为模式植物细胞或典型植物细胞。

一个典型的植物细胞的基本结构：外面包围着一层较坚韧的细胞壁，壁内含有生命活性的物质，称为原生质体。原生质体中还含有多种非生命物质，称为细胞后含物。此外，还存在一些生理活性物质（见图1-2）。

原生质体是细胞内有生命物质的总称，由细胞质、细胞核、质体、线粒体等组成，是细胞的主要成分，细胞的一切生命代谢活动都在此进行，是生命的物质基础。

1. 细胞质

细胞质是原生质体的基本组成部分，为半透明、半流动、无固定结构有弹性的凝胶体，主要由蛋白质和类脂组成，位于细胞壁和细胞核之间。在细胞质中还分散

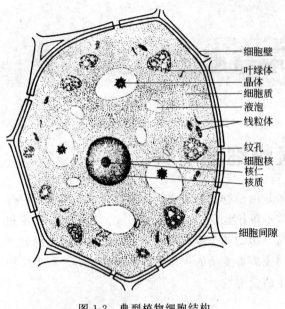

图1-2 典型植物细胞结构

着细胞核、质体、线粒体等细胞器和后含物等。细胞质与细胞壁相接触的膜称为质膜，质膜具有选择透性功能，既能阻止细胞内的有机物由细胞内渗出细胞外，亦能调节水和盐类及其他营养物质进入细胞，并能将代谢产物排出。在幼年的植物细胞里，细胞质充满整个细胞，随着细胞的生长发育和长大成熟，液泡逐渐形成和扩大，形成中央大液泡，将细胞质挤到细胞的周围，紧贴细胞壁。液泡是植物细胞特有结构之一。细胞质与液泡相接触的膜称为液泡膜，具有生命活性，是原生质体的组成部分。在质膜和液泡之间的部分称为中质，各种细胞器分布在其中。

2. 细胞核

细胞核是细胞生命活动的控制中心，是被细胞质包围而折光性较强的球状结构。在高等植物中，通常一个细胞只有一个细胞核。细胞核的形状、大小和位置随着细胞的生长而变化，一般呈球形。在幼小的细胞中，细胞核位于细胞中央，呈球形，所占体积比例较大，随着细胞的生长和中央大液泡的形成，细胞核被挤向细胞壁，形状也多呈扁球形，占有较小的体积比例。细胞核由核膜、核仁、核液和染色体构成。

（1）核膜　核膜是分隔细胞质与细胞核的界膜，具有双层结构。膜上有小孔，核孔的开闭对控制细胞核与细胞质进行物质交换和调节细胞代谢起着重要作用。

（2）核仁　核仁是折射率更强的小球体，有一个或多个，无膜，主要由蛋白质和核糖核酸（RNA）组成，是核内合成RNA和蛋白质的主要场所，与核糖体的形成有关，并能传递遗传信息。

（3）核液　核液为充满在核膜内透明且呈较强黏滞性的液胶体，核仁和染色体就分散在其中。

（4）染色体　染色体是分散在核液中易被碱性染料着色的物质，主要由脱氧核糖核酸（DNA）和蛋白质组成，是遗传物质的载体。各种生物的染色体的数目、形状和大小是各不相同的，但对某一种生物来说是相对稳定的。

细胞的遗传物质主要集中在细胞核内，故细胞核的主要功能是控制细胞的遗传特性和生

长发育，控制和调节细胞内的物质代谢途径。细胞失去细胞核便不能进行正常的生长发育和分裂繁殖，同样，细胞核也不能脱离细胞质而独立生存。

3. 质体

质体是植物细胞特有的结构之一，由蛋白质和类脂组成，为分散在细胞质中的颗粒。根据其生理机能不同可分为3类（见图1-3）。

天竺葵叶肉细胞 —叶绿体

胡萝卜根薄壁细胞 —有色体

紫鸭跖草叶肉细胞 —白色体

图1-3　质体的类型

（1）叶绿体　高等植物的叶绿体多为球形或扁球形颗粒。叶绿体含叶绿素、叶黄素和胡萝卜素，因叶绿素含量较多，故呈绿色，集中分布在绿色植物的叶和曝光的幼茎、幼果中。叶绿体是进行光合作用和合成淀粉的场所。近年来研究认为，叶绿体中含有约30种酶，许多物质的合成和分解都与叶绿体有密切关系，许多生化反应都在其中进行。所以叶绿体不仅是光合作用的中心，而且是细胞内其他生化活动的中心之一。

（2）有色体　有色体又称杂色体，呈杆状、颗粒状或不规则形态，是含除了绿色以外色素的质体。所含色素为胡萝卜素和叶黄素，故呈黄色、红色或橙色，如黄色的花瓣，番茄的红色果实。它常位于花、成熟的果实及某些植物的根部。

（3）白色体　白色体是一种不含色素的质体，多见于幼嫩或不见光的组织的细胞中，特别在贮藏组织的细胞中较多，通常成颗粒状或不规则形状，数目很多，聚集在细胞核附近。不同细胞的白色体功能不同：在细胞生长过程中能积累淀粉的称造粉体；参与油脂形成的称造油体；专合成蛋白质的称造蛋白体。在光照和一定条件下，白色体上产生色素而转变成叶绿体或有色体。

上述3种质体在细胞发育分化过程中，随发育状况及外界因素的不同可相互转化。白色体在见光的情况下可转化成叶绿体，如马铃薯的块茎暴露在光下呈现绿色，就是细胞中的白色体转变成叶绿体的缘故。叶绿体也可以转变成有色体，如辣椒成熟后由绿色变成红色就是叶绿体转变成有色体的缘故。

4. 线粒体

线粒体是生活细胞中普遍含有的细胞器，呈颗粒状、棒状或细丝结构的微小颗粒，由蛋白质和类脂组成，为内外双层膜结构。线粒体是多种酶的集中点，其重要功能是进行呼吸作用，能够将糖、脂肪、蛋白质等物质氧化分解，释放能量供细胞进行生命活动。线粒体是细胞中产生能量的场所，是细胞的"动力厂"，是生命活动的重要基础。

5. 液泡

液泡是植物特有的结构之一，随着细胞的逐渐生长，细胞质内的液体不断积聚而形成液泡。幼小的细胞不具有液泡或仅具有很小而不明显的液泡。当细胞生长时，**液泡逐渐合并增**

大成几个大液泡或一个中央大液泡。一般说来，中央液泡的形成标志着细胞已发育到成熟阶段。液泡内的液体称细胞液，是细胞代谢过程中产生的代谢废物，为多种物质的混合液，无生命活性。液泡外有液泡膜将细胞液与细胞质隔开。液泡膜是有生命的，它是一层很薄的膜，属于原生质体的一个组成部分。细胞液主要成分是水，水中溶有细胞生命活动过程中产生的各种代谢产物，如碳水化合物、脂肪、糖、蛋白质、有机酸、无机盐等，其中不少化学成分具有强烈的生理活性，是植物药的有效成分。

液泡在植物生命活动中具有很重要的作用，它能调节渗透压的大小，控制水分出入细胞；维持一定的膨压，使细胞处于紧张状态，从而具有一定的坚实性；液泡是各种养料及代谢产物的贮藏场所。

二、植物细胞后含物

细胞在生长过程中，原生质体不断进行新陈代谢，产生的非生命物质统称为后含物。其种类很多，有些具有药用价值，有些是细胞代谢的废物，其形态和性质往往是鉴别中药材的重要依据。

（一）淀粉

淀粉以淀粉粒的形式存在于植物的根、地下茎和种子的薄壁细胞中。淀粉是一种多糖，淀粉粒一般是由白色体转化而成。淀粉积累时，先形成淀粉粒的核心（脐点），再围绕核心由内向外沉积。由于组成淀粉的直链淀粉和支链淀粉交替排列，两种物质的亲水性不同，遇水膨胀程度不同，折光性有差异，故在显微镜下可见明暗交替的层纹。淀粉粒的形状、大小，层纹的有无，脐点的位置、形状、多少可作为中药鉴定的重要特征。

淀粉粒通常可分为 3 种类型（见图 1-4）。

1. 单粒淀粉

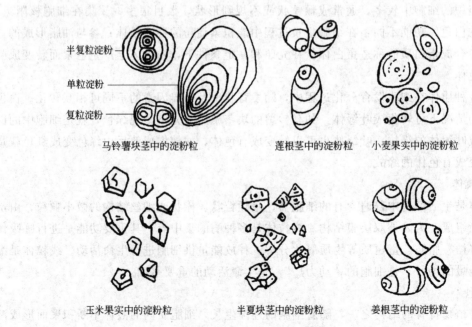

图 1-4　各种植物细胞中的淀粉粒

每一个淀粉粒只有一个脐点，环绕脐点有一些层纹或没有层纹，如姜根茎中的淀粉粒。

2. 复粒淀粉

它具有两个或多个脐点，每个脐点有各自的层纹环绕，如马铃薯块茎中的淀粉粒。

3. 半复粒淀粉

它具有两个或多个脐点，每个脐点除有它各自的层纹环绕外，还有共同的层纹环绕，如半夏块茎中的淀粉粒。

淀粉不溶于水，在热水中膨胀而糊化，与酸或碱共热则变为葡萄糖，淀粉粒遇稀碘液显蓝紫色。

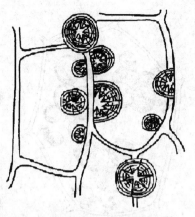

图 1-5　桔梗根细胞中的菊糖结晶

（二）菊糖

菊糖多存在于菊科和桔梗科植物根的细胞液中，易溶于水，不溶于乙醇。将含有菊糖的材料浸入乙醇中，一周后制成切片在显微镜下观察，细胞内可见到球形、半球形或扇形的菊糖结晶（见图1-5）。

菊糖遇25%的 α-萘酚溶液及浓硫酸显紫红色而溶解。

（三）蛋白质

细胞后含物中，蛋白质是化学性质稳定的无生命物质。它与构成细胞的活性蛋白质不同，常存在于种子胚乳和子叶的细胞中。当种子成熟后，液泡内水分减少，蛋白质形成无定形的小颗粒或结晶体——糊粉粒（见图1-6）。如在茴香胚乳的糊粉粒中还含有细小的草酸钙结晶。除糊粉粒外，蛋白质的另一种贮藏方式是结晶状，称为拟晶体。蛋白质遇稀碘液呈暗黄色，遇硫酸铜加氢氧化钠溶液呈紫红色。

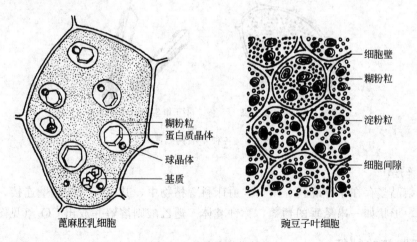

图 1-6　细胞内的糊粉粒

（四）脂肪和油脂

它是由脂肪酸与甘油结合成的酯，常存在于植物的种子中。在常温下呈固态或半固态的，称脂肪；若呈液态的称脂肪油，它呈小油滴状态分布在细胞质里，遇苏丹Ⅲ溶液显橙红色（见图1-7）。

（五）晶体

晶体是植物细胞的代谢产物，常见的晶体有以下两类。

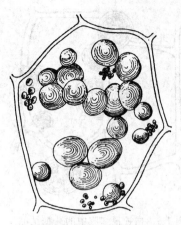

图 1-7　椰乳细胞内的油滴

1. 草酸钙结晶

草酸钙结晶是植物体中草酸与钙离子结合而成的晶体，无色透明或呈灰色。主要类型有以下几种（见图 1-8）。

（1）簇晶　它由许多菱状晶聚集成多角星形，如大黄根和根茎中的草酸钙晶体。

（2）针晶　它为两端尖锐的针状晶体，大多成束存在，也有的分散在细胞中，如半夏块茎中的草酸钙晶体。

（3）方晶　方晶可呈正方形、长方形、斜方形、八面体、菱形等，如甘草根部纤维束周围薄壁细胞中的草酸钙晶体。

（4）砂晶　砂晶呈细小三角形、箭头形或不规则形，如牛膝根薄壁细胞中的草酸钙晶体。

（5）柱晶　柱晶呈长柱形，如射干根茎中的草酸钙晶体。

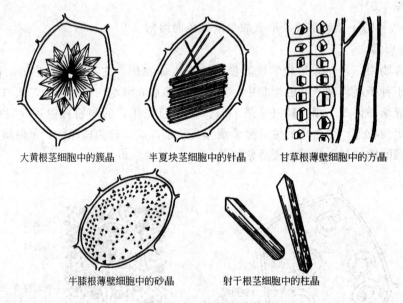

大黄根茎细胞中的簇晶　　半夏块茎细胞中的针晶　　甘草根薄壁细胞中的方晶

牛膝根薄壁细胞中的砂晶　　射干根茎细胞中的柱晶

图 1-8　各种草酸钙结晶

2. 碳酸钙结晶

碳酸钙结晶多存在于荨麻科、桑科、爵床科等植物中，其一端与细胞壁连接，另一端悬于细胞腔内，形状如一串悬垂的葡萄，称钟乳体。遇乙酸则溶解并放出 CO_2（见图 1-9）。

三、细胞壁的特征

细胞壁是植物细胞特有的结构，常被认为是由原生质体分泌的非生命物质构成的。但现已证明，在细胞壁（主要是初生壁）中亦含有少量的生理活性物质，它们可能参与细胞壁的生长及细胞分化时壁的分解过程。细胞壁对原生质体起保护作用，而且影响着植物的吸收、保护、支持、蒸腾、物质运输和分泌等重要的生理活动。

（一）细胞壁的分层

根据形成的先后和化学成分的不同，细胞壁分为胞间层、初生壁和次生壁 3 层（见图 1-10）。

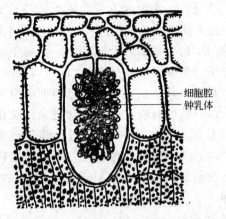

图 1-9 无花果叶内的碳酸钙晶体

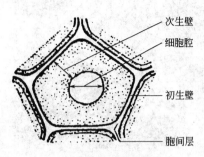

图 1-10 细胞壁的分层

1. 胞间层

胞间层又称中层，是细胞分裂时最初形成的一薄层，为相邻两细胞所共有，由果胶类物质组成，使相邻两细胞粘连在一起。

2. 初生壁

在细胞生长期内，原生质体分泌的纤维素、半纤维素和果胶堆加在胞间层的内侧，形成细胞的初生壁。它一般较薄，有弹性和可塑性，能随细胞的生长而延伸。多数细胞终生只有初生壁。

3. 次生壁

植物体中的部分细胞停止生长后，在初生壁内侧积累一些纤维素、半纤维素和一些木质素等物质，形成次生壁。它使细胞壁变厚而坚韧，增强了壁的机械强度。

（二）纹孔和胞间连丝

1. 纹孔

次生壁在加厚过程中并不是均匀增厚，在很多地方留下一些未增厚的空隙，称纹孔。它的形成有利于细胞间的物质交换。相邻两细胞壁的纹孔常成对衔接，称纹孔对（见图 1-11）。常见的纹孔对有两种类型。

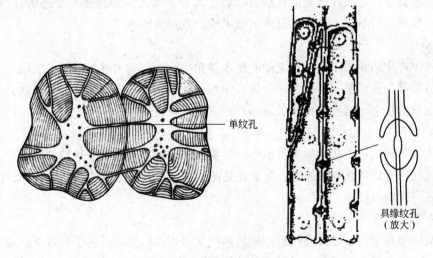

图 1-11 相邻细胞间的纹孔对

图 1-12 柿核细胞间的胞间连丝

（1）单纹孔 次生壁上未加厚的部分，呈圆形或扁圆形孔道（也称纹孔沟），纹孔对中间由初生壁和胞间层所形成的纹孔膜隔开。多见于相邻的韧皮纤维、薄壁细胞和石细胞之间。

（2）具缘纹孔 纹孔四周增厚的壁向中隆起形成底大口小的纹孔腔，呈架拱状隆起。纹孔腔有一个圆形或扁圆形的纹孔口，显微镜下正面观察呈两个同心圆，称为具缘纹孔。松科和柏科等裸子植物管胞的具缘纹孔在显微镜下正面观呈3个同心圆。

2. 胞间连丝

许多纤细的原生质丝穿过初生壁上微细孔眼或纹孔膜，连接相邻细胞，这种原生质丝称为胞间连丝。它们常成束存在，其主要作用是保持细胞间生理上的联系。胞间连丝的存在进一步说明了多细胞有机体中每一个细胞并不是孤立存在的，不论从结构上还是生理机能上都是相互联系的统一整体（见图1-12）。

（三）细胞壁的特化

细胞壁主要由纤维素构成，由于环境的影响和生理机能的不同，其中可渗入其他物质，发生各种不同的特殊变化。常见的特化有以下几种。

1. 木质化

细胞壁内添加了木质素，增强了细胞壁的硬度，提高了细胞壁的机械支持作用。当木质化细胞壁增加到很厚时，细胞多趋于衰老或死亡，如导管、管胞、石细胞、木纤维等。木质化细胞壁加间苯三酚试液和浓硫酸或浓盐酸呈樱红色或红紫色。观察木质化细胞壁时，不可先用水合氯醛透化，否则颜色变化不明显。

2. 木栓化

细胞壁中渗入了木栓质称为木栓化。栓质是一种脂类化合物。栓化后的细胞壁失去透水和透气的能力，故栓化的原生质体大都解体成为死细胞。栓化的细胞壁富有弹性。栓化细胞一般分布在植物茎秆、枝及老根的外层，以防止水分蒸腾，保护植物免受恶劣环境的侵害。木栓化细胞壁遇苏丹Ⅲ试液或紫草试液可被染成红色或紫红色。

3. 角质化

原生质体产生的角质不但使填充细胞壁本身角质化，还积聚在细胞壁的表面形成一层无色透明的角质层。角质是一种脂类化合物。细胞壁的角质化或形成角质层，可防止水分过分蒸腾和微生物的侵害。角质化细胞壁遇苏丹Ⅲ试液呈橙色。

4. 黏液化

黏液化是指细胞壁中所含的果胶质和纤维素变成黏液和树胶的一种特殊变化，如车前的种皮表面就存在有黏液化的细胞壁。黏液化细胞壁遇玫红酸钠乙醇溶液可被染成玫瑰红色；遇钌红试液可被染成红色。

5. 矿质化

有些植物细胞中含有硅质或钙质，使茎和叶变得硬而粗糙，增强了机械支持能力，如水稻叶。

第二节 植物细胞的观察方法

观察植物细胞的常用工具是显微镜。很多同学在初中生物学中已经接触到了显微镜，但在本课程中还要让同学们去单独操作显微镜观察植物细胞和植物组织，所以在此我们要重新熟悉一下显微镜。

一、显微镜的结构和使用方法

（一）显微镜的结构组成

显微镜的主要组成部分：目镜和物镜；辅助部分：镜座、镜柱、镜臂、载物台、聚光照明系统、镜筒、物镜转换器、粗准焦螺旋、细准焦螺旋等。显微镜上各个部件按照其功能通常分为两大部分（见图1-13）。

1. 机械部分

镜筒：为显微镜上部圆形中空的长筒，筒口上端安装目镜，下端与物镜转换器相连，其作用是保护成像的光路与亮度。

转换器：固定在镜筒下端，共分两层，上层固定不动，下层可自由转动。转换器上有2~4个圆孔，用来安装不同倍数的低倍或高倍物镜。

粗准焦螺旋：位于镜臂的上方，可以转动，以使镜筒能够上下移动，从而调节焦距。

细准焦螺旋：位于镜臂的下方，它的移动范围较粗准焦螺旋小，可以细调焦距。

镜座：位于镜臂的下方、显微镜的底部，呈马蹄形的金属座，用来稳固和支持镜身。

镜柱：从镜座向上直立的短柱。上连镜臂，下连镜座，可以支持镜臂和载物台。

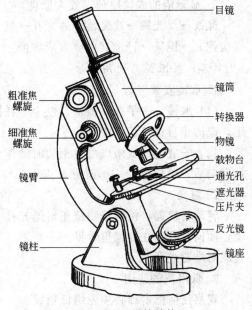

图1-13 显微镜结构

倾斜关节：是镜柱和镜臂交界处的一个能活动的关节。它可使显微镜在一定的范围内后倾（一般倾斜不得超过45°），便于观察。但是在使用临时封片观察时禁止使用倾斜关节，尤其是装片内含酸性试剂时严禁使用，以免污损镜体。

载物台：从镜臂向前方伸出的金属平台，呈方形或圆形，是放置玻片标本的地方。其中央具通光孔，在通光孔的左右各有一个弹性的金属压片夹，用来压住载玻片。较高级的显微镜在载物台上常具推进器，它包括切片夹和推进螺旋，除夹住切片外，还可使切片在载物台上移动。

2. 光学部分

目镜：是安装在镜筒上端的镜头，由一组透镜组成，可以使物镜成倍地分辨、放大物像，例如5×、10×、15×、20×。

物镜：是决定显微镜质量的关键部件。物镜安装在转换器的孔上，也是由一组透镜组成的，能把物体清晰地放大。一般有3个放大倍数不同的物镜，即低倍物镜（8×或10×）、高倍物镜（40×或45×）和油浸物镜（90×或100×），可根据需要选择一个使用。显微镜的放大倍数是目镜倍数乘以物镜的倍数。

反光镜：在聚光器的下面有一个一面平另一面凹的双面反射镜，可以作各种方向的翻转，光线较强时使用平面镜，反之使用凹面镜。

聚光器：是由凹透镜组成的，它可以集中反光镜投射来的光线。在镜柱前面有一个聚光器调节螺旋，它可使聚光器升降，用以调节光线的强弱，下降时明亮度降低，上升时明亮度加强。

虹彩光圈：又称可变光栅，由数个金属片组成。使用时移动其把柄，可控制聚光器透镜的通光范围，用以调节光的强度。虹彩光圈下常附有金属圈，其上可以安装滤光片，用来调节光源的色调。

遮光器：简单的显微镜无聚光器和虹彩光圈，而装有遮光器。遮光器呈圆盘状，上面有大小不等的圆孔（光圈）。光圈对准通光孔，可调节光线的强弱。

3. 显微镜的成像原理（放大原理）

光线→反光镜→遮光器→通光孔→玻片标本（要透明）→物镜的透镜（第一次放大成倒立实像）→镜筒→目镜（再放大成虚像）→眼。

（二）显微镜的使用方法

1. 取镜安放

（1）取镜　右手握住镜臂，左手平托镜座，保持镜体直立。特别要禁止单手提着显微镜走，以防止目镜从镜筒中滑脱。

（2）安放　将显微镜放置桌边时动作要轻。一般应在身体的前面，略偏左，镜筒向前，镜臂向后，距桌边7～10cm处，以便观察和防止掉落。安放目镜和物镜。

2. 对光

转动转换器，使低倍物镜正对通光孔。左眼注视目镜内，右眼同时睁开，用手转动反光镜，面向光源。在目镜里看见一个圆形、明亮的视野（一定要用非直射光）。把一个较大的光圈对准通光孔。

3. 低倍镜的使用

观察任何标本都必须先用低倍镜。

（1）放置切片　升高镜筒，把玻片标本放置在载物台中央，标本材料正对通光孔的中心，用压片夹压住载玻片的两端。

（2）调焦　双眼从侧面注视物镜，转动粗准焦螺旋，让镜筒徐徐下降，至物镜距玻片2～5mm处后，左眼观察目镜，右眼同时睁开（以便绘图），同时用手反方向（逆时针方向）转动粗准焦螺旋，使镜筒缓慢上升，直至看清物像为止。若不够清楚，可用细准焦螺旋调节。不可以在调焦时边观察边使镜筒下降，以免压碎装片和物镜镜头。

（3）低倍镜的观察　由所用目镜的放大倍数与物镜放大倍数相乘，即为原物被放大的倍数。若物像不在视野中央，要缓慢移动到视野中央，再适当进行调节。

4. 高倍镜的使用

（1）选好目标　先用低倍物镜确定要观察的目标，将其移至视野中央。然后转动转换器，把低倍物镜轻轻移开，在原位置小心换上高倍物镜。用高倍物镜工作距离较短，操作要非常仔细，以防镜头碰击玻片。

（2）调焦　在正常情况下，当高倍物镜转正之后，在视野中央即可见到模糊的物像，只需向反时针方向略微调动细准焦螺旋，即可获得清晰的物像。

在换上高倍物镜观察时，视野变小、变暗，要重新调节视野亮度，可升高聚光器或利用凹面反光镜。

5. 使用后的整理

观察结束，先将镜筒升高，降下聚光器，再取下切片，后转动转换器，使物镜与通光孔错开，做好清洁工作。清洁完毕，再降下镜筒，使两个物镜位于载物台上通光孔的两侧，呈"八"字形，将反光镜转至与载物台垂直，罩上防尘罩，仍用右手握住镜臂，左手平托镜座，按标号放回镜箱中。

6. 玻片标本

在显微镜使用过程中，物镜和目镜均是将穿过玻片标本的透过光图像放大，像照相用的底片一样。玻片标本必须制作得很薄，必须让光线穿透过来，才能看清标本内部的结构。所以，制作显微玻片标本是显微镜观察过程中的一项关键技术。经常制作的玻片标本有以下3种。

（1）切片　切片是用从药用植物器官上切取的薄片制成的，通常有横切片和纵切片，如射干幼根的横切片、马尾松茎枝的纵切片等。

（2）涂片　涂片由溶液状的药用植物材料经过涂抹制成，如药用植物细胞培养液涂片等。

（3）装片　装片由从药用植物体上取下来的或直接用个体微小的植物（如衣藻）材料制成，如益母草叶的下表皮装片、半夏粉末的临时装片等。

二、显微制片技术

为了观察药用植物根、茎、叶等器官的内部显微结构，我们要制作植物器官的显微切片。常用的制片技术主要有以下几种。

徒手切片法：即用刀片手工将植物材料切制成薄片的方法。这种方法操作简单，成本低，但切片一般比较厚，观察效果不理想。

滑走切片法：它是利用滑走切片机代替手工切片的一种简单的机械操作，效果比徒手切片要好些。

火棉胶制片法：此法适用于某些十分硬脆（如八角茴香）或易破裂（如木本植物的顶芽）和易损坏（如青霉菌）的材料。材料先用水浸透，然后在不同浓度的乙醇中脱水，再转入不同浓度的火棉胶溶液中，经火棉胶包埋后转入氯仿中硬化，最后于滑走切片机上切片。

粉末标本片制片法：将植物材料粉碎成细粉，再经过溶解或透化后制作成粉末混悬液，进行装片。根据需要可制作成临时性粉末标本片、半永久性粉末标本片和永久性粉末标本片。

整体封藏制片法：对于某些体积很小或扁平状的材料，如藻类、菌类、苔藓类、小型的花、花瓣、柱头、子房、花粉粒、蕨类的孢子囊、孢子和叶类的表皮等，可以不经切片的工序，将整个植物体或它的一部分器官封藏在适宜的封藏剂中，以备观察。

组织解离标本片制作法：将植物组织的各个部分互相解离或分离成单一细胞，以便在镜下更进一步地观察其形态特征的制片方法。

各种制片技术的具体操作将在后续课程中依次讲到，这里我们主要介绍徒手切片法。

1. 器具与试剂

（1）器具　显微镜、刀片、小培养皿、镊子、毛笔、吸水纸、纱布、载玻片、盖玻片等。

(2) 试剂　染色用 10% 番红水溶液、0.5% 固绿（用 95% 的乙醇配制）、蒸馏水或稀甘油等。

2. 切制材料

(1) 被观察的植物器官　根据季节选择新鲜部分，如鲜根、新鲜的植物茎等。

(2) 支持物　一般选择通草、萝卜或马铃薯块茎等。

3. 切制步骤

(1) 将培养皿中盛上蒸馏水（或清水）。

(2) 材料处理

① 如果所切的材料大小、硬度适中，像一般草本植物的根、茎、叶柄等，可直接用手拿着材料切。

② 如果材料太小、太软或太薄，像叶片、小根、小茎之类，就要用支持物夹着材料去切。萝卜、胡萝卜的贮藏根，马铃薯的块茎或通草等均可用作支持物。切片时，先把支持物切成小块或小段，并从中间劈开一小段，再把材料切成适当的长度或大小，夹入支持物内（如要材料的横切面，则竖直夹入支持物内，要纵切面则横夹）进行切片。

③ 如果材料太硬，像木本植物的茎或木材，切片很困难，需先进行软化处理。即将材料切成小块，用水反复煮沸，然后放入 50% 甘油液中（用蒸馏水配制），经数星期后取出切片。浸润时间的长短，随材料的大小和硬度而定。

切片前，如切草本植物的幼茎，先将材料切成长约 3cm 的小段。

(3) 选择切制方向　在切制切片时通常有 3 种切面（见图 1-14）。

① 横切面　垂直于茎或根的长轴而切的切面。

② 纵切面　通过中心的竖直切面。

③ 弦切面　垂直于半径而不经过中心的纵切面。

(4) 切片　用左手 3 个指头夹住材料，并使其高于其手指之上，拿正，以免刀口切伤手指。右手持刀片（刀锋要快），平放在左手的食指之上，刀口向内，且与材料断面平行，左手不动，然后右手用臂力（不要用腕力）自左前方向右后方拉刀滑行切片，既切又拉，充分利用刀锋，把材料切成正而平的薄片，如图 1-15 所示。

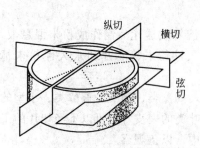

图 1-14　3 种切面

图 1-15　徒手切片持刀方式

连续切下数片后，用湿毛笔将切片从刀片上轻轻地刷入盛水的培养皿中。切到一定数量后，进行选片。

在切片过程中要注意刀片与材料始终要带水，这样，一则增加刀的润滑，二则可以保持材料湿润，不至于因失水而使细胞变形及产生气泡。刀片用后应立即擦干水分，在刀口上涂上凡士林或机油，包好，以免生锈。

（5）选片 用毛笔在培养皿中挑选出薄而均匀的切片，进行临时装片，放置显微镜下观察。如果是支持物夹着切的，选片时应先将支持物中的切片放出后再进行选片。如果切片需要染色和保存下来，切片要先固定。关于固定液的选择和染色的方法，将在后续课程中介绍。

徒手切片是植物器官显微观察中最简便的一种切片方法。其优点是工具简单，方法易学，所需时间短，即切即可观察。若需染色制成永久片，需花的时间也不长，同时可看到自然状态下植物细胞的形态与颜色。

三、植物细胞基本结构的观察

（一）植物表皮细胞的观察

1. 制作洋葱表皮的临时装片

取一片洁净的载玻片，滴加1~2滴蒸馏水，然后从新鲜洋葱鳞茎上剥下一片肉质鳞叶，用镊子从其内表面撕取一小块透明的内表皮，用刀片切成0.5cm×0.5cm的一个小方块，置于载玻片上预先加好的水滴中，用镊子将其展平，然后用镊子夹住盖玻片沿一侧慢慢盖下（避免空气进入而产生气泡），用吸水纸沿盖玻片的一侧吸掉多余的水即成临时装片。

2. 观察植物细胞的基本结构

将临时装片放在低倍镜下观察，可见洋葱内表皮是由一层排列紧密的长方形细胞所组成的。移动载玻片，选择几个较为清晰的细胞置于视野中央，换用高倍镜再仔细观察，可见细胞由下列几个部分组成（见图1-16）。

（1）细胞壁 细胞壁位于细胞的最外层，较透明。调节细准焦螺旋和光圈，在高倍镜下可见相邻两个细胞之间实际有3层，两侧分别为两个细胞的初生壁，中间是两个细胞共有的胞间层。

（2）细胞质 细胞质紧贴于细胞壁以内，呈无色半透明状，在细胞两端较明显。若滴加中性红试液细胞质被染成红色；若滴加稀碘液则被染成浅黄色。

（3）细胞核 细胞核位于细胞质中，有的居于细胞中央，呈球形；有的贴近细胞壁，呈扁球形。在高倍镜下，可见包在细胞核外面的核膜，核内有1~3个折光性强的圆形小颗粒即核仁。若滴加稀碘液则细胞核被染成深黄色。

（4）液泡 液泡位于细胞中央，呈无色透明状。若滴加中性红试液，则细胞中被染成淡红色的部分即为液泡。

（二）叶肉细胞中质体的观察

1. 叶绿体的观察

取一片新鲜的小葫叶，撕去表皮，用刀片或镊子取少量叶肉细胞，涂在载玻片上，制成临时装片，置显微镜下观察，可见细胞内充满众多椭圆形或扁圆形的绿色颗粒，即为叶绿体。

2. 有色体的观察

取新鲜枸杞的果实，撕去表皮，用镊子或解剖针取少量果

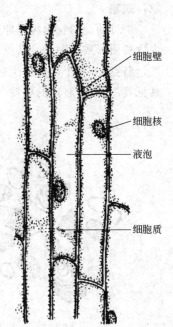

图1-16 洋葱鳞叶表皮细胞

肉置载玻片上压碎，制成临时装片，置显微镜下观察，可见细胞中有许多橙红色的有色体。

3. 白色体的观察

取吊竹梅叶或紫鸭跖草叶，撕取下表皮一小块，制成临时装片，置显微镜下观察，可见细胞核周围有很多白色小颗粒，即白色体。

四、细胞后含物的观察

细胞后含物一般较小，存在于各种薄壁细胞中，采用制作临时装片的方法比较麻烦也不易看清。为了单纯观察后含物，通常将含有后含物的细胞破坏，直接观察，具体方法有植物组织汁液装片法和药材粉末溶液装片法两种。

（一）淀粉粒的观察

1. 植物组织汁液临时装片

切取一小块新鲜山药的肥大根茎，用刀片刮取少量混浊汁液，置于洁净的载玻片上，加1滴蒸馏水或甘油乙酸试液，搅匀，盖上盖玻片，制成临时装片。将临时装片置于已对好光的低倍显微镜下观察淀粉粒。调焦中当发觉视野中出现多数近卵圆形、圆形或不规则形的小颗粒时，立即调准焦距，然后将光圈由原来的最大逐渐缩小（此时聚光镜处于其位置的最高限），同时注意观察视野中的颗粒。当看到其中有些颗粒或多或少呈现出一圈套一圈的环状纹理时，停止调节光圈。这时可以肯定，这些颗粒就是淀粉粒，其环状纹理即是层纹。在层纹环绕的核心处有脐点。山药根茎中淀粉粒众多，类圆形、长圆形或三角状卵形，脐点点状、飞鸟状，位于较小端，大粒淀粉层纹明显（见图1-17）。

2. 药材粉末溶液临时装片

将暗紫贝母的干燥鳞茎（炉贝）粉碎成细粉，用针挑取少量鳞茎粉末，置于洁净的载玻片上，加1滴蒸馏水或甘油乙酸试液，搅匀，盖上盖玻片，制成临时装片。置显微镜下观察，先用低倍镜，后用高倍镜，调整方法同上，仔细调整后，找到鳞茎中的淀粉粒，观察。

炉贝的淀粉粒单粒呈卵圆形、三角状卵形、贝壳形，有的中部或一端凸出略作分枝状，少数长圆形或类圆形，脐点明显，呈点状、短缝状，少数呈马蹄状，层纹细密。半复粒较多见，脐点2~4个，复粒少数，由2分粒组成，并有半复粒与分粒合成的颗粒。此外，较易察见具2~7个脐点的单粒（见图1-18）。

图1-17 山药根茎中的淀粉粒

图1-18 暗紫贝母鳞茎中的淀粉粒

（二）草酸钙晶体的观察

草酸钙晶体的观察方法均采用药材粉末透化后，制作临时装片。

1. 掌叶大黄根茎髓部薄壁细胞中簇晶的观察

取掌叶大黄（或其他两种大黄）根茎粉末少许，置载玻片右端的1/3处，左手握载玻片左端至1/3处。右手操作，先滴加2～3滴水合氯醛液于粉末上，再用解剖针将粉末和水合氯醛液混匀。点燃酒精灯，左手大拇指和食指拿住载玻片的两条长边，保持玻片水平，在酒精灯火焰的上方烘烤并来回移动。加热到刚冒出气泡时，立刻将载玻片移离火焰，可随时补加水合氯醛液，反复几次，直至透化清晰（制片过程中，加热水合氯醛导致植物细胞中有形的营养贮藏物如淀粉粒、脂肪等溶解，草酸钙结晶的周围因此而变得透明无遮，此过程称为水合氯醛透化）。将载玻片平放在桌上稍放冷，再加1～2滴稀甘油，保证盖上盖玻片后，其下面充满混合液（在气温低时，补加稀甘油还能防止原来的水合氯醛液凝结）。接着盖上盖玻片，也可以并排盖上两块盖玻片（盖上两块，可让混合液中的粉末更充分地被用于从中寻找欲观察的目标）。盖好后，用吸水纸吸去盖玻片周围多余的试液。

制成的水合氯醛透化片，置低倍镜下寻找簇晶。大黄的草酸钙簇晶在低倍镜下的特点是：形似一个小小的重瓣花；其中央向四周有一些或隐或现、或长或短的辐射纹；整个晶体因折光复杂而常呈浅灰色，其局部位置有时可见明亮无色的玻璃样反光或折光。用低倍镜找到簇晶并观察后，再用高倍镜观察其结构、层次等（见图1-19）。

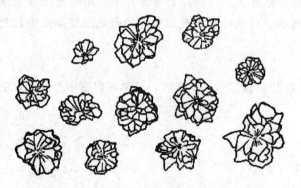

图1-19 大黄根茎髓部薄壁细胞中的簇晶

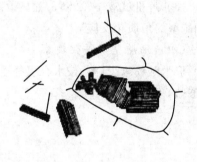

图1-20 天南星块茎薄壁细胞中的针晶

2. 天南星块茎薄壁细胞中针晶束的观察

取天南星块茎粉末少许，按水合氯醛透化法制片，将制好的临时装片置低倍镜下寻找针晶束，有时因细胞破裂而流出到细胞之外，成束或散在，散在的针晶呈无色透明状，有较强的折光性。换用高倍镜进一步观察针晶束的排列情况和单个针晶的形态（见图1-20）。

3. 黄檗茎皮细胞中方晶的观察

取黄檗（关黄柏）茎皮粉末少许，按水合氯醛透化法制片。将制好的透化片置低倍镜下观察，寻找较大的黄色纤维束，在纤维束周围细胞中通常存在有草酸钙晶体，方晶较多，呈多面形、方块形或菱形（见图1-21）。

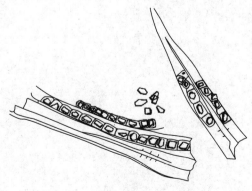

图1-21 关黄柏细胞中的方晶

五、植物细胞壁特化的观察

（一）细胞壁木质化观察

取夹竹桃或柿树嫩枝做徒手切片（徒手切片法，见第一章第二节"显微制片技术"），选一薄片置载玻片上制成临时装片，吸去载玻片上多余的试液，置显微镜下观察，可见切片中部有数层圆形或多角形、排列紧密的厚壁细胞（导管或木纤维）。滴加间苯三酚试液 1~2 滴，放置片刻，再加浓盐酸 1~2 滴，吸去多余试液，置显微镜下观察，这些厚壁细胞的细胞壁均被染成樱红色或红紫色（细胞壁的木质化反应）。

（二）细胞壁木栓化观察

取一块马铃薯块茎，垂直于外皮做徒手切片，选一薄片置于载玻片上，滴加水合氯醛试液制成临时装片，置显微镜下观察，可见切片外部数层棕黄色的扁长方形细胞，即为木栓化细胞，若滴加氯化锌碘试液，镜检，可见木栓化细胞壁被染成黄棕色，而切片中未木栓化（只含有纤维素）的细胞壁则被染成蓝紫色。

另取一横切片，滴加苏丹Ⅲ试液制成临时装片，镜检，可见木栓化细胞壁显红色或橙红色（细胞壁的木栓化反应）。

（三）细胞壁角质化观察

取一片夹竹桃叶，用刀片横切成两半，取其中一半，将其夹在马铃薯或其他夹持物中，徒手切成横切片，并置盛水的培养皿中除去夹持物。将切片置载玻片上，用吸水纸吸去水分，加苏丹Ⅲ试液 1~2 滴，置显微镜下观察，可见叶片表皮细胞外的角质层被染成橙红色（细胞壁的角质化反应）。

（四）细胞壁矿质化观察

取木贼粉末少许，按水合氯醛透化法制片。置显微镜下观察，可见细胞壁中含有大量的硅酸盐。

第二章 植物组织的特征及其观察方法

在植物体内由许多来源、功能相同,形态结构相似,而又紧密联系的细胞所组成的细胞群,称为植物组织。高等植物的各种器官(根、茎、叶、花、果实和种子)均是由一些组织构成的。植物组织按其形态结构和生理功能的不同,可分为分生组织、基本组织、保护组织、机械组织、输导组织和分泌组织6种类型,后5类均是由分生组织分化来的,故又称为成熟组织或永久组织。

第一节 分生组织的特征、类型及其观察方法

一、分生组织的细胞特征和类型

分生组织是由具有分生能力的细胞组成的细胞群。分生组织细胞分生能力强,能不断进行分裂,增加细胞数目,使植物体不断生长。

分生组织的特征是细胞小、排列紧密、细胞壁薄、细胞核大、细胞质浓、无明显液泡。

分生组织按来源不同可分为以下3种类型。

1. 顶端分生组织

位于根和茎的先端部位,即生长点(见图2-1),包括原生分生组织和初生分生组织。分生的结果是使根、茎和枝不断伸长和长高。

2. 侧生分生组织

位于根和茎的侧面部位,包括木栓形成层和维管形成层,又称次生分生组织。由于侧生分生组织的分裂,使根、茎不断增粗。

3. 居间分生组织

位于许多单子叶植物茎的节间基部、叶的基部、总花柄的顶部以及子房柄处等。这种分生组织只能保持一定时间的分生能力,以后则完全转变为成熟组织。它的活动与植物的居间生长有关。如韭菜的叶、葱上部被割后下部能继续生长,竹笋节间的伸长,均是居间分生组织细胞分裂的结果。

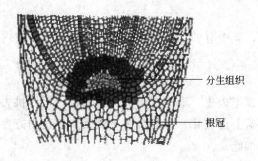

图2-1 根尖顶端分生组织

图2-2 洋葱根尖顶端分生组织

二、分生组织观察方法

以观察洋葱根尖顶端分生组织为例。

取生命力强的洋葱根尖末端约 3~5mm，制作成切片后在显微镜下观察。

先找到根冠，根冠之上细胞较小、密集、颜色较深的部位，即为顶端分生组织。其特征是：根尖顶端分生区细胞小，基本为等径；细胞壁薄，细胞质浓，核较大，一般没有液泡，分生能力强；细胞排列整齐，无胞间隙；细胞内基本无后含物（见图 2-2）。

第二节 基本组织的特征、类型及其观察方法

一、基本组织的特征和类型

基本组织也称薄壁组织，位于植物体内的各个器官，是植物体进行各种代谢活动的主要组织，也是组成植物体的基础。它由许多起营养作用的薄壁组织组成，具有同化、贮藏、吸收、通气等功能。

基本组织细胞的特征是：细胞壁薄，是一种生活细胞；形状有圆球形、圆柱体、多面体等；细胞排列疏松，有明显胞间隙。

根据其结构和功能不同，基本组织分为 5 种类型。

（1）基本薄壁组织　该组织常位于根、茎的皮层和髓部，起填充和联系其他组织的作用，可转化为次生分生组织。

（2）同化组织　同化组织大多位于植物的叶肉和茎的周皮内层等部位。细胞中有叶绿体，能进行光合作用，制造有机物。

（3）通气组织　通气组织位于水生植物和沼泽植物的体内，细胞间隙特别发达，能贮存空气。

（4）贮藏组织　贮藏组织位于植物的根、茎、果实和种子中。细胞内含有淀粉、蛋白质、糖类、脂肪油等营养物质。

（5）吸收组织　吸收组织位于根尖的根毛区，功能是吸收土壤中的水分和无机盐。

二、基本组织的观察方法

1. 基本薄壁组织和吸收组织的观察

取刚刚萌发出的红花种子根芽，在根尖后约 0.5cm 的部位，采用徒手切片法进行横切，制作成临时切片，置显微镜下观察。

表面白色幼嫩的表皮细胞即为吸收组织，其中有的细胞外壁突出形成根毛。表皮内方排列疏松的卵圆形细胞即为基本薄壁组织。

2. 同化组织观察

取新鲜的小蓟绿色叶片，用镊子撕去上、下表皮，取表皮下的叶肉部位，用针挑去少量叶肉细胞置载玻片上，滴加 2 滴蒸馏水后，盖上盖玻片，在显微镜下观察。表皮内方含有绿色颗粒（叶绿体）的卵状细胞就是同化组织细胞。

3. 通气组织观察

取鲜嫩的芦苇茎,横向截取近细嫩的节间部位,采用徒手切片法横切,显微镜下观察白色的中心髓腔,一些排列疏松的星角状细胞群就是通气组织。

4. 贮藏组织观察

取一小块新鲜的马铃薯块茎,用徒手切片法横切后制成临时装片,显微镜下观察,许多含有淀粉粒的薄壁细胞就是贮藏组织。

第三节 保护组织的特征、类型及其观察方法

保护组织位于植物体表,对植物体起保护作用,可防止病虫害侵袭,控制植物与外界环境的气体交换,减少体内水分蒸腾。保护组织分为表皮组织(初生保护组织)和周皮(次生保护组织)。

一、表皮组织

表皮组织位于幼嫩的根、茎、叶、花和果实的表面,由一层生活细胞组成。

表皮细胞的特征是:一般为扁平的长方形或波状不规则形细胞,排列紧密;细胞质薄,无胞间隙,液泡大,一般不具叶绿体,常有白色体和有色体;表皮细胞外壁常角质化,有的表皮细胞分化成毛茸或气孔。

毛茸和气孔是鉴别中药材的重要依据之一。

(一)毛茸

毛茸是由表皮细胞向外分化形成的突起物,具有分泌或保护功能。毛茸常分为两类。

1. 腺毛

腺毛是能够向外分泌物质的毛茸。腺毛由头部和柄部两部分组成。头部膨大,位于柄的顶端,具有分泌一些特殊物质的能力,如分泌树脂、挥发油等;柄部由一至多个细胞组成,无分泌能力。有些植物叶上的腺毛腺柄很短或无腺柄,从显微镜侧面观就像附着在表皮上的鳞片,这样的腺毛称为腺鳞,如薄荷叶表面上的腺鳞(见图2-3)。

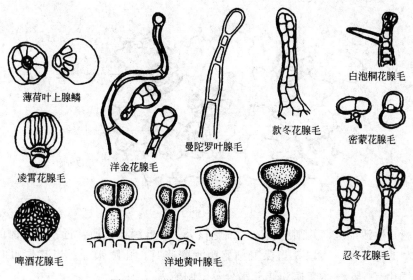

图2-3 几种植物表皮上的腺毛和腺鳞

2. 非腺毛

非腺毛是一些不能够向外分泌物质的毛茸。非腺毛无头、柄之分，由一至多个细胞组成，只起到单纯的保护作用。不同植物表皮上非腺毛的形状、粗细、细胞数、表面特征等有很大差别，可作为区分花类、叶类、全草类、果实类药材的依据（见图2-4）。

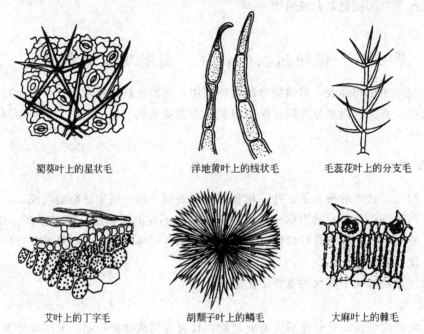

图2-4 几种植物叶表皮上的非腺毛

（二）气孔

1. 气孔的结构

气孔是由两个肾形的细胞对合而成，中间的孔隙称气孔。构成气孔的两个肾形细胞称为保卫细胞，与保卫细胞相邻的两个或多个表皮细胞称为副卫细胞（见图2-5）。气孔多分布于叶片、嫩茎、花、果实的表面。

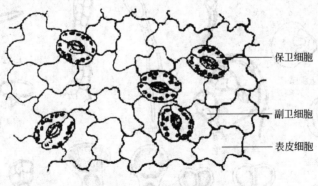

图2-5 气孔的结构

保卫细胞是生活细胞，其细胞质浓，细胞核大，含叶绿体，通常近孔隙一侧的壁及邻近表皮细胞一侧的壁较薄。所以，当保卫细胞吸水膨胀时，孔隙张开；当其失水时，孔隙关闭。因此，气孔有控制气体交换和调节水分蒸腾的能力。

2. 气孔轴式

保卫细胞与副卫细胞间排列的方式称为气孔的轴式。气孔轴式在同种植物上有稳定性，是鉴别叶类药材的重要依据之一。双子叶植物气孔轴式有5种常见类型（见图2-6）。

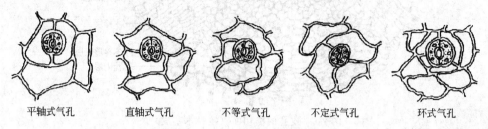

平轴式气孔　　直轴式气孔　　不等式气孔　　不定式气孔　　环式气孔

图2-6　双子叶植物气孔轴式

（1）平轴式（平列式）　气孔保卫细胞周围通常有两个副卫细胞，其长轴与保卫细胞长轴平行，如常山叶、茜草叶等。

（2）直轴式（横列式）　气孔保卫细胞周围有两个副卫细胞，其长轴与保卫细胞的长轴垂直，如益母草、紫苏叶等。

（3）不等式（不等细胞型）　气孔保卫细胞周围的副卫细胞有3个以上，大小不等，其中一个明显较小，如烟草叶、菘蓝叶等。

（4）不定式（无规则型）　气孔保卫细胞周围的副卫细胞数目不定，大小基本相同，形状与一般表皮细胞相似，如枇杷叶、桑叶等。

（5）环式（轮列型）　气孔保卫细胞周围的副卫细胞数目不定，其形状比表皮细胞狭窄，环绕气孔排列成环状，如茶叶、桉叶等。

各种植物具有不同类型的气孔轴式；而在同一种植物的同一器官上也常有两种或两种以上的气孔轴式。单子叶植物气孔类型亦很多。如禾本科和莎草科植物气孔的保卫细胞正面观呈并排的一对哑铃状，中间狭窄部分的壁特别厚，两端球形相接部分的壁较薄。

二、周皮

（一）周皮的产生

在根和茎的加粗生长（次生生长）过程中，由侧生分生组织（木栓形成层）进行平周分裂，向外分生出木栓层，向内分生出栓内层。木栓层、木栓形成层和栓内层三者构成一个紧密的整体，合称周皮（见图2-7）。周皮逐渐取代表皮行使保护作用。

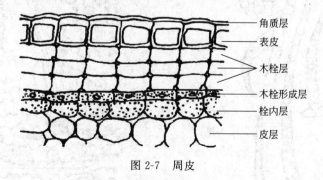

图2-7　周皮

（二）皮孔的形成

皮孔是茎、枝表面一些颜色较浅呈裂隙状突起的点状物（见图2-8）。在周皮形成过程

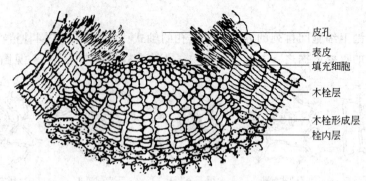

图 2-8 皮孔的横切面（接骨木茎皮）

中，木栓形成层细胞在某些部位向外分裂出一种与木栓层细胞不同的补充细胞，将表皮突破形成皮孔，成为周皮上气体交换的通道。皮孔的形状、颜色和分布的疏密程度可作为皮类、茎类药材鉴别的重要依据。

三、保护组织的观察方法

（一）腺毛、非腺毛和气孔的观察

1. 临时表皮切片的制作

新鲜叶片表皮切片的制作：用刀片在鲜叶片上表皮和下表皮各划一小块，再用镊子撕取下表皮，表面向上置于载玻片中央，滴加蒸馏水 2～3 滴，用解剖针展平，加盖玻片，用吸水纸吸掉盖玻片周围多余的液体，用纱布擦净，置显微镜下观察。

2. 显微镜下观察

（1）观察薄荷叶的气孔轴式、毛茸、表皮细胞特征（见图 2-9）

① 毛茸　腺毛有两种类型：一种是具有 1～2 个细胞的腺头和 1～2 个细胞的腺柄；另一种为腺鳞，腺头由 6～8 个细胞组成，略成扁球形，排列在同一平面上，周围有角质层，其与腺头细胞之间有挥发油，腺柄很短。非腺毛由 1～8 个细胞组成，细胞略弯曲，具壁疣。

② 气孔轴式　其为直轴式。

（2）观察淡竹叶的气孔轴式、毛茸、表皮细胞特征（见图 2-10）

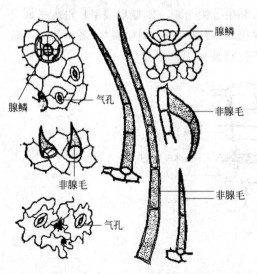

图 2-9 薄荷叶表皮细胞特征

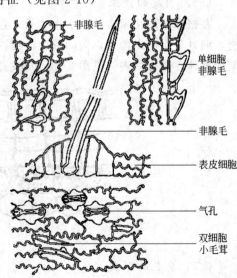

图 2-10 淡竹叶表皮细胞特征

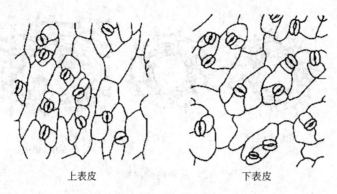

上表皮　　　　　　　　下表皮

图 2-11　菘蓝叶气孔

① 气孔轴式　保卫细胞表面观呈哑铃形，副卫细胞表面观为类三角形。
② 毛茸　其为单细胞非腺毛，一种很细长，有的具螺纹状纹理，为短圆锥形；另一种呈棒状，内含黄色分泌物。
③ 表皮细胞特征　上表皮细胞表面观呈长方形或类方形，较大，垂周壁薄，波状弯曲。下表皮有长细胞和短细胞两种，长细胞表面呈长方形或长条形，壁薄，波状弯曲；短细胞为栓质细胞，与长细胞交替排列或数个细胞相连。

(3) 观察菘蓝的气孔轴式　取新鲜菘蓝叶片，撕取叶的下表皮，制成水装片。镜检，可见气孔周围有 3 个副卫细胞，其中一个明显比其他两个小，为不等式（见图 2-11）。

3. 木栓的观察

取桑枝，用刀刮下少许表面化的木栓，制成临时水装片，镜检，观察木栓层、木栓形成层和栓内层。

4. 皮孔的观察

观察接骨木茎横切制片，在切片外围的木栓层部分，可见裂隙状缺口即是皮孔（见图 2-8）。

第四节　分泌组织的特征、类型及其观察方法

一、分泌组织的特征和类型

分泌组织是由一些具有分泌功能的细胞群所构成的组织，常分泌挥发油、树脂、蜜汁或乳汁等。分泌组织可作为鉴别药材的重要依据之一。根据分泌物是排出体外还是富集在体内，把分泌组织分为外分泌组织和内分泌组织两大类。

(一) 外分泌组织

分泌组织将分泌的物质排出植物体外，这样的分泌组织称为外分泌组织，如腺毛、蜜腺等。

(二) 内分泌组织

分泌组织将分泌物储存在植物体内，这样的分泌组织称为内分泌组织。根据它们的形态、结构和分泌物的不同分为 4 种（见图 2-12）。

1. 分泌细胞

分泌细胞是植物体内单个散在的具有分泌功能的细胞或细胞团，存在于各种组织中。分泌细胞比周围的其他细胞大，呈圆球形、椭圆形或分枝状，分泌物呈无色或黄色，分泌物贮

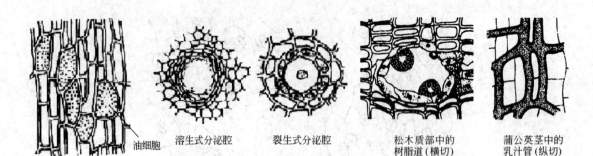

油细胞　　溶生式分泌腔　　裂生式分泌腔　　松木质部中的　　蒲公英茎中的
　　　　　　　　　　　　　　　　　　　　　　树脂道（横切）　　乳汁管（纵切）

图 2-12　几种内分泌组织

藏在分泌细胞内，当分泌物充满细胞时，细胞壁常常木栓化而成为死细胞。贮藏挥发油的分泌细胞称为油细胞，如姜根茎中的油细胞，桂皮内的油细胞等；贮藏黏液质的称为黏液细胞，如半夏块茎内的黏液细胞，玉竹根茎内的黏液细胞等。

2．分泌腔（分泌囊）

分泌腔是植物体内由多数分泌细胞围成的腔穴。分泌腔的形成有两种方式：一种是溶生式，随细胞分泌物积累增多，胞壁破裂溶解形成的腔室，如橘皮中的分泌囊；另一种是离生式，由分泌细胞胞间层裂开形成的腔室，其四周是完整的分泌细胞，如漆树茎皮内的分泌腔。

3．分泌道

分泌道是由植物体内许多分泌细胞彼此分离形成的长形腔道，腔道周围分布有分泌细胞，分泌细胞产生的分泌物贮存在腔道内。贮藏树脂的分泌道称为树脂道，如松树茎中的树脂道；贮藏挥发油的分泌道称为油管（分泌挥发油），如小茴香果皮内的油管；贮藏黏液的分泌道称为黏液道，如椴树茎皮内的黏液道。

4．乳汁管

乳汁管由植物体内一个或多个细长分枝的能分泌乳汁的乳细胞形成，分为无节乳汁管和有节乳汁管两种类型，分泌乳汁贮藏在其中，如蒲公英、大戟等。

二、分泌组织的观察方法

（一）徒手切片法制作临时性标本片

① 取鲜姜根茎，沿纵向切成 8mm 见方，长 2~3cm 的长条块，用徒手切片法横切，制作成临时性标本片。

② 分别取半夏鲜块茎、新鲜橘皮（或橙皮），也采用徒手切片法，制作成临时水装片。

③ 分别取新鲜或浸软的小茴香和吴茱萸果实，采用徒手切片法与纵轴垂直横切，制作成临时水装片。

④ 取一小段新鲜幼嫩油松茎，用徒手切片法与纵轴垂直横切，制作成临时水装片。

（二）显微镜下观察

（1）分泌细胞　用徒手切片法制作鲜姜根茎的临时横切片，镜下观察，可见在薄壁细胞之间，杂有许多类圆形的黄色油滴，细胞较周围的薄壁细胞大（见图 2-13）。

（2）黏液细胞　以制成的半夏标本片，镜检，可见黏液细胞呈无色透明块状，常含草酸钙针晶。

（3）分泌腔　观察新鲜橘皮（或橙皮），可见在中果皮薄壁细胞中有椭圆形的分泌腔，有时可以观察到细胞碎片和黄色油滴。

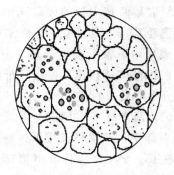
图 2-13 姜根茎中的油细胞

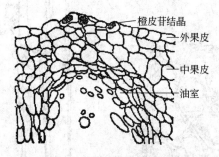
图 2-14 吴茱萸果皮中的分泌囊

观察吴茱萸果实横切片，可见在中果皮内有破损的溶生式分泌囊（油室，见图 2-14）。

（4）分泌道　观察小茴香标本片，有 6 个油管分布在其中，周围有多数红棕色的多角形分泌细胞，内含深色分泌物（见图 2-15）。

（5）树脂道　观察油松茎横切制片，可见木质部中有许多排列整齐的分泌细胞围成的贮藏树脂的树脂道（见图 2-16）。

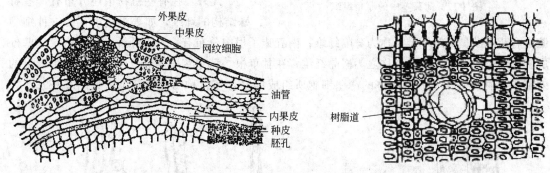

图 2-15　小茴香果实横切面　　　　图 2-16　油松茎横切面

（6）乳汁管　观察桔梗茎标本片，可见长管状的乳汁管。

第五节　机械组织的特征、类型及其观察方法

一、机械组织的特征和类型

机械组织是细胞壁明显增厚的细胞群，在植物体内起着支持和巩固作用。根据细胞结构的不同，机械组织又分为厚角组织和厚壁组织两类。

（一）厚角组织

厚角组织位于植物体的棱角处，如幼茎的四周、叶柄、叶的主脉及花梗部分，成束或成环分布。它为生活细胞，常含叶绿体，细胞最明显的特征是细胞壁不均匀增厚，多在壁的角隅处增厚，故称厚角组织。厚角部分由纤维素和果胶质组成（见图 2-17）。

（二）厚壁组织

厚壁组织多位于根、茎的皮层、维管束及果皮、种皮中，细胞壁全面增厚，具纹孔和层纹，成熟后胞腔变小成为死细胞。根据细胞形态不同，厚壁组织分为纤维和石细胞两类。

1. 纤维

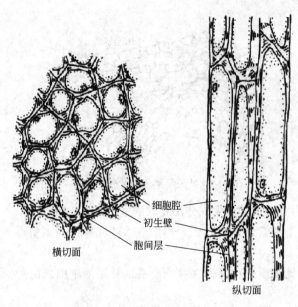

纤维是两端尖细的梭状死细胞，壁厚，胞腔狭窄，具纹孔，纤维末端彼此嵌合成束，通常沿器官长轴方向排列，可加强机械支持作用。根据纤维的存在位置分为两类。

（1）韧皮纤维　韧皮纤维成束分布于韧皮部中，细胞呈长梭形，壁厚，细胞腔狭长。如麻、肉桂等植物韧皮部分布的纤维。

（2）木纤维　木纤维呈束状分布于被子植物的木质部中，单个纺锤形细胞较韧皮细胞短，细胞壁木质化，细胞腔小，壁上有纹孔。如椴树、沉香等植物木质部分布的纤维。

图2-17　薄荷茎中的厚角组织

此外，在有些植物中还分布有一些特殊结构的纤维，如姜根茎中存在一种细胞腔中有菲薄横膈膜的纤维，称为分隔纤维；南五味子根中分布有一种木纤维，其细胞次生壁外层密嵌细小的草酸钙方晶，称之为嵌晶纤维；在甘草根、黄檗茎皮等部位中常见到一束纤维的外侧包围着许多含草酸钙晶体的薄壁细胞所组成的复合体，称为晶鞘纤维（见图2-18）。

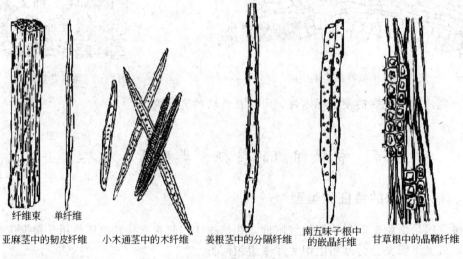

图2-18　几种常见纤维

2. 石细胞

石细胞单个或成群分布在根皮、茎皮、果皮及种皮中，多呈不规则的分枝状、卵状或多面体形，大小不一，细胞壁明显木质化增厚，具明显分支或不分支状的管状纹孔沟（见图2-19）。

二、机械组织的观察方法

（一）厚角组织的观察

取薄荷茎永久切片镜检，在表皮下有数层相邻细胞角隅处增厚或切向壁增厚的细胞，增

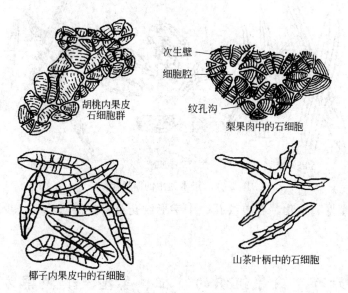

图 2-19　几种石细胞

厚的部分颜色较暗，即厚角组织。

（二）厚壁组织的观察

① 取黄柏粉末，用水合氯醛透化后，制成甘油装片。镜检，可见纤维及晶鞘纤维大多成束，多碎断，纤维细长稍弯曲，末端相嵌，壁很厚，微木化，纹孔沟不明显，晶鞘纤维内含草酸钙方晶（见图 2-20）。

② 取黄芩粉末用水合氯醛透化法制片，显微镜下观察，找到韧皮纤维、木纤维和石细胞。韧皮纤维甚多，呈梭形，长短不一，壁甚厚、木化，纹孔沟明显；木纤维较细长，两端尖，壁不甚厚，微木化；石细胞较多，呈类圆形、长圆形、类方形或不规则形，纹孔沟有时分叉（见图 2-21）。

③ 同样方法，在显微镜下观察川木通粉末临时制片，分别找出韧皮纤维、石细胞和木纤维。韧皮纤维呈长梭形，两端较尖，壁厚、木化，胞腔狭小，少数韧皮纤维胞腔较大，且具中隔或单纹孔；石细胞类长方形，一端稍尖或一端圆另一端长尖，壁厚而木化，孔沟及纹

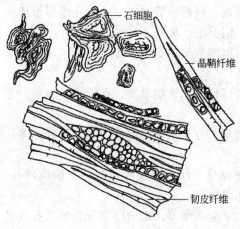

图 2-20　黄柏中的厚壁组织

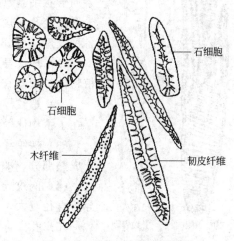

图 2-21　黄芩根中的厚壁组织

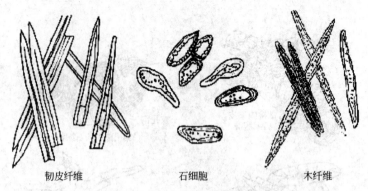

图 2-22 川木通中的厚壁组织（韧皮纤维、石细胞、木纤维）

孔明显；木纤维壁厚、木化，有单纹孔、十字形纹孔及密集网状纹孔，少数木纤维有中隔（见图 2-22）。

第六节 输导组织的特征、类型及其观察方法

一、输导组织的特征和类型

输导组织是植物体内输送水分、养料和无机盐的组织。细胞长形，常上下相连成管状。根据输导组织细胞结构和运输物质不同，分为两种类型。

（一）管胞和导管

管胞和导管位于木质部，自下而上输送水分和无机盐。二者均有较厚的次生壁，形成各式各样的纹理，常木质化。成熟后的细胞其原生质体解体，成为中空的死细胞。

1. 管胞

管胞是蕨类植物和多数裸子植物体内的输导组织，并有支持功能，在被子植物中少见。每个管胞为一个细胞，呈长管状，较细，两端尖斜，为末端不穿孔的死细胞，依靠纹孔运输水分，运输能力较导管低，是一类较原始的输导组织（见图 2-23）。

2. 导管

导管是被子植物木质部的输导组织，少数裸子植物也有。它由一系列管状细胞（导管分子）上下连接组成，端壁在发育过程中溶解消失形成穿孔，运送能力较管胞快。根据导管次生壁木质化增厚形成的各种纹理，可分为以下几种不同类型（见图 2-24）。

（1）环纹导管 次生壁增厚部分呈环状，导管直径较小，常位于植物体幼嫩器官中。

（2）螺纹导管 次生壁增厚部分呈螺旋带状，导管直径较小，常存在于植物体幼嫩部分。

（3）梯纹导管 次生壁增厚部分与未增厚部分间隔呈梯状，多位于成熟部分，如葡萄茎。

（4）网纹导管 次生壁增厚呈网状，与未增厚部分交织成网孔，导管直径较大，位于成熟根和茎中。

（5）孔纹导管 导管壁几乎全面增厚，未增厚部分为单纹孔或具缘纹孔，导管直径较大，位于成熟器官中。

图 2-23 管胞（梯纹管胞、孔纹管胞）

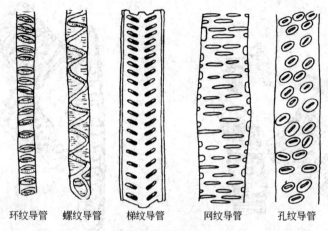

图 2-24 导管类型

（二）筛管与伴胞

筛管与伴胞位于韧皮部，是输送光合作用制造的有机养料到植物其他部分的管状生活细胞（见图 2-25）。

1. 筛管

筛管存在于被子植物的韧皮部中，由筛管分子纵向连接而成。筛管分子端壁特化成筛板，在筛板上有许多小孔，称为筛孔。由胞间连丝穿过彼此相邻筛管分子的筛板上的筛孔，输送同化产物。

2. 伴胞

伴胞是位于筛管分子旁侧的一个直径较小的薄壁细胞，细胞核较大，细胞质较浓。伴胞和筛管共存是识别被子植物韧皮部的依据。

蕨类植物和裸子植物无伴胞，只有筛胞。其细胞狭长，直径较细，端壁偏斜，端壁或侧壁上有一些小孔（筛域），无特化的筛板。因此输送养料功能不及筛管。

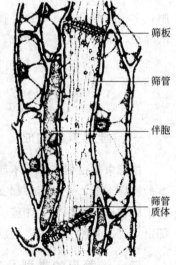

图 2-25 筛管和伴胞

二、输导组织的观察方法

（一）管胞的观察

取油松幼茎的纵切片（永久切片），在显微镜下观察，可见管胞呈长管状，两端常偏斜，两相邻管胞侧壁上的具缘纹孔相通。

（二）导管的观察

① 取南瓜茎纵切片，在显微镜下观察，被番红染成红色的、具有花纹而成串的管状细胞即是各种类型的导管。每个导管分子都以端壁打通后形成的穿孔相互连接、上下贯通。

② 取大黄粉末用水合氯醛透化法制片，显微镜下观察，大黄粉末中网纹导管较多见，并有具缘纹孔导管及细小螺纹导管，有的具缘纹孔横向延长成网状，非木化（见图 2-26）。

③ 取黄芩粉末用水合氯醛透化法制片，显微镜下观察，找到导管，黄芩粉末中网纹导管多见，具缘纹孔及环纹导管较少（见图 2-27）。

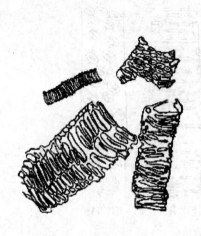
图 2-26 大黄根中的导管

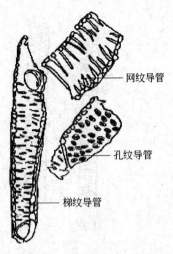
图 2-27 黄芩根中的导管

（三）筛管和伴胞的观察

取南瓜茎横、纵两种永久切片观察，在韧皮部中可见筛管和伴胞，筛管为多边形薄壁细胞，常被固绿染成蓝绿色，在旁边常生有一个或数个梭形伴胞。纵切面观可见筛管分子端壁的筛板，细胞内无核，质浓。

第七节 维管束的特征、类型及其识别

一、维管束的构成

维管束是由韧皮部与木质部组成的束状结构。它位于植物体的各个器官中，构成一个完整的输导系统，并对器官起支持作用。蕨类植物和种子植物具有维管束，又称维管植物。维管束中韧皮部由筛管、伴胞、韧皮薄壁细胞及韧皮纤维组成，有的还有韧皮射线细胞；木质部由导管、管胞、木薄壁细胞及木纤维组成，有的还有木射线细胞。

二、维管束的类型及其观察方法

（一）维管束的类型

裸子植物和双子叶植物根和茎的维管束，在韧皮部和木质部之间有形成层，能不断增粗，称无限维管束。蕨类植物和单子叶植物根和茎的维管束常无形成层，不能增粗，称有限维管束。

根据维管束中韧皮部与木质部排列方式的不同以及形成层的有无，将维管束分为 5 类（见图 2-28）。

1. 外韧维管束

外韧维管束的韧皮部位于外侧，木质部位于内侧，二者平行排列。若中间有形成层，为无限外韧维管束；若中间无形成层，为有限外韧维管束。

2. 双韧维管束

双韧维管束的木质部内外两侧均有韧皮部，如茄科、夹竹桃科等植物的维管束。

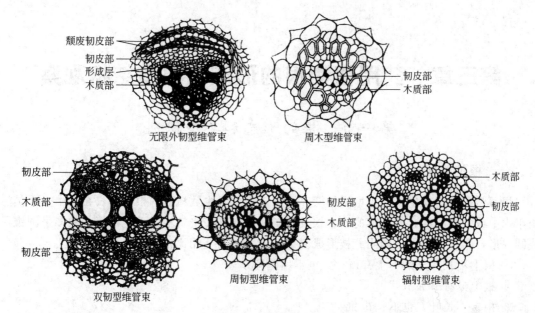

图 2-28 维管束类型

3. 周韧维管束

周韧维管束的木质部在中央，韧皮部围绕在木质部的四周，如百合科、禾本科某些植物的维管束。

4. 周木维管束

周木维管束的韧皮部在中央，木质部围绕在韧皮部的四周，如菖蒲、铃兰的维管束。

5. 辐射维管束

辐射维管束的韧皮部和木质部相互间隔排列，呈辐射状，存在于被子植物的初生构造中。

（二）维管束的观察

1. 双韧维管束

取南瓜茎横切片在显微镜下观察，可见由数个维管束排列成环状，每个维管束的内外两侧均为韧皮部，外侧韧皮部与木质部间的形成层明显，内侧的形成层不明显。

2. 周韧维管束

取贯众永久切片观察，横切面可见数个维管束（分体中柱），环状排列，每个分体中柱为周韧维管束，外有一圈内皮层。

3. 周木维管束

取石菖蒲永久切片观察，横切面可见类圆形环为内皮层环，环内的周木维管束散生。靠近内皮层的部位有少数有限外韧维管束。

第三章 药用植物根的形态和显微结构观察

第一节 根的形态和类型识别

一、根的特征

根通常是植物体生长在土壤中的营养器官。但也有少数植物的根不是长在土中,而是生长于水中或空气中的,如浮萍的水生根及石斛茎上伸展在空气中的不定根等。根多呈圆锥形或圆柱形,常在土壤中向四周分枝形成复杂的根系。与茎相比较根有以下特征:

① 根上不长芽,既不生有顶芽,也不生侧芽;
② 根上没有节和节间;
③ 根上不长叶,也不长花和果实。

符合以上特征的才属于根,有的植物在地下生长的部分,外形似根,但上面有明显的节或生长有突出的芽,这样的器官不属于根,而是茎,是一种地下根状茎。

二、根和根系的类型识别

(一)根的类型

1. 主根、侧根、纤维根

当植物的种子开始萌发时,首先由胚根突破种皮而生长出来的根称主根,通常较为粗壮;从主根的侧面生长出来的根称侧根;在主根和侧根上还可以长出更细小的根称纤维根。

2. 定根和不定根

依根产生部位的不同,可以把根分为定根和不定根两类。

(1) 定根　定根由胚根直接或间接发育而成,有固定的生长部位,包括主根、侧根和纤维根,如人参、桔梗、黄芪等植物的根。

(2) 不定根　不定根不是直接或间接由胚根发育所形成的,没有固定的生长部位,而是从茎、叶或其他部位生长出来的。如薏苡、小麦的种子萌芽后,由胚根发育成的主根不久即枯萎,而从茎的基部节上生长出许多大小、长短相近的须根来,这些须根就是不定根;又如忍冬、月季、菊、桑的枝条扦插后在茎末端长出的根,秋海棠的叶插入土中后所生出来的根,都是不定根。由于植物有产生不定根的特性,栽培上常利用它来进行无性繁殖。

(二) 根系的类型

根系是一株植物地下部分所有根的总称,包括主根、侧根、纤维根或不定根及其分枝。依据根系的形状不同,可分为直根系和须根系两类(见图3-1)。

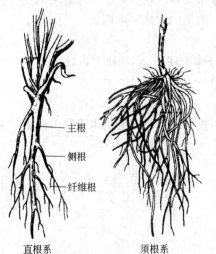

图 3-1　根系类型

1. 直根系

主根发达，主根与侧根的区分非常明显，这样的根系称直根系，它通常在土壤中分布较深，又称深根系。直根系大都具有较粗壮的主根，侧根较细小，一般垂直向下生长，是大多数双子叶植物的根系，如人参、棉花、桔梗、甘草、沙参、黄芪等的根系。

2. 须根系

主根不发达或早期死亡，而从茎的基部节上生出许多大小、长短相似的不定根，簇生成胡须状，这样的根系称须根系，它在土壤中分布较浅，又称浅根系。须根系是大多数单子叶植物的根系，如葱、蒜、玉蜀黍、麦冬、小麦、水稻等，但少数双子叶植物的根系也属于此种类型，如徐长卿、龙胆、白薇、紫菀、威灵仙等植物的根系。

三、各种变态根的特征识别

有许多植物的根，在长期的自然气候、地理条件变迁发展过程中，为了适应生活环境的变化，其形态、构造和生理功能发生了变异，这种变化称为根的变态。常见根的变态类型有下列几种（见图 3-2、图 3-3）。

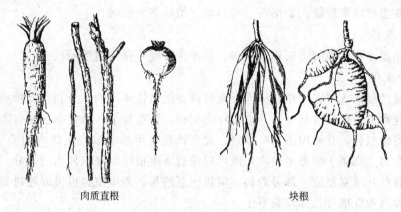

肉质直根　　　　　　　块根

图 3-2　几种贮藏根

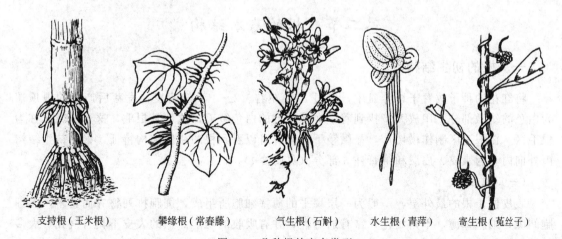

支持根（玉米根）　攀缘根（常春藤）　气生根（石斛）　水生根（青萍）　寄生根（菟丝子）

图 3-3　几种根的变态类型

（一）贮藏根

根的一部分或全部为肥大肉质，其内贮藏营养物质，这种具有贮藏作用的变态根称贮藏根。根据贮藏根的来源和形状的不同，又可分为以下两种。

1. 肉质直根

植物的主根肥大,形成肉质状。肥大的主根有的形成圆锥状,如白芷、桔梗的根;有的形成圆柱状,如黄芪、甘草、丹参的根;有的形成圆球状,如芜菁的根。

2. 块根

植物侧根或不定根中部或末端膨大,形成块状或纺锤状,这种根称为块根,如何首乌、百部、天冬、麦冬、白蔹等植物的根。

(二) 支持根

植物体在接近地面的茎节上产生的一些不定根,伸入土中,以增强茎干的支撑力量,使植物体直立于地面,这种根称为支持根。具支持根的植物有玉蜀黍、甘蔗、薏苡等。

(三) 气生根

从茎上产生一些不定根,不是深入土中,而是暴露在空气中,具有吸收和贮藏水分的能力,这种具有吸收和贮藏作用的变态根称为气生根,如石斛、吊兰等植物茎上的根。

(四) 攀缘根

攀缘植物从茎上长出一些不定根,用以攀附石壁、树干或其他物体向上生长,这种具有攀缘作用的变态根称攀缘根,如络石、常春藤等植物茎上的根。

(五) 水生根

水生植物漂浮在水中的须根称水生根,如浮萍、槐叶萍等植物的根。

(六) 寄生根

寄生植物的根插入被寄生植物体内,吸取被寄生植物体内的水分和营养物质,以维持自身的生活,这种寄生植物所具有的变态根称寄生根,如菟丝子、桑寄生、槲寄生的根。其中菟丝子是全寄生植物,其体内不含叶绿素,完全依靠寄生根吸取寄主体内的养分维持生活;而桑寄生和槲寄生则属于半寄生植物,既可以通过寄生根吸取寄主体内的养分,又可以通过自身体内含有的叶绿素制造一部分养料。值得注意的是,寄生植物也可以通过寄生根从被寄生植物体内吸取毒性成分,如马桑寄生。

第二节 根的基本结构

一、根的初生结构

将红花的种子放置于培养皿中,经过25℃左右、2~3天的萌发,发芽后产生的根顶端为白色的幼嫩部分,用放大镜找到着生在幼根上的白色绒毛,这就是根毛,这个区域又称为根毛区。在根毛区制作横切片,显微镜下观察,可以看到根的初生结构特征,根的初生结构由外向内分为表皮、皮层和维管柱3部分(见图3-4)。

(一) 表皮

表皮位于根的最外层,一般为一层扁平的薄壁细胞所组成,细胞排列整齐而紧密,无细胞间隙,细胞壁薄,不角质化,富有通透性,并有吸收的功能。根的表皮不具有气孔。大多数细胞的外壁突出形成根毛,增加了根的吸收能力。有些植物的根,如麦冬、百部等,表皮形成时常进行切向分裂,形成多列木栓化细胞,称为根被。

(二) 皮层

皮层位于表皮内方,常占幼根的较大部分,为多层排列疏松的薄壁细胞所组成,由外向内可分为外皮层、皮层薄壁组织和内皮层3部分。

1. 外皮层

外皮层是皮层最外方的一层生活细胞，排列整齐紧密，无间隙。当表皮被破坏后，外皮层细胞壁常增厚并木栓化，代替表皮行使保护作用，又称为后生表皮。

2. 皮层薄壁组织

皮层薄壁组织为外皮层内方的多层细胞，占皮层的绝大部分。细胞多呈类圆形，细胞壁薄，排列疏松，有细胞间隙，具有吸收、运输和贮藏的功能。

3. 内皮层

内皮层是皮层最内的一层细胞，排列紧密整齐，无细胞间隙，包围在维管柱的外面。通常情况下内皮层细胞的径向壁（侧壁）和上下壁（横壁）局部木栓化或木质化增厚呈带状结构，称凯氏带。有些植物的幼根，内皮层细胞不仅径向壁和横向壁增厚，而且内切向壁也显著增厚（五面增厚），横切面观察内皮层细胞壁呈马蹄形增厚。

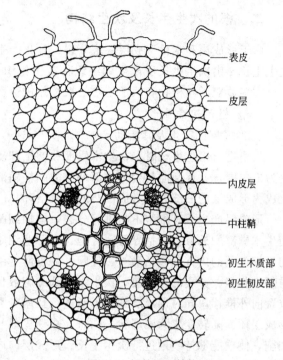

图 3-4 根的初生结构

在内皮层细胞壁增厚的过程中，只有少数正对初生木质部角顶端的内皮层细胞不增厚，这些细胞称通道细胞，有利于水分和养料的内外流通。

（三）维管柱

根的内皮层以内的所有组织构造统称为维管柱，在横切面上占有较小的面积，包括中柱鞘和维管束两个主要部分。

1. 中柱鞘

中柱鞘位于内皮层和维管束之间的一层或多层（裸子植物、少数双子叶植物如桃、桑等）薄壁细胞；个别的中柱鞘为厚壁组织（竹类、菝葜等）。

根的中柱鞘细胞排列整齐，具有潜在的分生能力，在一定时期能产生侧根、不定根、不定芽、木栓形成层和部分形成层。

2. 维管束

维管束位于中柱鞘内方，是根的输导系统，由初生木质部和初生韧皮部组成。初生木质部常在根的中心，形成多个辐射棱角，排列成星角状；初生木质部的束数随植物种类不同而有所区别；初生韧皮部分为多束，每束位于两个木质部棱角之间，二者相间排列成辐射状，为辐射型维管束。在维管束中初生木质部主要由导管、管胞、薄壁细胞和木纤维组成，初生木质部的导管由外向内口径逐渐增大；初生韧皮部主要由筛管、伴胞、薄壁细胞和韧皮纤维组成。

很多单子叶植物根的初生木质部没有完全分化到维管柱的中心，在根的中心仍保留有一些薄壁细胞，称为髓。多数双子叶植物的初生木质部一直分化到维管柱的中心，因而一般没有髓。

二、根的次生生长及次生结构

由于形成层和木栓形成层细胞分裂、分化产生各种组织，使根逐渐增粗，这种生长称为次生生长。由次生生长所产生的组织称次生组织；由次生组织所形成的构造，称为次生构造。大多数双子叶植物和裸子植物的根都能进行次生生长，形成次生构造。

（一）根的次生生长

1. 形成层的产生及其活动

当根进行次生生长时，初生木质部和初生韧皮部之间的一些薄壁细胞恢复分生能力，转变为形成层，并逐渐向初生木质部外方的中柱鞘部位延伸，而相连接的中柱鞘细胞也开始分化成为形成层的一部分，形成凹凸的形成层环。

形成层产生后，细胞不断进行分裂，增加细胞层数，这些细胞向内分化为木质部，加在初生木质部的外方，包括导管、管胞、木薄壁细胞和木纤维；向外分化为次生韧皮部，加在初生韧皮部的内方，包括筛管、伴胞、韧皮薄壁细胞和韧皮纤维。由于形成层向内分生的木质部细胞多，分裂的速度快，次生木质部细胞数目大量增加，维管柱逐渐扩大，使形成层的位置向外推移，同时形成层细胞不断进行径向分裂，扩大维管柱的周径，因而使凹凸相间的形成层环逐渐转变成为圆环状。同时，在韧皮部与木质部之间始终保留有分生能力的形成层细胞，使根能够持续地进行次生生长。形成层向内分生的木质部始终比向外分生的韧皮部细胞数目多，根的维管束由辐射型转变成外韧型，在横切面观察，次生木质部远远大于次生韧皮部。次生木质部和次生韧皮部合称为次生维管组织，是次生构造的主要部分（见图3-5）。

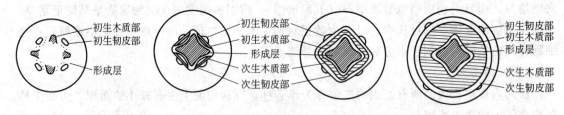

图3-5 根的次生生长图解
（从左至右表示形成层的产生与发展）

在次生维管束中还有一些薄壁细胞呈放射状排列，一般宽1~3列细胞，称为维管射线。位于韧皮部的称为韧皮射线，位于木质部的称为木射线。射线把维管组织分割成若干束。射线在维管束内起横向交换物质和气体的作用。在次生生长时，初生韧皮部常被挤破成颓废组织，而初生木质部仍留在根的中央。

次生木质部由导管、管胞、木纤维、木薄壁细胞和木射线细胞组成，裸子植物无导管只有管胞；次生韧皮部由筛管、伴胞、韧皮纤维、韧皮薄壁细胞和韧皮射线组成。裸子植物中仅有筛胞而无筛管、伴胞。次生韧皮部与韧皮射线中的薄壁细胞往往含有结晶及贮藏大量营养物质和生理活性物质，如糖、生物碱及黄酮等。此外还常有各种分泌组织分布，如油细胞、油室、树脂道、乳汁管等。这些生理活性物质以及部分细胞后含物等多与药用有关。

2. 木栓形成层的产生及其活动

由于形成层的活动，使根不断加粗，外方的表皮及部分皮层不能相应加粗而被破坏。此时，根的中柱鞘细胞恢复分生能力，形成木栓形成层，向外分生木栓层，向内分生栓内层。栓内层为数层薄壁细胞，排列较疏松，有的栓内层比较发达，有类似皮层的作用，称次生皮层。木栓层、木栓形成层和栓内层三者合称周皮。周皮形成后，木栓层外方的表皮和皮层由于和内部失去联系，得不到水分和营养物质而逐渐枯死脱落。因此，根的次生构造中没有表皮和皮层，而为周皮所代替。

最初的木栓形成层形成后，随着根的增粗，木栓形成层逐渐终止活动，其内方的薄壁细胞（皮层和次生韧皮部内）又能恢复分生能力产生新的木栓形成层，而形成新的周皮。

单子叶植物的根没有形成层和木栓形成层，因而不能加粗，也不能形成周皮。由表皮和外皮层行使保护机能，整个生活过程一直保持着初生构造。也有一些单子叶植物（石斛、百部、麦冬等），因表皮分裂成多层细胞，细胞壁木栓化，起保护机能，这种组织称为根被。

（二）根的次生结构特征

经过根的次生生长，根的构造从外到内可分为周皮和维管束两部分（见图3-6）。

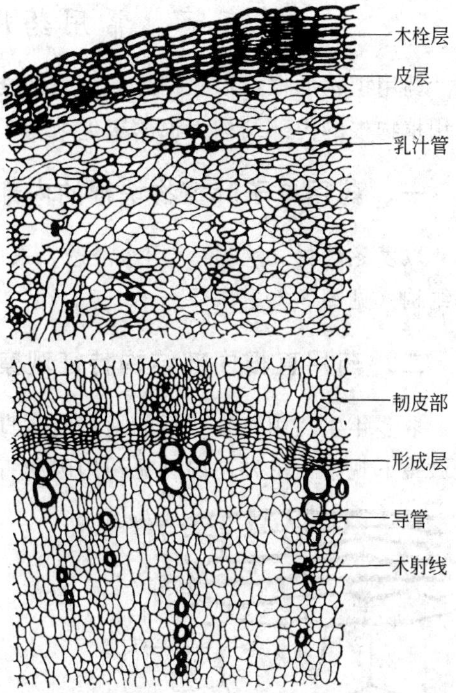

图 3-6 根的次生结构

1. 周皮

周皮由3部分组成。最外部为木栓层，通常为2层至多层，细胞扁平排列整齐，细胞壁栓质化。栓内层位于周皮最内层，为薄壁细胞。木栓层与栓内层之间有一层具有分裂能力的细胞，即木栓形成层。木栓形成层分裂产生的细胞向外分化形成木栓层，向内分化形成栓内层，三者形成一个紧密的整体，合称周皮。

次生生长时间较短的根中，在周皮内方还保留有少量的薄壁细胞，可视为残存的皮层，在以后根不断进行次生生长过程中，原有的皮层薄壁细胞不断被破坏，同时一些栓内层细胞也在不断补充新的薄壁细胞，随着根次生生长的进行，皮层会逐渐变得狭窄直至消失。

2. 维管柱

维管柱位于根的中心，在根的次生结构中占主要部分，由外向内分为以下几个部分。

（1）韧皮部　韧皮部主要为次生韧皮部，位于形成层外方，包括筛管、伴胞、韧皮纤维、韧皮薄壁细胞，一般比较粗的根中已经没有初生韧皮部。在有些植物根中初生韧皮部和部分次生韧皮部被挤毁后，留下韧皮纤维和残存的筛管群，称为颓废组织。

（2）形成层　形成层围绕在次生木质部之外，成一个圆环，为几层排列整齐的扁平细胞组成，但只有一层细胞具有分裂能力。形成层细胞向外分裂、分化形成次生韧皮部，向内分裂、分化形成次生木质部。

（3）次生木质部　次生木质部位于形成层之内，所占比例较大，由导管、管胞、木纤维和木薄壁细胞组成。导管口径大，细胞壁较厚；管胞口径小，靠近导管；木纤维口径小，细胞壁很厚；木薄壁细胞分布其间。在维管束中心还有由一些小导管细胞组成的初生木质部，较小，呈星角状排列。

（4）维管射线　在较老的根中，还产生了一些呈径向排列的薄壁细胞，由内向外呈放射状，其中位于木质部的称为木射线，位于韧皮部的称韧皮射线，统称维管射线。

第三节 常用药用植物根的内部结构观察

药用植物的根可以根据维管束中纤维细胞的多少分为药用肉质根和药用木质根。大多数药用植物根的内部结构为根的次生结构,但单子叶植物的根仍为初生结构。

一、药用单子叶植物块根的内部结构观察

取麦冬药材(块根),用水浸透,采用徒手切片法制作横切片,在显微镜下观察,可见其结构(见图 3-7)。

二、药用直根内部结构特征观察

取多年生药用植物桔梗的地下肉质直根,采用石蜡切片法横切后,制作成永久切片,置显微镜下观察,由外向内可见药用肉质直根的一般结构(见图 3-8)。

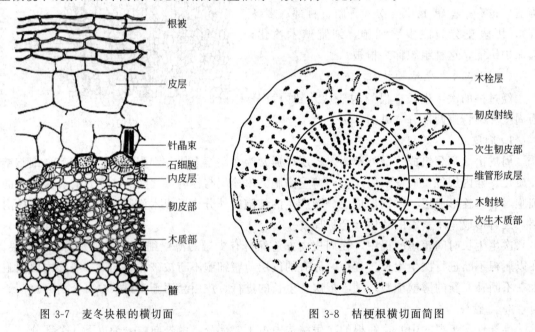

图 3-7 麦冬块根的横切面　　　图 3-8 桔梗根横切面简图

三、药用根皮的内部结构特征

药用植物以根皮入药的中药材,在采集根皮的过程中,通常是取形成层以外的部位入药。因此,药用根皮的内部结构由外向内通常包括周皮、残存皮层和次生韧皮部 3 个层次(见图 3-9)。

四、根的异型结构观察

(一)药用直根的异型结构

1. 牛膝根中异型维管束的观察

取怀牛膝根的永久横切片,放在显微镜下观察,可看到下列特征(见图 3-10)。

① 木栓层为数列细胞,皮层狭窄。

② 维管柱占根的大部分,有多数维管束,断续排列成 2~4 轮,且都为异型维管束;最

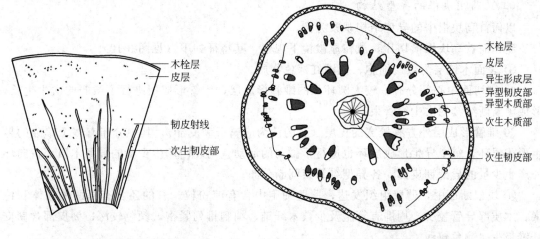

图 3-9 牡丹根皮的横切面简图　　　　图 3-10 怀牛膝根的异型结构

外围的维管束较小，有的仅一至数个导管，越近中心异型维管束越大。

③ 除最外轮有明显的异生形成层外，其他每轮产生异型维管束的异生形成层都不明显。

④ 木质部主要由导管及木纤维组成，导管木化或微木化，有的导管腔内含侵填体，木纤维微木化。少数薄壁细胞中含草酸钙砂晶。根中央有维管束呈圆形或分成 2~3 群。

根据以上特征可推断，当牛膝根的正常次生维管束形成不久，形成层逐渐失去分生能力，而在相当于中柱鞘部位的薄壁细胞转化成新的异生形成层。此异生形成层向内外分裂产生大量薄壁细胞和一圈间断的异型外韧维管束，反复多次，形成多圈异型维管束，由薄壁细胞隔开，一圈套住一圈，呈同心环状排列。在活动过程中，不断产生的异生形成层环仅最外一层保持有分生能力，内侧各个异生形成层环通常在各异型维管束形成后不久即停止活动。因此，内侧各轮中异型维管束的异生形成层都不明显。除怀牛膝根外，川牛膝根中也存在类似的异型维管束。

2. 商陆根中异型维管束的观察

在显微镜下观察商陆根的永久横切片，也可见异型结构（见图 3-11）。

在商陆根的异型结构中，异型维管束也呈同心环状排列，特点与牛膝相似。但在商陆根中，每一轮异型维管束都有呈环状排列的异生形成层，说明在商陆根的生长过程中，不断产生的异生形成层环始终保持分裂能力，由于异生形成层环的活动可使层层同心性排列的异型维管束不断增大，因而形成年轮状。同学们平常能见到的与商陆根异型结构相似的植物还有甜菜根和根红甜菜（紫菜头）根中的异型结构。

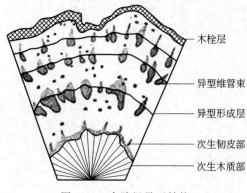 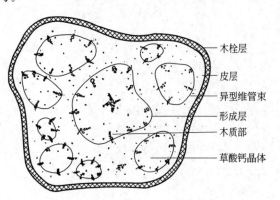

图 3-11 商陆根异型结构　　　　图 3-12 何首乌块根横切面简图

(二) 药用块根的异型结构

以何首乌块根中的异型结构观察为例。

制作何首乌块根横切片，放在显微镜下观察，其特征如下（见图3-12）。

① 表面木栓层为数层细胞，充满红棕色物质。

② 横切面中心部分有一较大圆环状的维管形成层，维管形成层进行了微弱的次生生长，形成了断断续续的次生维管束。

③ 维管形成层外方有较宽的皮层（有的认为应属于韧皮部），其中分布有多个单独的异生形成层环，每个异生形成层环也进行了微弱的活动，向环内产生少量的异型木质部，向环外产生少量的异型韧皮部，各异型维管束间断分布。

④ 块根断面中，薄壁组织发达，薄壁细胞中含有淀粉粒，有的还含有草酸钙晶体和色素；木质部导管较少，周围有管胞及少数木纤维，细胞排列紧密，颜色较深；韧皮部含韧皮纤维极少，颜色较浅。

第四章 药用植物茎的形态和显微结构观察

第一节 茎的形态特征和类型识别

茎是植物体地上部分的躯干,由种子中的胚芽发育而成,是联系根和叶,输送水分、无机盐和有机养料的轴状结构。其上着生叶、花、果实和种子,下连根部,具有背地性和向光性。茎的顶端有顶芽(芽是尚未发育的茎、叶、花,是茎、叶、花的原始体),能不断向上生长,形成植物的主干;茎的叶腋部位(茎和叶之间的夹角)有腋芽,腋芽陆续发育形成茎的侧枝,侧枝上又能产生新的顶芽和腋芽,如此反复分枝发展形成植物体的整个地上部分。

一、茎的形态特征

日常生活中我们所见到的茎的外形一般是呈圆柱形,也有的呈方形(如益母草、薄荷、丹参的茎)、三棱形(如莎草、荆三棱的茎)、扁平形(仙人掌、昙花的茎)。茎通常是实心的,但有些植物的茎却是空心的,如芹菜、南瓜、胡萝卜、淡竹叶等。茎上着生叶和腋芽的部位称为节,节和节之间的部位称为节间。少数植物的茎节明显膨大(如水稻、竹、芦苇),还有一些植物的茎节比节间窄小(如莲藕)。不同植物节间长短也不一致,长的可达几十厘米,短的甚至不到1mm。有些植物具有两种枝条:长枝(节间较长)和短枝(节间较短)。有的植物长枝只长叶而不开花结果,故又叫营养枝;短枝常着生在长枝上,能开花结果,故又叫果枝(如苹果、枸杞、银杏等)(见图4-1)。

根据观察,我们得到茎的基本特征:
① 茎上具有节和节间;
② 茎的顶端生有顶芽,叶腋部位长有腋芽;
③ 茎上能够生长枝、叶、花和果实。

以上是茎主要的外形特征,而根是没有节和节间之分的,其上也不长芽、叶、花和果,这是茎和根在外形上的主要区别。

茎的形态是多种多样的,有的植物通常说其"无地上茎",实质是地上茎极短或极不明显,而绝不是没有地上茎。在任何植物的茎上,都可以看到有节,这一点至关重要,是茎最本质的特征。节,在某些植物的茎上很明显,如毛竹、玉米、甘蔗等,在这些植物的茎上,每隔一定距离都可以看到有一环一环的突起,这就是节。但是有相当数量的植物,其茎上的节并不像上述几种植物那样清楚,特别是在老茎上,更看不出何处是节,如我们所熟悉的悬铃木、樟树,它们茎秆上的节就不明显,甚至根本看不出。在这种情况下,我们可以根据什么地

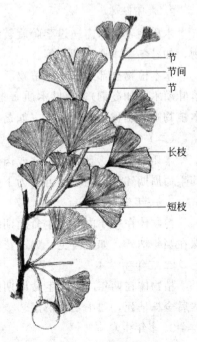

图 4-1 茎的外形

方长叶来确定什么地方就是节,因为叶是生长在节上的。这样在悬铃木、樟树着生叶片的枝条上,它的节就很清楚了,在叶片已脱落的老茎上,节的部位就是叶落后留下的叶痕部位。节与节之间称为节间。节间有长有短,即使在同一植株的不同生长期,节间的长短也会有所变化。极短的节间使整个茎缩成一点状,外观看上去似乎没有茎,如蒲公英的地上茎的节间极短,节非常靠近,茎就显得非常短。

木本植物的茎枝上还有叶痕、托叶痕、维管束痕和皮孔等特征。叶痕是叶子脱落后留下的痕迹;托叶痕是托叶脱落后留下的痕迹;维管束痕是叶痕中的点状突起;皮孔是茎枝表面隆起的呈裂隙状的小孔,是茎与外界进行气体交换的通道。这些痕迹每种植物都有一定的特征,常可作为鉴别植物的依据。

二、茎的类型识别

各种植物的茎随着其自身质地和生长习性的不同会发生一些变化,使得植物体地上部分呈现出千姿百态的特征。依茎的质地不同可将茎分为下列几种类型。

(一) 木质茎

木质部发达且质地坚硬的茎称木质茎,具有木质茎的植物称木本植物。木本植物可分为乔木、灌木及木质藤本 3 种类型。

1. 乔木

植物体主干明显,植株高大,基部少分枝或不分枝,成熟时高度在 5m 以上。如银杏、杜仲、柏、厚朴、松等。

2. 灌木

植物体主干不明显,植株矮小,基部发出数个丛生枝干,成熟时高度在 5m 以下。如夹竹桃、牡荆、连翘、刺五加等。若其高度在 1m 以下则称小灌木,如六月雪;若介于草本和木本之间,仅基部木质化的则称亚灌木或半灌木,如牡丹、草麻黄等。

3. 木质藤本

木质茎较长,需通过茎藤旋转缠绕或依赖卷须、钩刺等攀缘他物向上生长的一类木本植物,如忍冬、木通、葡萄等。

木本植物全部是多年生植物。其叶在冬季或旱季脱落的则分别称为落叶乔木(如银杏)、落叶灌木(如蔓荆)、落叶木质藤本(如紫藤);反之,在冬季或旱季不落叶而保持常绿的木本植物则分别称为常绿乔木(如荔枝)、常绿灌木(如栀子)、常绿木质藤本(如钩藤)。

(二) 草质茎

木质部不发达且质地柔软或肉质肥厚的茎称草质茎,具有草质茎的植物称草本植物。按其生命周期和形态的不同可分为下列几种类型。

1. 一年生草本

植物体在一年内完成生命周期的草本植物,即从种子萌发到开花结果产生种子,最后全株在当年枯死,如马齿苋、鸡冠花、红花等。

2. 二年生草本

植物体在两年内完成生命周期的草本植物,即种子在第一年萌发,在第二年开花结果,然后全株枯死,如小麦、菘蓝、萝卜等。

3. 多年生草本

植物体在两年以上才能完成生命周期的草本植物。若植物地上部分每年都枯死,而地下部分可多年保持生命活力则称宿根草本，如人参、鱼腥草、桔梗等；若植物地上部分保持常绿多年而不枯萎则称常绿草本，如麦冬、万年青等。

4. 草质藤本

草质茎较长，需缠绕或攀缘他物向上生长的一类草本植物，如何首乌、牵牛、党参等。草质藤本植物除了依赖茎藤旋转缠绕或依赖卷须、不定根等攀缘他物生长外，还可以沿地面上匍匐（节上生有不定根）或在地面上平卧生长（见图4-2）。

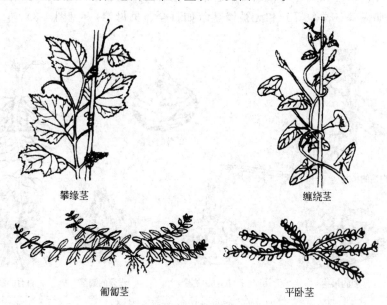

图 4-2 常见草质藤本茎的类型

（三）肉质茎

茎肉质肥厚柔软多汁，如仙人掌、景天三七、芦荟等。

三、茎的变态类型识别

茎与根一样，有些植物为了适应生活环境的变化而在形态、结构及生理功能等方面发生了相应的变化，即茎的变态。茎的变态种类很多，可分为地下茎的变态和地上茎的变态两大类。

（一）地下茎的变态

生长在地面以下的茎称地下茎。地下茎外形与根相似，日常生活中也习惯称之为"根"，但其形态和内部结构都保持有茎的特征：即有明显的节与节间，节上长有芽及退化的鳞片叶，与根有显著的区别。地下茎的变态类型常见的有下列4种。

1. 根状茎

根状茎通常横生于地下，外形似根，具有明显的节与节间，先端具顶芽，节上有腋芽和退化的鳞片叶，在节上常生有不定根。根状茎的形态和节间的长短随植物种类不同而异，有的短而直立，如三七、人参等；有的细长，如白茅、芦苇等；有的肉质肥厚，如莲、姜等；有的呈团块状，如川芎、苍术等；有的还有明显的茎痕，如黄精、人参等的地下根茎。

2. 块茎

块茎常肉质肥大呈不规则块状，节间短缩，节上长有芽或留有退化的鳞片叶，但顶芽不突出，如天南星、半夏、天麻、马铃薯等的地下块茎。

3. 球茎

球茎为节间短缩的地下直生茎，常肉质膨大呈球形或扁球形，具有明显的节，节上有膜质的鳞片叶和腋芽，顶端有发达的顶芽，基部生有不定根，如慈菇、泽泻、荸荠等。

4. 鳞茎

鳞茎呈球形或扁球形，由茎的节间极度缩短而形成圆盘状的结构称鳞茎盘，盘上密生肉质肥厚的鳞片叶，顶芽和腋芽均被鳞叶所包裹，基部有不定根。依据茎外围有无膜质鳞叶分为有被鳞茎（如大蒜、洋葱等）和无被鳞茎（如百合、贝母等）（见图 4-3）。

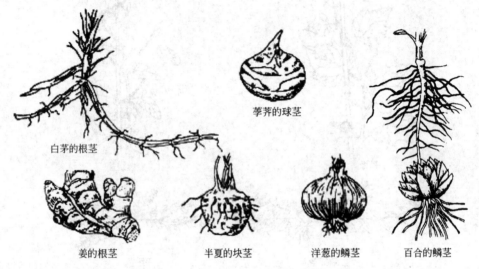

图 4-3　常见地下茎的变态类型

（二）地上茎的变态

地上茎的变态主要与同化、保护、攀缘等功能有关。地上茎的变态类型有叶状茎、刺状茎（钩状茎）、茎卷须、小块茎和小鳞茎等几种（见图 4-4）。

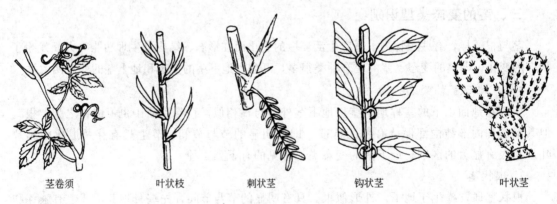

图 4-4　常见地上茎的变态类型

1. 叶状茎

植物的一部分茎或枝变态成绿色扁平叶状，代替叶片行使光合作用，而实际上真正的叶已退化或转变为刺，如仙人掌、天冬、竹节蓼等。

2. 刺状茎（枝刺或棘刺）

有些植物的部分侧枝特化为刺状结构，坚硬而锐利，具有保护作用。枝刺常分枝（如皂荚、枸橘）或不分枝（如山楂、酸橙、木瓜），有些植物的枝刺特化为弯曲的钩状，如钩藤。枝刺多生于叶腋，因而可与叶刺相区别。

3. 茎卷须

有些植物部分茎枝特化成卷须，柔软并常有分枝，用来攀缘他物向上生长，如绞股蓝、丝瓜等的卷须。

4. 小块茎

有些植物的腋芽或叶柄上的不定芽发育形成小块茎，常具有繁殖作用，如山药叶腋所生的珠芽、半夏三出复叶的总叶柄上所生的不定芽均可为小块茎。

5. 小鳞茎

有些植物在叶腋或花序处由腋芽或花芽形成小鳞茎，也具有繁殖作用，如百合、卷丹的腋芽以及洋葱、大蒜花序中的花芽均可形成小鳞茎。

第二节　茎的基本结构

种子植物的主茎是由胚芽发育而来的，主茎上的侧枝则由主茎上的侧芽（腋芽）发育而来。不论主茎或侧枝，一般在其顶端都具有顶芽，保持顶端生长的能力，使茎不断延伸。

一、双子叶植物茎的初生结构

双子叶植物茎或枝的顶芽向前生长延伸后，在顶芽下的成熟区就逐渐形成了嫩绿色的茎（枝），此时其中的结构就是茎的初生结构。

截取刚刚出苗后不久的红花幼茎，取顶芽下的第二片叶和第三片叶之间的部分制作横切片，在显微镜下观察，可见其地上茎的初生结构。同样方法观察花生、豌豆、决明、小蓟等的地上茎的初生结构，归纳得到双子叶植物地上茎的初生结构特征（见图4-5、图4-6）。

（一）表皮

表皮位于茎的最外层，为一层形状扁平，排列整齐紧密的生活细胞组成，有的并具气孔、毛茸或其他附属物。表皮细胞外壁较厚，通常角质化并形成角质层，有的还有蜡质。

（二）皮层

皮层位于表皮内侧，占较小部位，一般不如根的皮层发达。皮层由多层排列疏松，具有细胞间隙的薄壁细胞组成。其中通常含有叶绿体，所以幼嫩茎呈绿色，能进行光合作用。在紧靠表皮的部位常具有厚角组织以加强茎的韧性，厚角组织有的排列成环状（如葫芦科和菊科的一些植物），有的聚集在茎的棱角处（如薄荷、芹菜等），有的植物在皮层中还有纤维、石细胞或分泌组织。茎通常不具内皮层，所以皮层与维管组织区域无明显界限。有些植物的皮层最内一层细胞含大量淀粉粒而称为淀粉鞘。

（三）维管柱

维管柱是皮层以内的组织，占有茎的较大部分，由维管束、髓和髓射线几部分组成。

1. 维管束

维管束位于皮层内方，多个呈柱状环列，由初生韧皮部、初生木质部和束中形成层3部分组成。

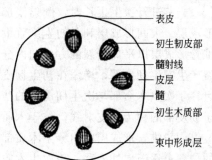

图4-5　双子叶植物茎的初生结构简图

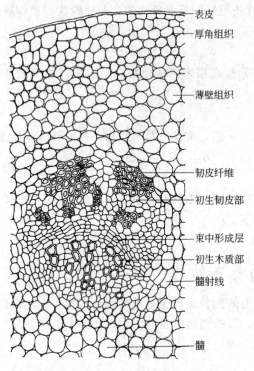

图 4-6 双子叶植物茎的初生结构

(1) 初生韧皮部 位于维管束的外侧,由筛管、伴胞、韧皮薄壁细胞和韧皮纤维组成。

(2) 初生木质部 位于维管束的内侧,由导管、管胞、木薄壁细胞和木纤维组成。

(3) 束中形成层 在初生韧皮部与初生木质部之间保留1~2层具分生能力的细胞,称为束中形成层,可使茎形成次生结构。

2. 髓

髓位于茎的中央部分,由排列疏松的薄壁细胞组成,维管束紧紧围绕。草本植物茎的髓部较大,木本植物茎的髓部一般比较小。有些植物髓在发育过程中破裂消失,为中空的茎,如芹菜、连翘等;有些植物髓部呈局部破坏,形成一系列的横髓隔,如猕猴桃等;有的植物髓部周围有排列紧密、细胞壁较厚的小细胞,这种周围区称环髓带。

3. 髓射线

髓射线是连接皮层和髓部的薄壁细胞,在茎的横切面上呈放射状排列,具有横向运输和贮藏作用。髓射线的宽度可因植物不同而异,一般草本植物和藤本植物的髓射线较宽,直立木本植物的髓射线较窄。

在皮层、髓和髓射线部位的薄壁细胞中,有的含有淀粉粒、草酸钙晶体等后含物,有的细胞分化形成分泌道等分泌组织。

二、双子叶植物木质茎的次生生长和次生结构

绝大多数的单子叶植物和少数双子叶草本植物的茎终生仅具有初生结构,而裸子植物和多数双子叶植物则由于形成层和木栓形成层的分裂活动,会在停止伸长的部位继续发生次生的加粗生长,从而产生次生结构。一般木本植物的次生生长可持续多年,因此次生构造很发达。

(一) 双子叶植物木质茎的次生生长

1. 维管形成层的产生及其活动

当茎进行次生生长时,髓射线部位邻接束中形成层的薄壁细胞恢复分生能力,形成束间形成层。束间形成层和各初生维管束中的束中形成层相互衔接后形成完整的维管形成层环。维管形成层以平周分裂的方式向内分裂产生次生木质部,增添在初生木质部的外侧;向外分裂产生次生韧皮部,增添在初生韧皮部的内侧;同时,维管形成层中部分细胞不断分裂产生贯穿于次生木质部与次生韧皮部的薄壁细胞,呈辐射状排列,称维管射线(次生射线),位于韧皮部的称为韧皮射线,位于木质部的则称为木射线。它们共同构成次生维管束。

一般维管形成层向内分生木质部的数量远比向外形成韧皮部的数量多,所以维管形成层的位置也逐渐向外推移,使次生木质部占据茎的绝大部分。

维管形成层的活动受季节的影响表现出明显的节奏性变化。春夏气候适宜,雨水多,维

管形成层细胞分裂快,生长迅速,产生的次生木质部细胞多。其中导管直径大而壁薄,数目多,产生的木纤维细胞较少,因此木质部疏松并且颜色较淡,称早材或春材;夏末秋初,由于气候渐冷,雨水较少,维管形成层活动逐渐减弱,产生的次生木质部细胞少,其中导管直径小而壁厚,数目少,而产生的木纤维细胞多,因而木质部较紧密并且颜色较深,称晚材或秋材。同年的早材与晚材逐渐转变,没有明显的界限,但当年的秋材与次年的春材界限明显,形成一圈圈的同心环,通常每年出现一轮,称为年轮(或生长轮、生长层)。

2. 木栓形成层与周皮

在茎的维管形成层开始进行次生生长时,位于表皮或表皮内方的细胞恢复分生能力形成木栓形成层。木栓形成层向内分生栓内层(栓内层常含叶绿体而呈绿色,又称为绿皮层),向外分生木栓层。木栓层、木栓形成层、栓内层三者组成周皮。周皮代替表皮行使保护作用。

多数植物木栓形成层的活动只有几个月,大多数树木次年春又可依次在其内方产生新的木栓形成层,形成新的周皮。老周皮内方的组织被新周皮隔离后因无水分和养料的供应而逐渐枯死,这些老周皮以及被它隔离的或死亡组织的综合体称为落皮层。落皮层脱落的形状、纹理等因植物而异,如松是呈鳞片脱落;桦呈环状脱落;柳、榆则裂成纵沟纹;悬铃木呈大片脱落。还有些植物茎的周皮可常年积累而不脱落,形成很厚且有弹性的树皮,如关黄柏。

(二)双子叶植物木质茎的次生结构

取 3～4 年生椴树茎的石蜡横切片,置显微镜下观察,由外向内可见其双子叶植物木质茎的次生结构(见图 4-7)。

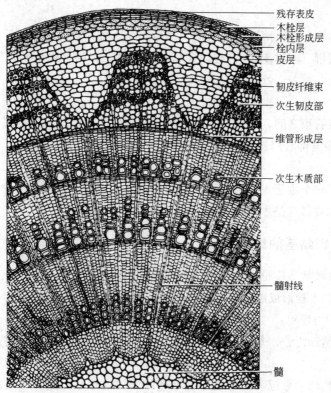

图 4-7 双子叶植物茎的次生结构(横切面)

1. 周皮

周皮由木栓层、木栓形成层和栓内层组成，明显可见木栓层显棕色，木栓形成层和栓内层均为扁平状，已替代了脱落的表皮行使保护功能。

2. 皮层

在整体结构中皮层较窄，由多层细胞组成，皮层外方有数层厚角组织，易被染成紫红色，向内为薄壁组织，细胞内常含有大型草酸钙簇晶。在皮层内方有的有颓废的筛管群。

3. 韧皮部

在皮层和维管形成层之间，次生韧皮部排列成梯形（底部靠近形成层），与排列成喇叭形的髓射线薄壁细胞相间分布。次生韧皮部由筛管、伴胞、韧皮纤维和韧皮薄壁细胞组成，在切片中，明显可见外侧被染成红色的韧皮纤维与内侧被染成绿色的韧皮薄壁细胞、筛管和伴胞呈横条状相间排列。初生韧皮部已被破坏。

4. 维管形成层

维管形成层由4～5层排列整齐的扁长细胞组成，呈环状，是分裂细胞，有分生能力。

5. 木质部

木质部位于形成层以内，在横切面上占有最大面积。次生木质部由导管、管胞、木薄壁细胞、木纤维和木射线组成。次生木质部中导管类型主要为梯纹导管、网纹导管和孔纹导管。木射线细胞为保持生活状态的薄壁细胞。在次生木质部内，细胞壁较薄，染色较浅的细胞部分为早材；细胞较小，细胞壁较厚，染色较深的为晚材。由于第一年晚材和第二年早材有明显的界限，从而形成年轮。紧靠髓部周围的一群小型导管即为初生木质部。

6. 髓

髓位于茎的中央，多由薄壁细胞组成，靠近初生木质部处的一层薄壁细胞略木化，呈环状排列，称为环髓带（亦称髓鞘）。有的含草酸钙簇晶，有的含黏液和单宁，所以部分细胞染色较深。

7. 髓射线

髓射线位于维管束之间，由髓部薄壁细胞向外辐射状发出，直达皮层。经木质部时，为1～2列细胞，至韧皮部时则扩大成喇叭状。

8. 维管射线

维管射线位于每个维管束之内，由木质部和韧皮部中横向运输的薄壁细胞组成，一般短于髓射线。位于木质部的是木射线，位于韧皮部的是韧皮射线。

三、单子叶植物茎的结构特征

大多数单子叶植物茎不形成次生构造而仅有初生构造（见图4-8），其特点如下。

① 无形成层和木栓形成层（除少数热带单子叶植物外），一般只有初生构造，初生组织分化成熟后茎就不再增粗。

② 无皮层和髓部之分，基本组织中散在众多的维管束，维管束主要是有限外韧型或周木型。

③ 禾本科植物的茎靠近表皮的地方有厚壁组织的连续环，髓部常萎缩破坏而成中空的茎秆。

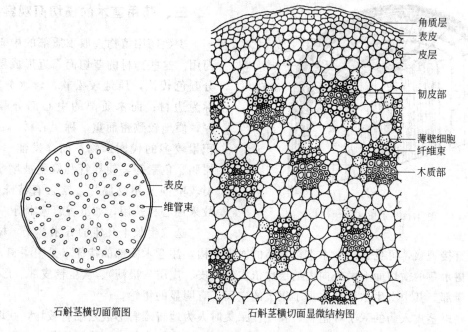

图 4-8 石斛茎横切面结构

第三节 药用地上茎的内部结构观察

一、药用草质茎的结构特征观察

少数单子叶草质茎的结构与石斛茎的结构相近。大多数全草类药材都为双子叶草本植物，双子叶植物草质茎生长期短，次生生长有限，有些草本双子叶植物甚至完全没有次生生长（如毛茛），多数草本植物的茎只进行了微弱的次生生长，形成了以初生结构为主的草质茎结构特征。

取新鲜过路黄茎横切后制作石蜡切片，显微镜下观察，由外到里观察到如图4-9所示的结构。

二、药用茎枝的结构特征观察

横切肉桂的嫩茎枝制作成石蜡切片，在显微镜下观察，可见如图4-10所示的结构。

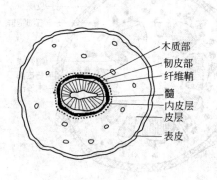

图 4-9 过路黄茎横切面

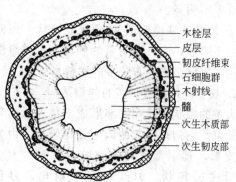

图 4-10 肉桂嫩茎枝横切面简图

三、药用茎木的横切面观察

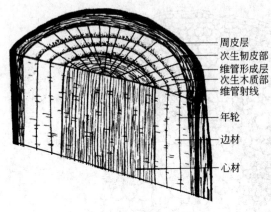

图 4-11 木质茎次生结构简图

少数药用植物选取木质部的中心部分药用。这些药材的茎切面靠近形成层的部分颜色较浅，质地较松软，含水分较多，称为边材；而木质部的中心部分颜色较深，质地较致密而重，称为心材。心材中积累较多的代谢产物，如挥发油、鞣质、树脂、色素等，使导管和管胞被堵塞。心材较坚固又不易腐烂，常含有特殊成分，故采用心材药用，如沉香、苏木等。

选取生长十几年的乔木茎干，横向锯成切面直接观察，可见双子叶木本植物茎的次生结构，注意木质部的特征（见图 4-11）。

在树木茎的横切面上由外向内的层次依次是周皮、皮层（极薄）、次生韧皮部、形成层、次生木质部。其中次生木质部占据了很大的空间，有明显的年轮。

一些以茎皮入药的双子叶植物，在茎皮采集时人为地将维管形成层细胞破坏，获取维管形成层以外的部分，其结构主要有周皮、残存皮层、次生韧皮部和韧皮射线等。如厚朴、黄檗、肉桂等的茎皮。

第四节 药用地下茎的内部结构观察

药用植物地下茎外观形状和根很相似，但内部结构基本上保持茎的结构特征。由于生长在地下，其内部结构也有一些变化。

一、药用双子叶植物根状茎的结构特征观察

1. 双子叶植物根状茎的构造特点

双子叶植物根状茎的构造与地上茎的结构相似，以黄连根茎为例，其特点如下（见图 4-12）。

① 茎表面通常有木栓组织，少数有表皮。

② 皮层中常有根迹维管束和叶迹维管束，内皮层多不明显。

③ 无限外韧型维管束排列呈环状，束间形成层不明显，中央有明显的髓部，机械组织不发达，薄壁细胞中有较多的贮藏物质。

2. 双子叶植物根状茎的异型结构

大黄的根状茎，在髓部形成多数点状的异型维管束，它们是特殊的周木式维管束。内方为韧皮部，其中常可见黏液腔；外方为木质部，形成层环状，射线呈星状射出，习称星点。

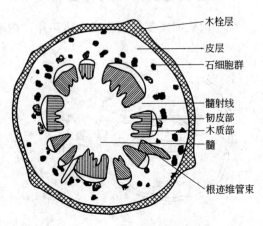

图 4-12 黄连根状茎横切面简图

大黄根状茎横切面观察步骤如下。

先将大黄药材根状茎放在放大镜下观察，可见木栓层和皮层部分已破损，外侧显露韧皮部，木质部和髓部较宽广，在髓部有多数颜色较深的星点，即为根茎中的异型维管束。

横切大黄根茎髓部的星点，制作成石蜡切片，置显微镜下观察，高倍镜下可见异型维管束的形成层为环状，内方为韧皮部，外方为木质部，射线呈星状射出（见图4-13）。

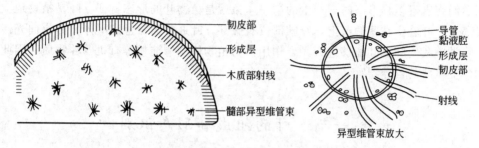

图4-13 大黄根状茎横切面简图

二、药用单子叶植物根状茎的结构特征观察

单子叶植物根状茎的结构与地上茎的内部结构有些变化，即有内皮层，内皮层以内的分布与地上茎相似。结构特点如下（见图4-14）。

① 表面通常由表皮或木栓化的皮层起保护作用，一般不产生周皮。

② 皮层较宽，常有少数叶迹维管束散在。内皮层大多明显，具凯氏带。

③ 维管束数目较多，多为有限外韧型，少为周木型或两者兼有，如石菖蒲的根状茎。

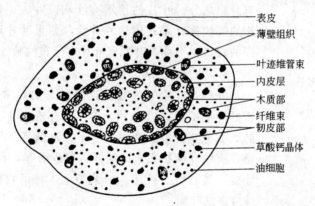

图4-14 石菖蒲根状茎横切面简图

第五章 药用植物叶的形态和显微结构观察

同学们在观察植物形态时，产生的第一印象就是植物叶的形态特征。叶是植物地上结构的主要部分。叶着生在茎的节上，叶腋部位有腋芽，叶通常为绿色扁平体，具有向光性。在初中生物学中我们知道叶能够进行光合作用，为植物体制造淀粉等有机营养物质，因此，叶是植物体上重要的营养器官。

第一节 叶的组成和形态识别

一、叶的组成

各种药用植物叶的形态千差万别，但其组成基本上是一致的，如图 5-1 所示的是棉花叶。叶通常由叶片、叶柄和托叶 3 部分组成。这 3 部分都全的叶称为完全叶，如玫瑰、贴梗海棠、茜草的叶等；缺少其中一部分的叶称为不完全叶，其中最普遍的是缺少托叶的叶，如红花、桔梗、女贞的叶等。

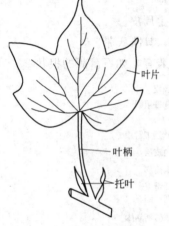

图 5-1 棉花叶的组成

（一）叶片各部位的名称

叶片是叶的主体部分，通常为一绿色扁平体，两侧对称，有背腹之分。叶片的顶端称叶端或叶尖；基部叶柄与叶片相连的部位称叶基；周边称叶缘；如果叶片边缘裂开成凹凸不齐的缺口，则称为叶裂；叶片内分布的脉纹称叶脉。

（二）叶柄的识别

叶柄是叶片与茎枝相连接的部分，常呈柱状或稍扁状。有的叶柄扩展成叶片状，直接着生在茎上，这种叶称为无柄叶，如抱茎苦荬、鸢尾、射干、菖蒲等。很多植物叶柄有沟槽，有的叶柄扩大成圆筒状，包围着茎，称为叶鞘，如水稻、小麦、淡竹叶、芦苇、白茅等禾本科植物的叶鞘，以及小茴香、当归、白芷、前胡等伞形科植物的叶鞘。

（三）托叶的识别

托叶是大家所不注意，也不熟悉的部分。它通常着生在叶柄基部两侧，成对生长，也有的着生在叶柄与茎之间。托叶的形状、大小因植物种类不同而差异甚大，一般较细小而呈线状，如梨、桑；有的大而呈叶状，如贴梗海棠；有的托叶的形状及大小和叶片几乎一样，只是托叶的腋内无腋芽，如茜草；有的托叶呈刺状，如刺槐和六月雪；有的两片托叶边缘愈合成鞘状，包围茎节的基部，称托叶鞘，这是何首乌、东方蓼、虎杖等蓼科植物的主要特征；有的托叶还会演变为卷须，如菝葜，其托叶上端两侧变为两条细长的卷须，用以攀缘他物。

在有些植物中，托叶的存在是短暂的，随着叶片的生长，托叶很快就脱落，仅留下一个不为人所注意的着生托叶的痕迹，这种情况称为托叶早落，如石楠的托叶。在托叶早落的植物中，有些托叶长成笔套状，套在顶芽上，当叶片长大、托叶早落后，在幼枝上留下一个环状的痕迹。这个痕迹称托叶环，如玉兰、荷花玉兰的幼枝上即有许多托叶环，这是识别某些植物的重要依据。有些植物的托叶能伴随叶片在整个生长季节中存在，这种情况称为托叶宿存，如龙芽草，在其叶柄基部有一对很大的托叶始终存在。托叶除了早落、宿存两种情况外，还有第三种情况，就是托叶根本不存在。在叶的生长过程中，托叶完全退化了，连痕迹也看不到。没有托叶的植物是相当多的，而且很一致地出现在许多大类群的植物中。因此，托叶的有和无、早落或宿存、大小和形态、质地以及托叶与叶柄结合的程度等，都是植物识别中不可忽视的特征，托叶在区别各种植物上常常是一个很重要的依据（见图5-2）。

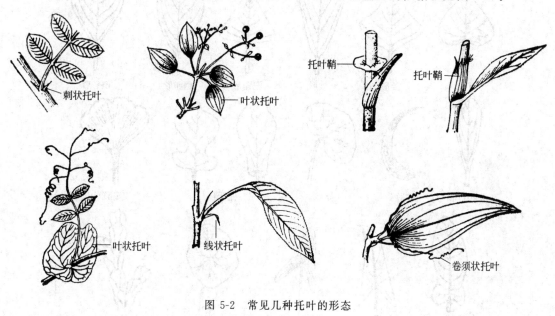

图 5-2 常见几种托叶的形态

二、叶的形态识别

（一）叶的全形

在认知植物时，我们对叶整体形态的认识往往有比较深刻的印象，叶片的整体形态称为叶的全形。根据叶片的长度和宽度的比例以及最宽处的位置，对叶的全形采用形象的描述方法，常见的叶片形状有针形、条形（线形）、披针形、卵形、扇形、心形、肾形、圆形、戟形、鳞形（鳞片形）、盾形、箭形、菱形、楔形、匙形等（见图5-3）。

在以上各种形状的叶片中，披针形叶和卵形叶是比较常见的基本类型。两者的特点是：披针形叶片长约为宽的4～5倍，中部以下最宽，两端渐狭；卵形叶片长约为宽的1.5～2倍，中部以下最宽，上端渐狭。

以披针形和卵形叶片的形状为基本形状，在此基础上沿纵向或横向等方向变化，描述时可在其前面加上"长"、"广"、"窄"等，如"长椭圆形"、"窄卵形"、"阔卵形"；如果形状倒置，前面可加上"倒"，如倒心形、倒披针形等；有些植物的叶片形状是两种基本形状相结合的，描述时也可用复合词，如三角状卵形、卵状心形、长卵状椭圆形等。

（二）叶片的分裂

叶片边缘的缺口较大时称为叶片的分裂。依据裂口的方向，叶片分裂可分为羽状分裂、掌状分裂和三出分裂3种。依据叶片裂口的深浅不同，又可分为浅裂、深裂和全裂。浅裂为叶裂深度不超过或接近叶片宽度的1/4；深裂为叶裂深度超过叶片宽度的1/4；全裂为叶裂

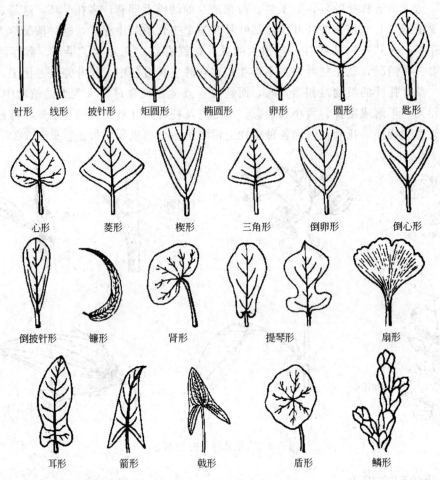

图 5-3 叶片的全形

深度几乎达主脉或叶柄顶部（见图 5-4）。

（三）叶脉特征

叶片上分布的许多粗细不等的脉纹，就是叶脉。叶脉是贯穿在叶肉内的维管束。其中最粗大的叶脉称主脉，主脉的分枝称侧脉，其余较小的称细脉。叶脉在叶片上有规律地分布，其分布形式称脉序。脉序主要有以下两种类型（见图 5-5）。

1. 网状脉

主脉明显粗大，由主脉分出许多侧脉，侧脉再分细脉，彼此连接成网状，称为网状脉。它是双子叶植物叶脉的特征。网状脉序又因主脉分出侧脉的不同而有两种形式。

（1）掌状网脉　主脉数条，从叶柄顶端射出，形成掌状，并由侧脉以及细脉交织成网状，如南瓜叶、葡萄叶、蓖麻叶。

（2）羽状网脉　主脉一条，由主脉分出的侧脉成羽状排列，侧脉再分出细脉交织成网状，如桃叶、枇杷叶、茶叶等。

2. 平行脉

叶脉平行或近于平行排列，是多数单子叶植物叶脉的特征。常见的平行脉可分为 4 种形式。

（1）直出平行脉　各叶脉从叶基互相平行发出，直达叶端，如淡竹、麦冬的叶脉等。

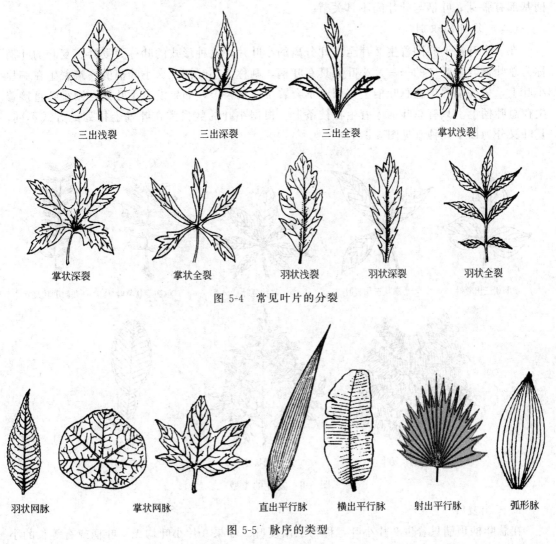

图 5-4 常见叶片的分裂

图 5-5 脉序的类型

(2) 横出平行脉　中央主脉明显，侧脉垂直于主脉，彼此平行，直达叶缘，如芭蕉等的叶脉。

(3) 射出平行脉　各叶脉均从基部辐射状伸出，如棕榈、蒲葵等的叶脉。

(4) 弧形脉　叶脉从叶基伸向叶端，中部弯曲形成弧形，如玉簪、铃兰等的叶脉。

第二节　叶的类型识别

一、正常叶的类型识别

正常叶包括单叶和复叶两种类型，在前面所作的叶的形态介绍主要是以单叶类型为主。在茎节上生长的叶，叶片、叶柄和托叶构成了叶的基本组成。在叶柄基部有腋芽，这是叶的主要识别特征，也是我们区分单叶和复叶的开始。

(一) 单叶的识别

在一个叶柄上只着生 1 枚叶片，这样的叶称单叶，如厚朴、女贞、枇杷等。在单叶上叶柄基部有腋芽，叶柄与叶片间不具关节。

（二）复叶的识别

在一个叶柄上共同着生2片至多片分离的小叶片，这种形式的叶称为复叶。复叶的叶柄称为总叶柄，复叶中的每一片小叶如具有叶柄，则称为小叶柄。这小叶柄的一端着生在一片小叶上，另一端着生在总叶柄上，而绝不会着生在枝条上，如果没有小叶柄，则小叶直接着生在总叶柄上。只有总叶柄才着生在枝条上。根据小叶的数目和在叶轴上排列的方式不同，复叶又分为以下几种（见图5-6）。

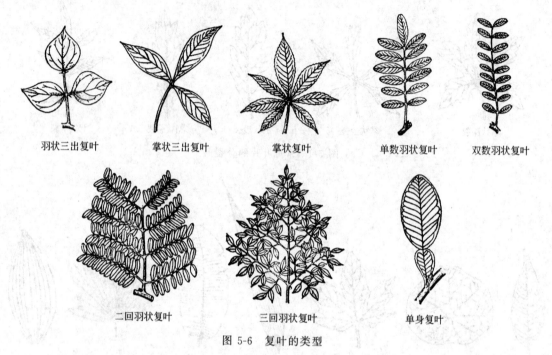

图 5-6　复叶的类型

1. 三出复叶

在总叶柄顶端只着生3片小叶，称为三出复叶。如果3片小叶均无小叶柄或有等长的小叶柄，则称为掌状三出复叶，如酢浆草、半夏、白车轴草等的复叶；如果顶端小叶柄较长，两侧的小叶柄较短，就称为羽状三出复叶，如大豆、野葛、胡枝子等的复叶。

2. 掌状复叶

3片以上的小叶排列在总叶柄顶端的一个点上，以手掌的指状向外展开，称为掌状复叶，如五加、人参、五叶木通等的复叶。

3. 羽状复叶

复叶的总叶柄顶端向前延伸形成叶轴，3枚以上的小叶片在叶轴两侧成羽毛状排列。羽状复叶又分为以下几种。

（1）单（奇）数羽状复叶　羽状复叶的叶轴顶端只具有1片小叶，如苦参、槐树等的复叶。

（2）双（偶）数羽状复叶　羽状复叶的叶轴顶端具有2片小叶，如决明、蚕豆等的复叶。

（3）二回羽状复叶　羽状复叶的叶轴作一次羽状分枝，在每一分枝上又形成羽状复叶，如合欢、云实等的复叶。

(4) 三回羽状复叶　羽状复叶的叶轴作二次羽状分枝，最后一次分枝上又形成羽状复叶，如南天竹、苦楝等的复叶。

4. 单身复叶

叶轴的顶端具有 1 片发达的小叶，两侧的小叶退化成翼状，其顶生小叶与叶轴连接处有一明显的关节，如柑橘、柚叶等。

具单叶的小枝条和羽状复叶之间有时易混淆，识别时首先要弄清叶轴和小枝的区别：第一，叶轴先端无顶芽，而小枝先端具顶芽；第二，小叶叶腋无腋芽，仅在总叶柄腋内有腋芽，而小枝上每一单叶叶腋均具腋芽；第三，复叶的小叶与叶轴常成一平面，而小枝上单叶与小枝常成一定角度；第四，落叶时复叶是整个脱落或小叶先落，然后叶轴连同总叶柄一起脱落，而小枝一般不落，只有叶脱落。

二、变态叶的类型识别

在植物体上，叶是最容易发生变异的一种器官。与根和茎一样，植物体除了具有正常的叶的类型以外，受环境条件的影响和生理功能的改变，也普遍存在有各种类型的变态叶，下面让我们认识一些常见的变态叶（见图 5-7）。

图 5-7　常见变态叶的类型

（一）刺状叶

叶片或托叶变成刺状，有保护和减少蒸腾的作用。如小檗的叶变成刺，有保护作用；仙人掌的叶退化成针刺状，可减少水分蒸发，适应干旱的生活环境；红花的刺是叶缘变成的；枸骨叶上的刺是叶尖变成的；刺槐、酸枣的刺是托叶变来的。根据刺的来源及生长位置可与刺状茎区别。

（二）叶卷须

叶的全部或一部分变态成卷须，借以攀缘他物而使植物体得以向上生长。如豌豆的卷须是由顶端的小叶变成的，菝葜的卷须是由托叶变成的。根据卷须的来源和生长部位可与茎卷须区别开。

（三）鳞叶

叶特化或退化成鳞片状，分为肉质鳞叶和膜质鳞叶两种类型。有的鳞叶肉质肥厚，能贮藏营养物质，如蒜、洋葱、贝母、百合等鳞茎上的鳞叶；有的鳞叶退化为很薄的鳞片，以减少体内水分的蒸腾，如旱生植物麻黄的叶片，地下茎多具膜质鳞片，如姜、黄精、荸荠等。木本植物的冬芽（鳞芽）外面常具鳞片，有保护作用。

（四）苞片

生于花序或花柄下面的变态叶称苞片。围于花序基部一至多层的苞片合称为总苞片；花序中每朵小花的花柄上或小花的花萼下较小的苞片称小苞片。苞片的形状多与普通叶不同，常较小，绿色，也有形大而呈各种颜色的。总苞的形状和轮数的多少，常为种属鉴别的特征，如壳斗科植物的总苞常在果期硬化成壳斗状，成为该科植物的主要特征之一；菊科植物的头状花序基部则由多数绿色总苞片组成总苞；鱼腥草花序下的总苞是由 4 片白色的花瓣状苞片组成；天南星科植物的花序外面常围有一片大形的总苞片，称佛焰苞。

第三节　叶在茎枝上的着生方式

叶在茎枝上排列的方式称为叶序。植物体通过一定的叶序，可以使叶片均匀地、有规律地向四面分布，使枝叶充分地照到阳光，有利于光合作用的进行。叶序的类型主要有以下几种（见图 5-8）。

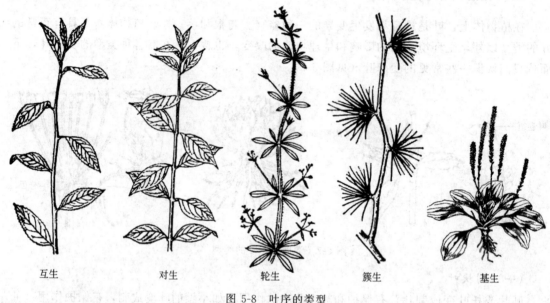

互生　　　对生　　　轮生　　　簇生　　　基生

图 5-8　叶序的类型

一、叶的互生

凡是在茎的每一节上着生 1 片叶的称为互生，如樟、向日葵。如果每一节上的叶片各自向左右两侧展开成一平面，则称为叶两列互生，如杉、香榧侧枝上的叶。

二、叶的对生

凡是在茎的每一节上相对着生两片叶的称为对生，如女贞、石竹等；在对生叶序的每一节上 2 片叶均左右展开成一平面，称两列对生，如金钟花；在对生叶序中，上一节的对生叶向左右展开，下一节的对生叶向前后展开，上下两对叶呈十字形交叉，称为交互对生，如女贞、紫苏等。

三、叶的轮生

茎枝的每个节上着生 3 片或 3 片以上的叶，成轮状排列，如夹竹桃、七叶一枝花、轮叶沙参等。

四、叶的簇生

两片或两片以上的叶着生在节间极度缩短的茎枝上，密集成束，如银杏、金钱松等。

五、基生叶

有些植物的茎极度缩短而不明显，其叶如从根上生出，称为基生叶，如车前、蒲公英、麦冬、紫花地丁等。基生叶是叶簇生的一个特例。

叶在茎枝上排列无论是哪一种方式，相邻两节的叶片都不重叠，总是从适当的角度使叶片彼此镶嵌着生，以承受阳光，很好地进行光合作用，这对于植物的生活有极为重要的意义。

第四节 叶的内部结构观察

在药用植物中有一些中药材以叶入药，观察叶的内部结构是鉴别叶类药材的一项重要方法。叶的内部结构观察通常采用横切法，一般叶的结构包括表皮、叶肉和叶脉等特征，但不同类群的植物叶其结构也有一些变化。

一、药用双子叶植物叶的一般结构观察

取薄荷叶的横切片置显微镜下观察，由外向内可见到下列结构（见图5-9）。

（一）表皮

表皮通常由一列扁平的薄壁细胞组成，细胞呈不规则形，细胞壁凹凸不齐，彼此嵌合相连。表皮细胞不含叶绿体，细胞外壁较厚，常有角质层，有的还具有蜡被、毛茸等附属物。上下表皮都有气孔分布，但以下表皮为多。

（二）叶肉

叶肉是位于上下表皮之间的薄壁组织，细胞通常含有比较多的叶绿体，根据细胞形状和排列方式不同，分为两种类型。

1. 栅栏组织

栅栏组织位于上表皮之下，细胞呈圆柱形，排列整齐、紧密，其长轴与上表皮垂直，呈栅栏状，故称栅栏组织。细胞内含有大量的叶绿体，所以叶片上面颜色较深。

栅栏组织在叶片内通常排成一层，也有排成两层或两层以上的，如枇杷叶、冬青叶等。各种植物叶肉栅栏组织排列的层数不同，可作为叶类药材的鉴

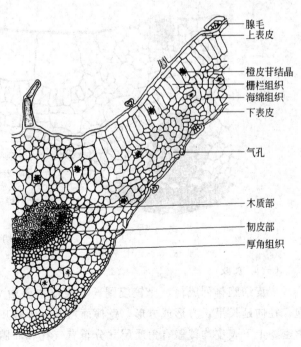

图5-9 薄荷叶片横切面显微结构

别特征。

2. 海绵组织

海绵组织位于栅栏组织的下方，与下表皮相接，细胞近圆形或不规则形，细胞壁薄，细胞间隙大，排列疏松，如海绵状，故称海绵组织。细胞所含叶绿体比栅栏组织少，所以叶片下面的颜色常较浅。

在内部构造上，多数植物叶的栅栏组织紧接上表皮下方，海绵组织位于栅栏组织与下表皮之间，外部形态有背腹面的明显区别，这种叶称为异面叶。有少数植物，上下表皮内侧均有栅栏组织，如番泻叶；有的则没有明显栅栏组织与海绵组织的分化，如桉叶，外部形态也无明显背腹面的区别，这种叶称为等面叶。

（三）叶脉

叶脉是叶片中的维管束，分布于叶肉组织中，主脉是叶肉组织中最发达的维管束。维管束的上方为木质部，略呈半月形，主要由导管和管胞组成；韧皮部位于下方，由筛管和伴胞组成；木质部与韧皮部之间的形成层分生能力很弱，活动时间很短，只能产生少量的次生组织。在维管束的上下方，常有厚壁组织或厚角组织包围，尤其靠近下表皮的机械组织发达，显著向下方突起，起着支持作用。主脉分枝形成侧脉和细脉，纵横交错，形成网络，成为一个完整的输导系统，构造也随着分枝的增加更趋简化，形成层、机械组织逐渐消失，叶脉末端只留下木质部1~2个螺纹管胞，韧皮部只有短狭的筛管分子和增大的伴胞。

二、药用单子叶植物叶片的结构特点

单子叶植物叶的形态和构造比较复杂，类型较多，仅以禾本科淡竹叶为例说明单子叶植物叶的构造特征（见图5-10）。

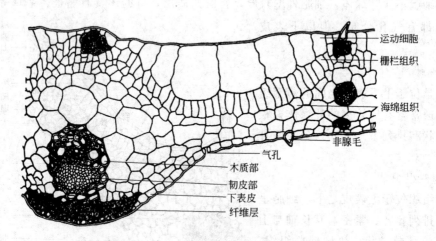

图5-10 淡竹叶叶片横切面显微结构

（一）表皮

表皮细胞排列成行，比较规则。上表皮主要由大型的运动细胞组成，细胞内含有大液泡，径向延长呈长方形或方形，壁薄而弯曲；下表皮细胞较小，椭圆形，呈切线延长，排列紧密。上下表皮均覆盖有角质层并分布有气孔和非腺毛。气孔是由两个中间狭长、两端膨大的哑铃形保卫细胞组成的，保卫细胞外则连接近圆三角形的副卫细胞。

(二) 叶肉

栅栏组织为 1 列圆柱形薄壁栅状细胞组成,海绵组织为 2~3 列排列疏松的不规则圆形细胞。两种细胞中都含有多数叶绿体。

(三) 叶脉

叶脉内维管束平行排列,主脉粗大,维管束为有限外韧型。其周围由 1~2 列纤维包围,组成维管束鞘。在维管束的上下方与表皮相接的部位有多层小型厚壁纤维。木质部导管稀少,排成 "V" 形,其下方为韧皮部,二者间由 1~3 层纤维间隔。

第六章 花的形态类型和结构观察

花是种子植物所特有的适应生殖的变态枝,是种子植物的繁殖器官。种子植物的有性繁殖过程主要从植物开花开始,而后通过花的生殖作用产生果实与种子。

花由花芽发育而成,具有枝条的特点。在花的组成构造中,有相当于茎的部分(如花柄、花托),有相当于叶的部分(如花萼、花冠、雄蕊、雌蕊),但花的枝条特性又不同于普通枝条,没有芽。

花的形态和构造随植物种类不同而异,但同一类植物的花的形态和构造较其他器官稳定,变异较小,植物在长期进化过程中所发生的变化,也往往从花的构造方面得到反映。因此,掌握花的有关知识,对研究植物分类、药材的原植物鉴别及花类药材的鉴定等均具有重要意义。

第一节 花的组成及形态观察

在初中生物学中我们已经了解到被子植物的花通常由花梗、花托、花萼、花冠、雄蕊群、雌蕊群六个部分组成,如图 6-1 所示。

下面我们就把花的各部分识别特征作详细介绍。

一、花梗和花托的形态识别

(一) 花梗的形态识别

花梗又称花柄,是花朵与茎的连接部分,常呈绿色,圆柱形。花梗的粗细、长短因植物种类不同而异。

(二) 花托的形态识别

花托是花梗顶端着生花萼、花冠、雄蕊群、雌蕊群等的部分。花托的形状一般呈平顶状或稍凸的圆顶状,但因植物种类不同可呈现多种形状,如厚朴、玉兰的花托伸长呈圆柱状;金樱子、玫瑰的花托凹陷呈杯状或瓶状;莲的花托膨大呈倒圆锥形;落花生的花托在雌蕊受精后延伸成为连接雌蕊的柱状体(称雌蕊柄)。

二、花被的形态和类型识别

花被是花萼和花冠的总称,具有保护内部雄蕊和雌蕊的作用。

(一) 花萼

花萼是一朵花中所有萼片的总称。萼片位于花的最外层,常为绿色,叶片状。

一朵花的萼片彼此分离的称离生

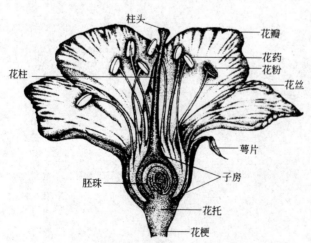

图 6-1 花的基本组成(子房纵切)

萼，如毛茛、油菜；萼片互相连合的称合生萼，如曼陀罗、地黄，其连合部分称萼筒或萼管，分离部分称萼齿或萼裂片。在花萼的形态中也有一些特殊特征。

1. 距

有的花萼，萼筒一侧向外凸成一管状或囊状突起称为距，如凤仙花、旱金莲（见图6-2）等。

2. 宿萼

有些植物的花萼，在花凋谢后并没有脱落，而是留在果实上，并随果实一起发育，这种花萼称宿萼，如柿、茄、荆芥等的花萼。

3. 副萼

大多数植物花萼只有一轮，少数植物若花萼有两轮，则通常内轮称萼片，外轮叫副萼（亦叫苞片），如棉花、草莓等的花萼。

4. 瓣状萼

在一朵花中，若萼片大而鲜艳呈花瓣状，则称瓣状萼，如乌头、铁线莲等的花萼。

5. 冠毛

大多数菊科植物的花萼细裂成毛状称冠毛，如蒲公英、苣荬菜等的花萼。

图 6-2　旱金莲花中的距

（二）花冠

花冠是一朵花中所有花瓣的总称。花冠位于花萼内侧，常有各种鲜艳的颜色（通常不为绿色）。与花萼类似，花冠也有离瓣花冠（如桃、萝卜）与合瓣花冠（如牵牛、桔梗）。合瓣花冠的连合部分称花冠管或花冠筒，分离部分称花冠裂片。有的花瓣在基部延长成囊状或盲管状亦称距，如紫花地丁、延胡索。

花冠常有多种形态，常见的有如下几种类型（见图6-3）。

1. 十字花冠

离瓣花冠，花瓣4片，呈十字形排列，如荠菜、萝卜等十字花科植物。

2. 蝶形花冠

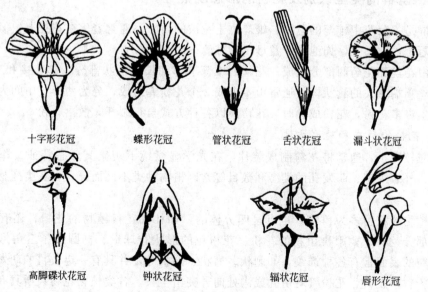

十字形花冠　　蝶形花冠　　管状花冠　　舌状花冠　　漏斗状花冠

高脚碟状花冠　　钟状花冠　　辐状花冠　　唇形花冠

图 6-3　花冠的类型

离瓣花冠，花瓣5片，排列成蝴蝶形。上面1片位于花的最外方且最大，称旗瓣；侧面2片位于花的两翼且较小，称翼瓣；最下面的两片最小且顶部常靠合，并向上弯曲似龙骨，称龙骨瓣，如扁豆、甘草、黄芪、槐等豆科植物的花冠。

3. 管状花冠

合瓣花冠，花瓣绝大部分合生成管状（筒状），其余部分（花冠裂片）沿花冠管方向伸出，如红花、白术等菊科植物的花冠。

4. 舌状花冠

合瓣花冠，花冠基部连合成一短筒，上部裂片连合呈舌状向一侧扩展，如蒲公英、向日葵、菊花等菊科植物的花冠。

5. 漏斗状花冠

合瓣花冠，花冠筒长，自下向上逐渐扩大，形似漏斗，如牵牛、田旋花等旋花科和曼陀罗等部分茄科植物的花冠。

6. 高脚碟状花冠

合瓣花冠，花冠下部合生成长管状，上部裂片成水平状扩展，形如高脚碟子，如迎春、水仙等的花冠。

7. 钟状花冠

合瓣花冠，花冠筒稍短而宽，上部扩大成古代铜钟形，如桔梗、党参等桔梗科植物的花冠。

8. 辐状花冠

合瓣花冠，花冠筒短，花冠裂片向四周辐射状扩展，似车轮辐条，故又称轮状花冠，如枸杞、茄等茄科植物的花冠。

9. 唇形花冠

合瓣花冠，下部筒状，上部呈二唇形，通常上唇二裂、下唇三裂，如益母草、紫苏等唇形科植物的花冠。

三、雄蕊群的类型识别及花粉的形态观察

雄蕊群是一朵花中雄蕊的总称。雄蕊位于花被的内方，通常着生在花托上，但有的雄蕊着生在花冠上，称贴生，如泡桐、益母草的雄蕊。

雄蕊由花丝和花药两部分组成。花丝为雄蕊下部细长的柄状部分，起连接和支持作用。花药为花丝顶端膨大的囊状体，通常由4个或2个花粉囊组成，分为两半，中间为药隔。花粉囊内产生许多花粉，花粉成熟时，花粉囊以各种方式自行裂开，散出花粉。

（一）花粉的形态和观察方法

花粉粒较微小，通常将花粉制成装片，在光学显微镜下观察其形态特征。花粉粒的形状、大小、外表纹理、萌发孔的类型和数目等常因植物种类不同而异，在花类药材鉴定上有重要意义。

被子植物的花粉多为单粒，也有呈四分体的，如杜鹃花科植物的花粉；还有呈花粉块的，如大部分兰科、萝藦科植物的花粉。花粉粒的形状有球形、椭圆形、三角形、多角形等。花粉粒的表面常有各种饰纹，如刺状、瘤状、网状等，并具有一定数目的萌发孔或萌发沟，当花粉粒萌发时，花粉管就由孔或沟处向外突出生长。各类植物花粉粒所具有的萌发孔和萌发沟的数目及排列方式也不相同，如双子叶植物的花粉粒多为3孔沟，单子叶植物的花

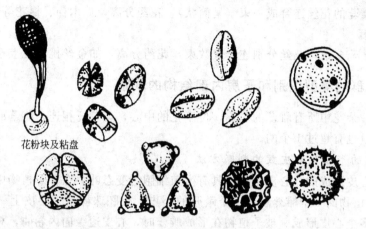

图 6-4 常见花粉粒的形态

粉粒多为单孔沟（见图 6-4）。

(二) 雄蕊群的类型识别

不同植物类群，其雄蕊群有不同特点，雄蕊的数目随植物种类不同而异，一般与花瓣同数或为其倍数。根据花中雄蕊数目、花丝长短、花丝或花药的离合情况等特征，将雄蕊群分成多种类型，在被子植物中，雄蕊常有如下典型类型（见图 6-5）。

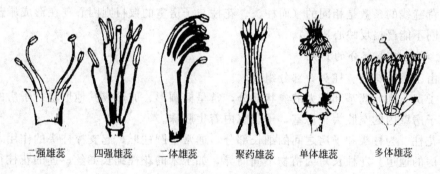

图 6-5 几种典型的雄蕊类型（去除花被）

1. 雄蕊多数

一朵花中雄蕊数在 10 枚以上，通常分离。

2. 二强雄蕊

一朵花中雄蕊 4 枚，分离，其中 2 枚花丝较长，2 枚较短，如紫苏、益母草等唇形科植物或泡桐等玄参科植物的雄蕊。

3. 四强雄蕊

一朵花中雄蕊 6 枚，分离，其中 4 枚花丝较长，2 枚较短，如油菜、萝卜等十字花科植物的雄蕊。

4. 二体雄蕊

一朵花中雄蕊的花丝连合成两束，花药分离，如甘草、蚕豆等豆科植物（雄蕊 10 枚，9 枚合生，1 枚分离）和紫堇、延胡索等（雄蕊 6 枚，每 3 枚连合，形成 2 束）。

5. 聚药雄蕊

一朵花中雄蕊的花药连合成筒状，花丝分离，如红花、蒲公英等菊科植物的雄蕊。

6. 单体雄蕊

一朵花中雄蕊的花丝连合成一束（呈筒状），花药分离，如木槿、棉花等锦葵科植物。

7. 多体雄蕊

一朵花中雄蕊多数，花丝分别连合成数束，花药分离，如金丝桃、元宝草、酸橙等。

四、雌蕊群的类型识别和子房内部结构的观察

雌蕊群是一朵花中所有雌蕊的总称，位于花的中心，与花托相连。雌蕊群中雌蕊的数目通常为1个，但也有超过1个的。

（一）雌蕊的形成及心皮数的判断方法

雌蕊是由心皮形成的（心皮是边缘具有生殖细胞的变态叶，在种子植物中生殖孢子发育成胚珠）。裸子植物的1个雌蕊就是1个敞开的心皮，故胚珠裸生于心皮上。被子植物的雌蕊则由1个至多个心皮形成。被子植物在形成雌蕊时，心皮边缘向内卷曲，相邻两个边缘相互愈合（此愈合线称腹缝线，而心皮上本身存在的中脉线称背缝线）。故胚珠被封闭在雌蕊的子房内。

多个心皮合生成雌蕊时，相邻两块心皮的边缘彼此相连，其连合程度常有不同，有的仅子房部分连合，花柱、柱头分离；有的子房和花柱两部分连合，仅柱头分离；有的子房、花柱、柱头全部连合成一体，成1个子房、1个花柱、1个柱头。雌蕊的心皮数主要从腹缝线或背缝线的条数来判断（柱头数、花柱数、子房室数可作参考），因为形成雌蕊的心皮数与腹缝线或背缝线的条数是相同的（而柱头、花柱与子房室的数目则因心皮在形成雌蕊时愈合程度的不同不能严格反映心皮数）。

（二）雌蕊组成部分的识别

雌蕊由子房、花柱、柱头3部分组成。

（1）子房　为雌蕊基部膨大的囊状部分，常呈椭圆形、卵形或其他形状。子房的外壁为子房壁，子房壁内的空腔为子房室，子房室内着生胚珠。

（2）花柱　为柱头和子房之间的细长部分，通常呈圆柱形，起支撑柱头的作用，为花粉管进入子房的通道。花柱长短因植物不同而异，如玉米的花柱细长如丝，莲的花柱很短，罂粟、木通则无花柱，柱头直接着生于子房的顶端。

（3）柱头　为花柱的顶端部分，是承受花粉的部位，常膨大成头状、盘状、星状、羽毛状、分枝状等，也有的柱头不膨大而呈钝尖状，如木兰的柱头。

（三）雌蕊群的类型识别

雌蕊群类型可根据花中组成雌蕊心皮数目及连合状态来判断，通常分为3大类。

1. 单雌蕊

一朵花中仅有1个雌蕊，这个雌蕊由1枚心皮构成，如桃、杏等。

2. 复雌蕊

一朵花中仅有1个雌蕊，这个雌蕊由2个或2个以上心皮连合形成，如南瓜、百合等。

3. 离生心皮雌蕊

一朵花中有2个至多个雌蕊，每个雌蕊由1枚心皮构成，彼此分离，如八角茴香、毛茛等（见图6-6）。

（四）子房的着生位置识别

子房的位置是指子房在花托上的生长位置。常见的子房位置有3种类型（见图6-7）。

1. 子房上位

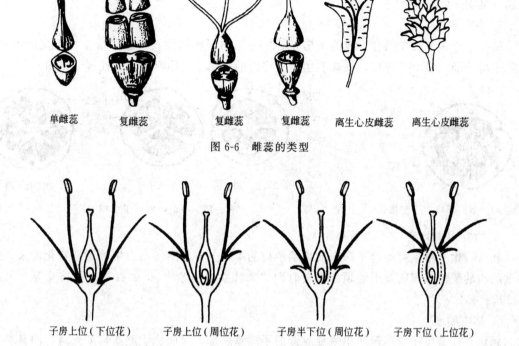

图 6-6　雌蕊的类型

图 6-7　子房的位置

子房仅在底部与花托相连,称子房上位。若花托突起或平坦,则花被和雄蕊群着生于子房下方,如油菜、百合等;若花托凹陷,子房下陷(但子房侧壁不与花托愈合),花被和雄蕊群着生于花托边缘,位于子房周围,如桃、杏。

2. 子房半下位

子房的下半部与凹陷的花托愈合,上半部外露,称子房半下位。花被、雄蕊群着生于子房周围,如桔梗、党参。

3. 子房下位

子房全部生于凹陷的花托内,并与花托完全愈合,称子房下位。花被与雄蕊群着生于子房上方,如南瓜、梨。

(五) 子房室数的判断

子房内的空腔称为子房室,子房室的数目由心皮数和结合状态而定。单雌蕊的子房只有1室。复雌蕊的子房可以是1室(各个心皮彼此在边缘连合而不向子房室内伸展),也可以是多室(各个心皮向内卷入,在中心连合形成与心皮数相等的子房室),还可以是假多室的(有的子房室可能被假隔膜完全或不完全地分隔,如十字花科植物、唇形科植物等)。

(六) 胎座的识别

胚珠在子房内着生的部位称胎座。常见的胎座有如下几种类型。

1. 边缘胎座

胚珠着生于单心皮雌蕊子房内的惟一1条腹缝线上,如大豆、豌豆等豆科植物的胎座(见图 6-8)。

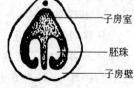

图 6-8　边缘胎座
(子房横切)

2. 侧膜胎座

胚珠着生于由2枚以上心皮围成的单室子房内的各条腹缝线上,如南瓜、栝楼等葫芦科植物(见图6-9)。

3. 中轴胎座

由2个至多个心皮围合形成的子房,心皮边缘向子房内伸入,在子房中央汇集成中轴,并将子房分隔成多个子房室,胚珠着生于子房内的中轴上,如百合、桔梗等(见图6-10)。

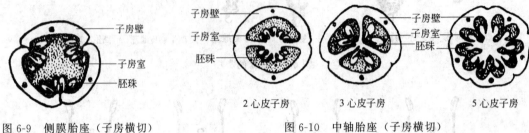

图6-9 侧膜胎座(子房横切)　　图6-10 中轴胎座(子房横切)

4. 特立中央胎座

胚珠着生于单室复雌蕊子房内的顶端游离的中轴上(此胎座系由中轴胎座特化而来,当中轴胎座的子房室隔膜及中轴顶端消失时则成为特立中央胎座),如石竹、马齿苋等(见图6-11)。

5. 基生胎座

胚珠直接着生于单雌蕊或单室复雌蕊的子房室底部,又叫底生胎座,如大黄、向日葵等(见图6-12)。

6. 顶生胎座

胚珠直接着生(悬挂)于单雌蕊或单室复雌蕊的子房室顶部,又称悬垂胎座,如桑、樟等(见图6-13)。

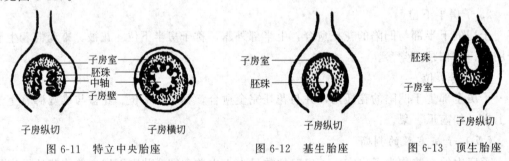

图6-11 特立中央胎座　　图6-12 基生胎座　　图6-13 顶生胎座

(七)胚珠的观察

胚珠是将来发育成种子的部分,常为椭圆状或近球状,着生在子房室内的胎座上,其数目与植物种类有关。

1. 胚珠的结构

胚珠通过一短柄(即珠柄)与子房壁相连接,维管束即通过珠柄进入胚珠。胚珠最外面为珠被,多数被子植物的珠被分外珠被和内珠被2层,也有1层珠被或无珠被的(如禾本科植物的胚珠)。珠被在胚珠的顶端不完全连合而留下一个小孔,称珠孔。珠被内方称珠心,由薄壁细胞组成,是胚珠的重要部分。珠心中央发育形成胚囊,被子植物的成熟胚囊一般有8个细胞,靠珠孔有1个卵细胞和2个助细胞,与珠孔相反的一端有3个反足细胞,中央有

2个极核细胞（也称极核或原始胚乳细胞，或此2核融合而成中央细胞）。珠心基部和珠被、珠柄三者的汇合处称合点，是维管束进入胚囊的通道（见图6-14）。

2. 胚珠的类型

胚珠在生长时，由于珠柄、珠被和珠心各部分生长速度不同，使珠孔、合点与珠柄的相对位置各异，常形成下列类型。

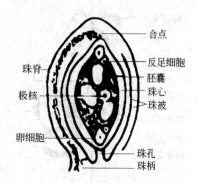

图 6-14 胚珠的结构

(1) 直生胚珠 胚珠各部生长速度均一，胚珠直立，珠柄在下，珠孔在上，珠柄、合点和珠孔在一条直线上，如蓼科、胡椒科植物。

(2) 横生胚珠 胚珠因一侧生长较快，另一侧较慢，胚珠横向弯曲，合点、珠心的中点、珠孔成一直线并与珠柄垂直，如玄参科、茄科植物。

(3) 弯生胚珠 胚珠下半部的生长比较均匀，但上半部一侧生长较快，另一侧生长较慢，生长快的一侧向慢的一侧弯曲，因此珠孔弯向珠柄，整个胚珠呈肾形，如十字花科、豆科中的某些植物。

(4) 倒生胚珠 胚珠一侧生长快，另一侧生长慢，使胚珠向生长慢的一侧弯转180°，胚珠倒置，合点在上，珠孔靠近珠柄，珠柄很长，并与一侧的珠被愈合，形成一条明显的纵脊称珠脊，如蓖麻、百合等多数被子植物（见图6-15）。

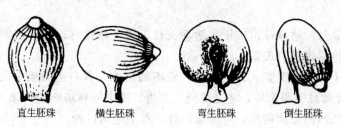

直生胚珠　　横生胚珠　　弯生胚珠　　倒生胚珠

图 6-15 胚珠类型

五、双筒解剖镜的使用

在观察了解花的组成及特征中，掌握放大镜与双筒解剖镜的使用很重要，放大镜使用较简单，这里着重介绍后者。

有些植物花的各部分形态很小，要观察花的各部分组成通常要借助解剖镜。

双筒解剖镜的构造与普通光学显微镜相似，但它所形成的物像是正的立体像，用它观察物体时，就像用双眼直接看物体一样，故又称之为体视显微镜。它的工作距离很长，且观察实物时不必制成切片标本，因而很适合于边解剖边观察花等的组成结构。

（一）双筒解剖镜的结构及性能

双筒解剖镜的结构如图6-16所示。

(1) 目镜护罩　用以挡尘；

(2) 目镜　起二次放大作用；

(3) 目镜调焦环　用以进一步调节右边目镜中物像的清晰度；

(4) 升降手轮　能升降镜身，用以调节大物镜的焦距；

(5) 锁紧螺钉　用以固定镜身；

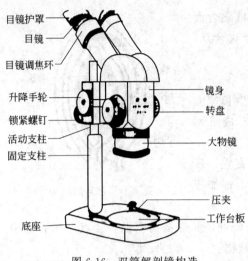

图 6-16 双筒解剖镜构造

(6) 活动支柱　用以连接镜身和固定支柱；

(7) 固定支柱　起连接活动支柱与底座的作用；

(8) 镜身　内装可变倍率的伽利略望远系统和小物镜，下与大物镜相连；

(9) 转盘　用以调节大物镜的放大倍率；

(10) 大物镜　用以将观察对象作第一次放大，其放大倍率可变；

(11) 压夹　需要时可以固定标本；

(12) 工作台板　用以放置和衬托标本，一面黑，一面白；

(13) 底座　起稳固作用。

(二) 双筒解剖镜的使用过程

双筒解剖镜适用于将物体放大到 5~15 倍的视野范围，因此只适用于肉眼观察较困难的结构（约 0.05mm），一些用肉眼就可直接观察到的结构特征或一些微小的显微特征的观察都不宜使用解剖镜。

双筒解剖镜的操作步骤如下。

① 根据被观察物体的颜色，选择好工作台板的黑面或白面，然后将被观察物体放于台面中央。

② 松开锁紧螺钉，通过拉出或压入活动支柱，使大物镜移动至其底面距离被观察物约 100mm 处，而后将紧锁螺钉旋紧。

③ 转动升降手轮，直至能从目镜中看到清晰的物像。若右边目镜中的物像不如左边目镜中的清晰，可转动目镜调焦环，使之得到与左边目镜中同样清晰的物像。

④ 若要获得适当的放大倍率，可拨动转盘，直至达到目的。

使用双筒解剖镜可以观察到花中各部细微的形态结构，如益母草等唇形科植物的子房四深裂和花柱的着生位置、柴胡等伞形科植物的雄蕊和花盘、红花等菊科植物的聚药雄蕊等特征。总之，双筒解剖镜在药用植物形态鉴别中是一种非常重要的常用仪器。

第二节　花的类型识别

被子植物的花在长期演化过程中，各部分发生了不同程度的变化，形成了花的不同类型，常见类型及识别特征如下。

一、重被花、单被花、无被花的识别

1. 无被花

花被不存在的花，又叫裸花。这种花常具苞片，如杜仲、杨等。

2. 单被花

花中只有花萼而无花冠的花（此时的花萼片常称花被片）。单被花的花被可为 1 轮，也可为多轮，但其颜色、形态常无区别，一般呈鲜艳的颜色，如玉兰为白色，白头翁为紫色等。

3. 重被花

一朵花中同时具有花萼与花冠的花，如栝楼、党参。在重被花中，又可以区分为单瓣花（花冠只由1轮花瓣排列的花，如桃）和重瓣花（花冠由数轮花瓣形成，如月季等栽培植物）以及前述的离瓣花与合瓣花（见图6-17）。

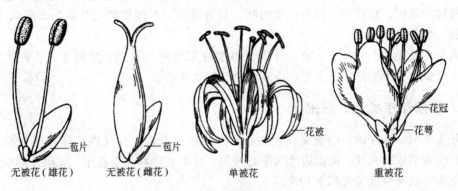

图6-17 花的类型

二、两性花、单性花、无性花的识别

1. 两性花

花中同时具有正常发育的雄蕊群和雌蕊群的花，如牡丹、桔梗等。

2. 单性花

在一朵花中只有雄蕊群，或者在一朵花中只有雌蕊群的花称为单性花。其中只有雄蕊群而无雌蕊群或雌蕊群不育的花，称雄花；只有雌蕊群而无雄蕊群或雄蕊群不育的花，称雌花，如桑、南瓜等。

在具有单性花的植物种中，若雄花和雌花生在同一植株上，称雌雄同株，如南瓜、玉米等；若雄花和雌花分别生在不同植株上，则称雌雄异株，如桑、栝楼等。

有些物种中，同时存在有两性花与单性花的现象，此现象称花杂性。在具有花杂性现象的植物中，若单性花和两性花存于同株植物上，叫杂性同株，如朴树；若单性花和两性花不能共存于同一植株上，则称杂性异株，如臭椿、葡萄等。

3. 无性花

花中雄蕊群和雌蕊群均退化或发育不全称无性花，如绣球花序边缘的花。

三、花的对称性识别

1. 辐射对称花

通过花冠的中心可作2个及2个以上对称面，如桃、桔梗等的花冠。

2. 两侧对称花

通过花的中心只能作1个对称面，如益母草等唇形科植物的唇形花、豆科植物的蝶形花等。

3. 不对称花

通过花的中心（或根本就无花的中心）不能作对称面，如美人蕉、缬草等。

第三节　花序的类型识别

花是由茎枝顶端或叶腋部位的花芽发育形成的，由一个花芽发育形成一朵花，这样的花单生于枝的顶端或叶腋，称单生花，如牡丹、桃；也有些植物由茎枝顶端或叶腋的花芽发育形成一个生长有许多花的花枝（或花梃），这样的花枝或花梃称为花序。花序的总花梗或主轴称花序轴（或花轴），花序轴可以分枝（称分枝花序轴）或不分枝。花序上的花叫小花，小花的梗称小花梗。在花序上没有典型的叶，只有苞片，有的植物苞片多个密集成为总苞，如向日葵、菊花等。

根据花在花序轴上的排列方式、小花开放顺序以及在开花期花序轴能否不断生长等特征，花序可以分为无限花序、有限花序和混合花序3大类。

一、无限花序类型的识别

在开花期内，花序轴顶端继续向上生长，产生新的花蕾，开花顺序是花序基部的花先开，然后向顶端依次开放，或由边缘向中心开放，这类花序称无限花序。无限花序根据花序轴及小花的特点又可区分为如下几种。

1. 总状花序

花序轴细长不分枝，上面着生许多花柄近等长的小花，如油菜、荠菜等植物的花序。由于开花时下面的小花早已开放，而上面的小花刚刚陆续形成，因此常常形成由下向上小花柄依次渐短的特征。

2. 穗状花序

似总状花序，但小花的花柄很短或无柄，如车前、知母等植物的花序。

3. 菜荑花序

似穗状花序，但花序轴下垂，其上着生许多无柄的单性小花，雄花序在花开放后、雌花序在果实成熟后整体脱落，如杨、柳等植物的花序。

4. 肉穗花序

似穗状花序，但花序轴肉质肥大呈棒状，其上密生许多无柄的单性小花，在花序外面常具一大型苞片，称佛焰苞，故又称佛焰花序，是半夏、马蹄莲等天南星科植物的主要特征。

5. 伞房花序

似总状花序，但小花梗不等长，下部的长，向上逐渐缩短，整个花序的小花朵几乎排在同一平面上，如苹果、山楂等植物的花序。

6. 伞形花序

花序轴缩短，在总花梗顶端着生许多花柄近等长的小花，小花朵排列似张开的伞，如五加、人参等五加科植物的花序。

7. 头状花序

花序轴极短，呈盘状或头状，其上密生许多无梗小花，下面有由苞片组成的总苞，如菊、向日葵等菊科植物。

8. 隐头花序

花序轴肉质膨大而下陷成囊状，凹陷的内壁上着生许多无柄的单性小花，仅留一小孔与外方相通，为昆虫进出腔内传播花粉的通道，如薜荔、无花果等桑科植物。

9. 复总状花序

在花序轴上分生许多小枝，每小枝各成1总状花序，整个花序呈圆锥状，故又叫圆锥花序，如女贞、南天竹等植物的花序。

10. 复伞形花序

花序轴作伞状分枝，每分支为一伞形花序，如柴胡、胡萝卜等伞形科植物的花序。

此外，还有复穗状花序（如小麦、香附）和复伞房花序（如花楸属植物）等（见图 6-18）。

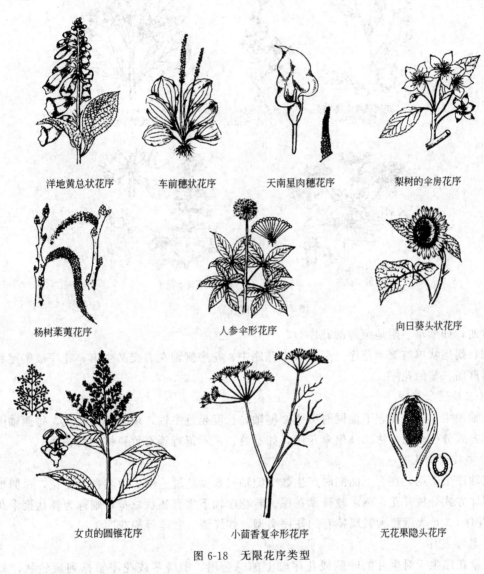

图 6-18 无限花序类型

二、有限花序（聚伞花序）类型的识别

和无限花序相反，在开花期内花序轴顶端由于顶花先开放不能继续生长，只能在顶花下面产生侧轴，各花由上向下或由内向外依次开放，这样的花序叫有限花序。根据在花序轴上的分枝情况，有限花序可分为如下 4 种（见图 6-19）。

1. 单歧聚伞花序

花轴顶生 1 花，在它下面产生 1 侧轴，其长度超过主轴，顶端又生 1 花，侧轴再产生 1 轴 1 花，依此方式继续分枝开花便形成了单歧聚伞花序。由于侧轴产生的方向不同又分为如下两种类型。

(1) 螺旋状单歧聚伞花序　单歧聚伞花序中，所有侧轴在同一侧生出，花序先端常呈螺

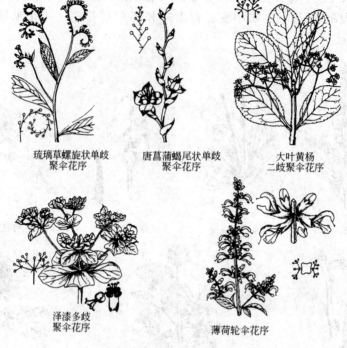

图 6-19 有限花序类型

旋状弯曲，如紫草、附地菜等的花序。

（2）蝎尾状单歧聚伞花序　单歧聚伞花序中，花序侧轴左右交叉生出，花序成蝎尾状曲折，如菖蒲、姜的花序。

2. 二歧聚伞花序

花轴顶生1花，在它下面同时产生2侧轴，长度超过主轴，顶端各生1花，每侧轴继续以同样方式分枝开花，称二歧聚伞花序，如石竹、王不留行等石竹科植物的花序。

3. 多歧聚伞花序

花轴顶生1花，在它下面同时产生数个侧轴，长度超过主轴，顶端各生1花，每侧轴继续以同样方式分枝开花，称多歧聚伞花序。若花序轴下生有杯状总苞，则称为杯状聚伞花序（大戟花序），是大戟科大戟属特有的花序类型，如泽漆、甘遂等的花序。

4. 轮伞花序

聚伞花序生于对生叶的叶腋或花序轴上的总苞里，围绕茎或花序轴排列成轮状，如薄荷、益母草等唇形科植物的花序。

有的植物在花序轴上生有两种不同类型的花序称混合花序。如紫丁香、葡萄的花序，花序的主轴无限生长，但第二次分轴和末轴则呈聚伞花序式，故又称聚伞圆锥花序。

第七章 果实和种子的形态类型识别

第一节 果实的形态和类型识别

果实是由受精后雌蕊子房或连同花的其他部分发育形成的特殊结构，内含种子，外被果皮。果皮包被着种子，有保护种子和散布种子的作用。

一、果实的构成

果实是由果皮和种子组成的。果皮系由子房壁发育而成，通常可分为外果皮、中果皮和内果皮3层。

1. 外果皮

外果皮在果实的外层，一般较薄，表面常有蜡被、角质层、毛茸、刺、瘤突、翅等附属物。如桃的果实有毛茸，曼陀罗的果实有刺，荔枝的果实有瘤突，槭、榆的果实有翅等。

2. 中果皮

中果皮为果皮的中层，是整个果皮最厚的部分。肉质果的中果皮肉质肥厚，成为可食部分，如桃、李、杏、葡萄的中果皮等；干果的中果皮在果实成熟时干缩成膜质或革质，如龙眼、荔枝、花生、扁豆、油菜、芥菜的中果皮等。有些中果皮的维管束贯穿其中，有的则形成复杂的网络，如柑橘中果皮中的橘络、丝瓜中果皮中的丝瓜络。

3. 内果皮

内果皮为果皮最内一层，一般多呈膜状，但有的内果皮木质化而成很厚的果核壳，如杏、桃、李等的内果皮；有的内果皮发生变态，向内长出许多充满汁液的肉质囊状毛，成为可吃的部分，如柚子、柑橘和橙等。

二、果实的类型

果实的类型很多，分类的方法亦不一致。有些被子植物的花经传粉受精后，花萼、花冠一般脱落，雄蕊及雌蕊的柱头、花柱枯萎，子房逐渐膨大，胚珠发育成种子，整个子房发育成果实，这种纯粹由子房发育成的果实称真果，如杏、橘、蚕豆、小麦、玉米、柑、桃等。也有些植物除子房发育外，花托、花被、花轴等也参与果实的形成，这种果实称为假果，如苹果、梨、凤梨、瓜蒌等。另外也有少数植物的雌蕊不经受精作用也能发育成果实，称单性结实（因这种果实内不形成种子，故又称无籽果实），如香蕉和某些无籽的葡萄、柑橘、荔枝、西瓜等。若根据果皮的质地不同可将果实分为干燥果和肉质果；若根据果实是由一朵花中什么类型的雌蕊或花序形成的又可分为单果、聚合果和聚花果（复果）3大类。现将各种果实的类型分述如下。

(一) 单果

一朵花中只有一个雌蕊（单雌蕊或复雌蕊），由这个雌蕊发育形成一个果实，称为单果。多数植物的果实属于单果。根据单果果皮质地的不同又分为干燥果和肉质果。

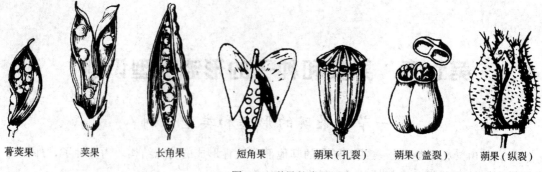

蓇葖果　荚果　长角果　短角果　蒴果(孔裂)　蒴果(盖裂)　蒴果(纵裂)

图 7-1　裂果的类型

1. 干燥果

果实成熟后果皮干燥，开裂或不开裂，因而又分为裂果和不裂果（或闭果）。

（1）裂果　果实成熟后果皮开裂（见图7-1），根据开裂方式不同可分为如下几种。

① 蓇葖果　蓇葖果是由1个心皮发育成的果实，成熟后沿1个缝线（腹缝线或背缝线）开裂，如银桦、淫羊藿的果实。

② 荚果　荚果为豆科植物所特有的果实。它也是由1个心皮发育形成的，但成熟时由腹缝线和背缝线两面开裂，果皮裂成2片，这一点与蓇葖果不同。有些荚果果实成熟时不开裂，如含羞草、落花生、皂荚等。

③ 角果　角果是2心皮雌蕊形成的果实。在果实形成时，由2心皮边沿合生处生出隔膜，将子房分为两室，这一隔膜称假隔膜。种子着生在假隔膜的两边，果实成熟后，沿两腹缝线开裂成两片脱落，假隔膜仍留在果梗上。角果分长角果和短角果，为十字花科所特有。长角果细长，长度为宽度的数倍，如白菜、萝卜、油菜的果实；短角果的长度与宽度近等长，如荠菜、菘蓝、独行菜的果实。

④ 蒴果　蒴果是由2心皮至多心皮复雌蕊的子房形成的果实。果实成熟后以各种方式裂开，开裂的方式有4种。

a. 纵裂（瓣裂）　果实成熟时沿心皮纵轴方向开裂。若沿心皮腹缝线（即心皮相接处）开裂，称室间开裂，如蓖麻、杜鹃；若沿背缝线开裂称室背开裂，如鸢尾、百合、泡桐、乌桕、紫丁香等；若果实沿腹缝线或背缝线开裂，但子房隔壁仍与中轴相连，称室轴开裂，如牵牛花、曼陀罗、香椿的果实。

b. 孔裂　在成熟果实的顶端呈小孔状开裂，种子由小孔散出，如罂粟、虞美人、金鱼草、桔梗等。

c. 盖裂　成熟时沿果实中部或中上部呈环形横裂，中、上部果皮呈盖状脱落。如马齿苋、车前、合子草、莨菪等。

d. 齿裂　果实成熟时，果实顶端呈齿状开裂，如石竹、王不留行等。

（2）不裂果（闭果）　果实成熟时果皮干燥而不开裂或分离成几个部分，种子仍包被在果皮内。常见的不裂果有以下几种（见图7-2）。

① 瘦果　果皮较薄而坚韧，内含一粒种子，成熟时果皮与种皮易分离，为闭果中最普通的一种。如向日葵、白头翁、荞麦等的果实。

② 颖果　果实内含一粒种子，果皮薄并常与种皮愈合，甚至难以分离，如稻、麦、玉米、薏苡等的果实，为禾本科植物所特有的果实。农业生产上常把颖果称为"种子"。

③ 坚果　果皮坚硬，内含一粒种子，果皮与种皮分离，如板栗、榛子等壳斗科植物的

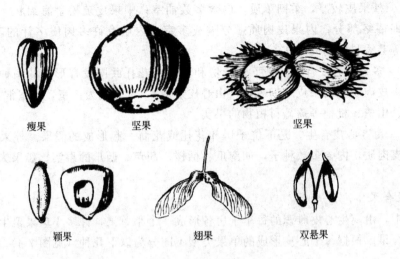

图 7-2 不裂果类型

果实,这类果实常被总苞(壳斗)包围。也有的坚果很小,无壳斗包围称小坚果,如益母草、紫草等的果实。

④ 翅果 果实内含一粒种子,外果皮一端或周边向外延伸成翅状,如杜仲、榆、槭、白蜡树等的果实。

⑤ 双悬果 由2心皮复雌蕊的下位子房发育而成,成熟时分离成两个分果瓣,分悬于中央果柄的上端,称双悬果,如当归、白芷、小茴香等的果实,是伞形科植物的主要特征之一。

2. 肉质果

由一朵花的雌蕊形成一个果实,果实成熟后果皮肉质多汁,不开裂(见图7-3)。

① 浆果 外果皮薄,中果皮、内果皮肉质多汁,内有一粒至多粒种子。如葡萄、番茄、枸杞、柿等的果实。

② 核果 外果皮薄,中果皮肉质,内果皮坚硬木质化,形成果核。如桃、杏、李、梅、胡桃等的果实。

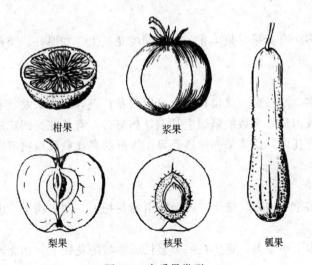

图 7-3 肉质果类型

③ 柑果 外果皮较厚,柔韧革质,内含多数油室;中果皮疏松呈海绵状,具多分枝状的维管束,即橘络部分;内果皮肉质,分隔成多室,内生有许多肉质多汁的毛囊。如橙、柚、柑、橘等芸香科植物的果实。

④ 梨果 多为5心皮合生,是下位子房和花筒或花托共同发育形成的一种假果。其外果皮薄,中果皮肉质,内果皮坚韧膜质(由心皮形成),常分隔为5室,每室常含2粒种子。如苹果、梨、山楂、枇杷等蔷薇科植物的果实。

⑤ 瓠果 由3心皮合生,是下位子房和花托或花筒一起形成的假果。外果皮坚韧,中果皮及内果皮肉质,内含多数种子,如南瓜、栝楼、葫芦、西瓜的果实。瓠果为葫芦科植物所特有。

(二) 聚合果

一朵花中,由离生心皮雌蕊的每个子房各形成一个小单果,许多小单果聚生于同一花托上,即称聚合果。根据每个心皮形成的单果类型不同分为以下几种(见图7-4)。

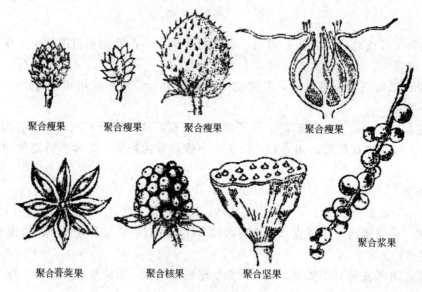

图7-4 几种常见聚合果

1. 聚合蓇葖果

由一朵花形成多个蓇葖果,聚生在一个共同的花托上,如厚朴、芍药、乌头、八角茴香等的果实。

2. 聚合瘦果

由一朵花形成多个小瘦果,聚生在一个突出的花托上,如白头翁、毛茛、委陵菜等的果实。有的花托膨大成肉质,多数瘦果聚生其上,如草莓;有的花托凹陷成壶形,多数骨质瘦果着生在此凹陷的花托内,这类果亦称蔷薇果,为蔷薇科蔷薇属植物所特有。如蔷薇、金樱子等的果实。

3. 聚合核果

由一朵花形成多个小核果,聚生在一个突出的花托上,如悬钩子、山莓的果实。

4. 聚合浆果

由一朵花形成多个小浆果,聚生在一个延长成轴状的花托上,如北五味子的果实。

5. 聚合坚果

由一朵花形成多个小坚果，嵌生于一个膨大呈海绵状的花托中，如莲的果实等。

（三）聚花果

聚花果又称花序果或复果，是由整个花序发育形成的一个果实。常有以下几种（见图7-5）。

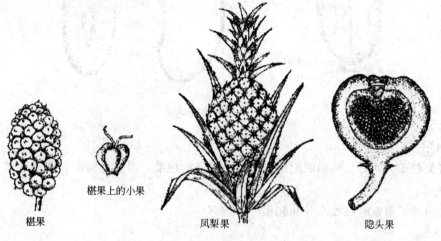

图 7-5 聚花果类型

1. 椹果

整个花序中的每朵小花的子房各自发育成 1 个小瘦果，包藏在肉质肥厚的花被中，如桑椹的果实。

2. 凤梨果

多数不孕的小花着生在肉质的花序轴上，整个花序轴肥大，发育形成一个整体的果实，如凤梨（菠萝）。

3. 隐头果

多数小瘦果包藏于凹陷的囊状隐头花序轴内，隐头花序轴肥大肉质，形成一个果实，如无花果的果实。

第二节 种子的形态和类型识别

种子的形状、大小、色泽、表面纹理等随着植物种类的不同而异。种子的形状多样，有球形、类圆形、椭圆形、肾形、卵形、圆锥形、多角形等。种子的大小差异悬殊，大的有椰子、银杏、槟榔等；小的呈粉末状，如天麻、白及等的种子。种子的表面通常平滑具光泽，颜色各样，如绿豆、红豆、白扁豆等。但也有的表面粗糙、具皱褶、刺突或毛茸（种缨）等，如天南星、车前、太子参、萝藦等的种子。

一、种子的结构

（一）种皮

种皮是由胚珠的珠被发育而成的。种子植物的种皮分为内种皮及外种皮两层，内种皮甚薄且不易辨别，外种皮较厚，多呈各种不同颜色及突起等，比较显著。在干性种子的最外层，可见到呈疣状或线状等肥厚的突起；坚硬种子的最外层，角质层也特别发达。在种皮表面除了可见到以上特征外，常可见有下列构造（见图7-6）。

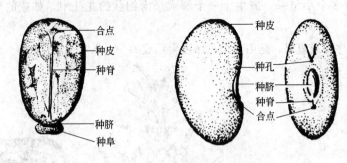

图 7-6 种皮表面特征

1. 种脐

种脐为种子成熟后从种柄或胎座上脱落后留下的疤痕，通常呈圆形、椭圆形或条形。

2. 种孔

种孔为种子萌发时吸收水分和胚根伸出的部位。

3. 合点

合点亦即原来胚珠的合点，为种皮上维管束的汇合点。

4. 种脊

种脊来源于珠脊，是种脐到合点之间的隆起线。倒生胚珠的种脊较长，横生胚珠和弯生胚珠的种脊较短，而直生胚珠无种脊。

5. 种阜

有些植物的种皮在珠孔处有一个由珠被扩展成的海绵状突起物，有吸收水分和帮助种子萌发的作用，称种阜，如蓖麻、巴豆等种皮上的种阜。

6. 假种皮

有些植物的种子在种皮外还有由珠柄或胎座处的组织延伸而形成的层状结构，称为假种皮。假种皮有的为肉质，如荔枝、龙眼、苦瓜、卫矛等种皮外的假种皮，也有的呈菲薄的膜质，如豆蔻、砂仁等的假种皮。

（二）胚

胚是种子中没有发育的幼小植物体，包藏于种皮和胚乳内。胚由胚根、胚轴（胚茎）、胚芽和子叶四部分组成。种子萌发时，胚根伸出种皮，发育成植物的主根；胚茎向上伸长，成为根与茎相连的部分；胚芽发育成地上的主茎和枝、叶；子叶出土变绿展布空间，可营光合作用，待真叶长出后即萎落。子叶的数目因植物种类不同而异，双子叶植物的种子有子叶 2 枚，如南瓜、大豆、桃等；单子叶植物的种子有子叶 1 枚，如玉米、薏苡等。裸子植物的种子有子叶 2 枚至多枚，如松属植物有 5～18 枚。

（三）胚乳

胚乳通常位于胚的周围，呈白色，其内贮藏有大量营养物质，如淀粉、蛋白质、脂肪等，在种子萌发时供作胚发育的养料。有些植物的种子没有胚乳，在无胚乳种子的种皮内，只有胚而无胚乳，或有极少数胚乳。这类种子之所以无胚乳，是因为在胚的形成过程中，胚吸收了胚乳的养料，并贮藏在胚的子叶中。此类种子一般子叶肥厚。

种子的内部结构如图 7-7 所示。

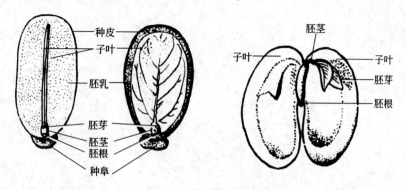

图 7-7 种子的内部结构

二、种子的类型

被子植物的种子有两种类型：具有胚乳的种子称有胚乳种子；不具胚乳的种子称无胚乳种子。常见的有胚乳种子如蓖麻、稻、麦、玉蜀黍等，无胚乳种子如大豆、杏仁、菜豆、南瓜子等。

在区分种子类型时，应注意将种子与一些较小的干果（主要是不裂果）区分开，如中药材中的苏子、茺蔚子、蔓荆子等是果实，而葶苈子、天仙子、木鳖子等则为种子。

下篇　药用植物的基本认知

第八章　药用植物分类概述

一、植物界的类群

在初中生物学中，我们已经了解到现存的植物类群包括藻类、真菌、地衣、苔藓、蕨类植物、裸子植物和被子植物各个类群，同时还了解了这些植物的一般形态特征，那么这些植物类群之间又有什么关系呢？

在现存的生物中，一般认为细菌、蓝藻是最简单、最低等的生物类型。在这些生物体内还没有形成细胞核及色素体，也没有有性繁殖过程，它们可能起源于最原始的生物。

大约5.4亿年前，在原始海洋中藻类植物空前发展，形成庞大的类群，其中包括至今存在的蓝藻、红藻、绿藻等多种藻类植物。真菌植物是由藻类失去色素转变而成的。真菌经过发展，又与一些藻类植物共生，形成另一种地衣植物。

从藻类植物中的绿藻或某些褐藻进化形成了苔藓植物，苔藓植物由于配子体发达，受精作用仍然离不开水，而孢子体又依附于配子体上，不能独立生活，因此在进化发展中成为一个"盲枝"，它没有再直接演化成其他类群植物。

在藻类植物大发展中，有些绿藻类开始向陆地生活发展，形成最早的陆生植物裸蕨类。裸蕨类植物在陆地上存在的时间相对较短，其后裔进化形成了蕨类植物和种子蕨，蕨类植物孢子体得到发展，能独立生活，对陆地环境有更好的适应。因此，大约4亿~2亿年前，是蕨类植物大发展时期，陆地上主要以各种大型蕨类植物为主。在大约2亿年前左右，蕨类植物发展达到鼎盛。

与蕨类植物同时代的种子蕨，大孢子叶进化成类似心皮的结构，导致了种子的出现，形成种子植物。最早形成的种子植物是裸子植物，裸子植物心皮还没有完全愈合，种子裸露在外，裸子植物逐渐分布到陆地各个角落。后来发展的种子植物心皮完全愈合，形成了果实，种子包被在果皮内，即出现了被子植物。种子植物经过了第四纪冰川后，随着地球气候的变化，裸子植物衰退，被子植物逐步发展，被子植物更适合于目前地球上的气候条件，因而成为当今最繁盛的植物种类。

二、植物的分类等级

在植物分类研究中，通常按照植物界不同类群的起源、亲缘关系、形态构造、演化趋向等因素来分门别类，划分出不同的等级，编制成有规律的系统，以便于识别、研究和利用。目前一般药用植物分门如下（见图8-1）。

植物分类的主要等级有：界、门、纲、目、科、属、种。现以乌头为例说明其分类

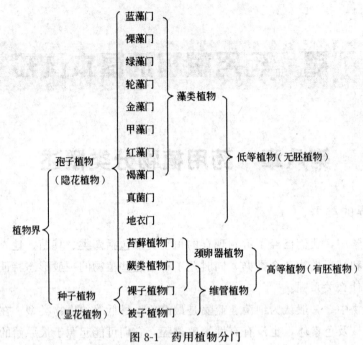

图 8-1 药用植物分门

等级：

界 ······ 植物界（Regnumvegetabile）
门 ······ 被子植物门（Angiospernce）
纲 ······ 双子叶植物纲（Dicotyledoneae）
目 ······ 毛茛目（Ranales）
科 ······ 毛茛科（Ranunculaceae）
属 ······ 乌头属（Aconitum L.）
种 ······ 乌头（*Aconitum carmichaeli* Debx.）

种是植物分类的基本单位，包含若干形态和生物学特征一致的植物个体。同一物种的所有个体间存在着交配繁殖能力，分属不同种的个体不能正常杂交，即便结合也不能产生有生殖能力的后代。同一个植物种内如果有某些个体积累了一定的形态变异，而且比较稳定，又分布在一定空间地域，据此可划分出变种。如果一些个体虽有形态变异，但零星分布（没有一定分布区），可列为变型。

属是由亲缘关系相近的各个种组成的。属通常是多类型的，由许多个种组成（多种属），然而也有只含一个种的属（单型属）和少种属。大的属里面亲缘更近的种合为组，组并为亚属。

同在一个进化系统，亲缘相近的属归并为科。有的科包括几百属几千种，有的科只一属一种。属和科中间有时逐次合并为亚族、族、系、亚科、科，同科各属的某些相同特征作为科的分类特征，用以区别相近的科。具有相近亲缘关系和某些共同特征的科合并成目；根据同样原则目合并成纲；纲合并成门；最后统归于植物界。

三、植物命名

每种植物的名称，各国有各国的叫法，就是一国之内，各地的叫法也不尽相同。这样一来，就出现了同物异名或者同名异物的混乱现象。为了避免这种混乱现象，国际上采用了瑞典博物学家林奈于 1753 年创立的双名法，作为统一的植物命名法。双名法规定，每种植物的名称由两个拉丁词组成，第一个词为该植物所在属的属名，采用名词，第一个字母大写；第二个词是种加词，也称种名，常用形容词或名词，起到标志某一植物种的作用。最后还要附上定名人的姓名缩写，以便查考。例如：香港茶的学名是 *Camellia hongkongensis*。其中第一部分是"属名"，它源于 17 世纪来亚洲传道的耶稣会教士 George Joseph Kemel，他是最先研究茶花属的人，所以便将其姓 Keme 拉丁化为 Camellia；第二部分是"种名"，因这种茶是原产于香港的，所以便把 HongKong 拉丁化成 hongkongensis；在双名之后，还有一个"命名人"，是首先鉴定和发表该标本者的姓氏。以香港茶为例，其命名人是一位原籍德国的 Dr. Herthod Seemann，因此香港茶的植物名就是：*Camellia hongkongensis* Seem.。再例如：

    Platycodom　　grandiflorum　　　A. DC.
    桔梗（属名）　大花的（种加词）　（定名人姓名缩写）

种加词有一定的含义，如 chinensis（中国产的）、alba（白色的）、grandiflorum（大花的）、officinalis（药用的），aquaticus（水生的）等。有时命名人是两人，可在两人的名字间用"et"（和）连接起来，如华中五味子的学名 *Schisandra sphenanthera* Rehd. et Wils.。如果某种植物由一人命名，而由其他人代为发表，双方名字则用"ex"（从，自）连接起来，代为发表人的名字放在后面，如香花崖豆藤的学名为 *Millettia dielsiana* Harms. ex Diels.。

有时，命名人是被括号括起来的，而后面再有一个姓氏，这表示括号内的姓是起初发表该种的人，但后来另有植物分类学者，根据新的资料将其拨入另一属，后者姓氏便摆放在其后。例如樟树的学名是 *Cinnamomum camphora* (L.) Presl.，表示林奈是最初发表樟树这一植物种的人，后来由 Presl. 将其归入肉桂属，不过在日常的使用上末尾的命名人可省略。

种下等级的亚种、变种、变型，组合其学名时，则在亚种加词、变种加词、变型加词前面分别加上亚种（subspecies）、变种（varietas）、变型（forma）的缩写 ssp.（或 subsp.）、var.、f.。
例如：
    山杏　*Prunus armeniaca*　L. var.　　　*ansn*　　　Maxim.
    　　　　　　　　　　　　（变种缩写）　（变种加词）　（变种命名人）

第九章 药用低等植物

第一节 药用藻类植物

一、药用藻类植物的一般特征

藻类植物是一群比较原始的低等植物。藻类植物体的类型多种多样，但它们具有许多共同特征。

① 藻类植物体有单细胞的，如小球藻、衣藻、原球藻等；有多细胞呈丝状的，如水绵、刚毛藻等；有多细胞呈叶状的，如海带、昆布等；也有呈树枝状的，如马尾藻、海蒿子、石花菜等。植物体构造简单，没有真正的根、茎、叶的分化。藻类的植物体通常较小，小者只有几微米，在显微镜下方可看出它们的构造。但也有较大的。

② 藻类植物能进行光合作用，属自养性植物。藻类植物细胞内具有光合色素，各种藻类通过光合作用制造的养分以及所贮藏的营养物质是不相同的，如蓝藻贮存蓝藻淀粉、蛋白质粒，绿藻贮存淀粉、脂肪，褐藻贮存褐藻淀粉、甘露醇，红藻贮存红藻淀粉等。不同藻类植物含有不同的色素，如蓝藻含藻蓝素、红藻含藻红素、褐藻含藻褐素等，因此，不同种类的藻体呈现不同的颜色。

③ 藻类植物大都生活在水中，靠孢子繁殖后代。藻类孢子生殖一般分为有性和无性两种。无性生殖产生无性孢子，孢子不需结合，一个孢子可长成一个新个体；有性生殖产生配子，配子有雄性和雌性之分，在一般情况下，雌雄配子必须结合成为合子，由合子萌发长成新个体。

在植物界，大多数植物在其一生中都经历4种形态时期，即孢子、孢子体、配子和配子体。

孢子体：由雌雄配子结合称为合子，合子萌发生长而形成的植物新个体就是孢子体。我们日常所见到的各种藻类植物、蕨类植物、裸子植物和被子植物个体都是孢子体。

孢子：孢子体长大后，在生殖过程中由孢子囊产生的用于繁殖后代的单个细胞就是孢子。如蕨类植物孢子囊中产生的大量孢子。

配子体：由孢子萌发长大形成的新个体或结构体称为配子体。配子体分为雄性配子体和雌性配子体，长大后分别产生雄配子和雌配子。被子植物中的花粉管和胚囊分别是雄性配子体和雌性配子体。苔藓植物和蕨类植物的雄性配子体和雌性配子体都可以独立生存。配子体成熟后，在雄性配子体和雌性配子体上分别形成精子器和颈卵器。

配子：由雌雄配子体产生的有性生殖细胞，称为配子。在雌配子体的颈卵器中产生的卵细胞和在雄配子体的精子器中产生的精子就是配子。雌雄配子相互结合后又形成合子，由合子发育形成新的孢子体。

植物从孢子萌发到形成配子体，配子体产生雌雄配子，这一阶段为有性世代；从受精卵发育至胚，由胚发育形成孢子体，由孢子体再产生孢子，这一阶段称为无性世代。植物体一生就是有性世代和无性世代互相交替的过程，称为世代交替。

藻类植物约有 3 万种,广布于全世界。大多数生活于淡水或海水中,少数生活于潮湿的土壤、树皮和石头上。有的浮游在水中,有的固着在水中岩石上或附着于其他植物体上。有些类群能在零下数十度的南极、北极或终年积雪的高山上生活,有的可在 100m 深的海底生活,有的(如蓝藻)能在高达 85℃ 的温泉中生活。有的藻类能与真菌共生,形成共生复合体,如地衣。

二、药用藻类植物的认知

藻类植物中很多种类都可以食用或药用,《中国药典》(2005 版)中收载了"海藻"和"昆布"两种药用褐藻。

褐藻门(Phaeophyta)是藻类植物中形态构造分化得最高级的一类。植物体是多细胞分枝或不分枝的丝状体,有的则呈片状或膜状体。褐藻细胞内有叶绿素、胡萝卜素和多种叶黄素,由于叶黄素中墨角藻黄素含量大,因此植物体常呈褐色。贮藏物质为褐藻淀粉、甘露醇、油类等。

褐藻大约有 1500 种,绝大多数生活在温寒地带海域,是构成海底森林的主要类群。从褐藻中提取出的褐藻淀粉、褐藻酸、甘露醇、碘等在食品、医药等领域有较高的应用价值。

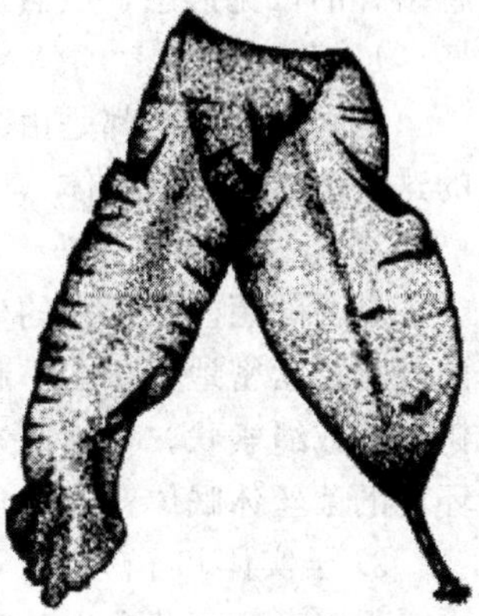

【代表药用藻类】

海带 *Laminaria japonica* Aresch. 海带科,大型藻类。植物体基部有根状物,称为固着器;上面是圆柱形的茎状柄;柄以上是扁平的叶状带片,中部较厚,边缘波状,带片和柄部连接处的细胞具有分生能力,能产生新的细胞使带片不断延长。我国辽东半岛、山东半岛有分布,沿海均有人工养殖,产量占世界首位。叶状体(昆布)入药,能软坚散结、消痰利水(见图 9-1)。

图 9-1 海带

昆布 *Ecklonia kurome* Okam. (见图 9-2)属于翅藻科。植物体明显区分为固着器、柄和带片 3 部分。带片为单条或羽状,边缘有粗锯齿。分布于浙江、福建、台湾海域,生于低潮线附近的岩礁上。入药部位和功效与海带相同。

海蒿子 *Sargassum pallidum* (Turm.) C. Ag. (见图 9-2)属于马尾藻科。藻体直立,高 30~60cm,深褐色。初生叶状片披针形,生长不久即凋落;次生叶状片线形至披针

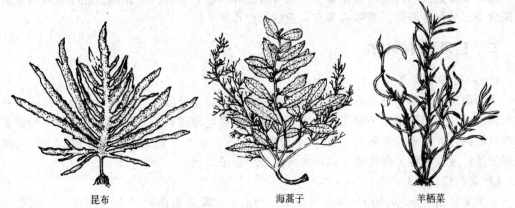

昆布　　　海蒿子　　　羊栖菜

图 9-2　3 种药用褐藻

形，次生叶状片的叶腋间又可生出侧枝，生殖枝上生有气囊和囊状生殖托。雌雄异株。分布于我国黄海、渤海沿岸，生于潮线下 1～4m 海水激荡处的岩石上。全藻称海藻（大叶海藻），能软坚散结、消痰利水。

羊栖菜 S. fusiforme (Harv.) Setch. （见图 9-2）藻体固着器假须根状；主轴周围有短的分枝及叶状突起，叶状突起棒状；其腋部有球形或纺锤形气囊和圆柱形的生殖托。分布于辽宁至海南，长江口以南为多，生于浅海岩石上。亦作海藻（小叶海藻）药用。

第二节　药用真菌植物

一、药用真菌植物的一般特征

真菌是自然界中异养植物种类最多的一类，有 10 万种之多。它们的植物体除少数种类是单细胞外，绝大多数都是多细胞的团状体。药用真菌大多数都是高等真菌，具有明显的多种多样的可见形态，虽然形态上差别很大，但是都有以下一些共同特征。

1. 菌丝体

绝大多数真菌都是由分枝或不分枝的菌丝（细丝）交织在一起组成的，由全部菌丝组成的这个菌体称为菌丝体（团状体）。

2. 菌核和菌索

真菌的菌丝在正常的生活条件下，一般是很疏松的，但在环境条件不良或繁殖的时候，菌丝相互紧密地交织在一起，形成各种不同的菌丝体组织。有些真菌的菌丝缠绕在一起形成树根状或绳索状，称为菌索；也有些真菌的菌丝组成坚硬的核状体叫菌核，菌核是渡过不良环境的菌丝休眠体，如麦角、茯苓、猪苓等。

3. 子实体和子座

很多高等真菌在生殖时期，形成有一定结构和形状，能产生孢子的结构体，叫子实体，如香菇、马勃等。有的真菌则首先形成容纳子实体的菌丝褥座叫子座。子座是真菌从营养阶段到繁殖阶段的一种过渡形式，子座形成以后，在子座上面产生许多子囊壳和子囊孢子，即形成子实体，如冬虫夏草从幼虫尸体上长出的棒状物就是子座。

很多真菌具药用价值，如茯苓、猪苓、冬虫夏草、马勃、灵芝等都是重要的常用中药。据研究，从茯苓中提取到的茯苓多糖和甲基茯苓多糖，从猪苓中分离得到的猪苓多糖，从香菇、银耳中分别提取得到的香菇多糖、银耳酸性异多糖，均有抗癌作用。此外，有些真菌还对胆囊炎、急慢性肝炎、糖尿病等有一定的治疗作用。

二、药用真菌的认知

（一）药用子囊菌

子囊菌纲是真菌中种类最多的一类，绝大多数子囊菌有发达的菌丝，菌丝有横隔，并且紧密结合成一定的形状。子囊菌的最主要特征是有性生殖过程中在子实体上产生一种囊袋状结构（因内含有孢子，故称为子囊），子囊内一般产生 8 个子囊孢子。子囊菌的无性生殖也特别发达，通过裂殖、芽殖等方式形成大量分生孢子，繁殖迅速。

【代表药用真菌】

冬虫夏草菌 *Cordyceps sinensis* (Berk.) Sacc.　属麦角菌科，为一种寄生于蝙蝠蛾科昆虫幼虫体上的子囊菌。夏秋季被蝙蝠蛾幼虫误食的冬虫夏草菌孢子在幼虫体内萌发成菌丝，吸取养分，发育成菌丝体。幼虫染病后钻入土中死亡，菌丝继续蔓延，充满整个虫体，最后菌丝体变为菌核。翌年入夏，自幼虫（菌核）头部长出棒状子座，露出土外，故称冬虫夏草。分布于四川、青海、甘肃等，生于海拔 3000m 以上的高山草甸。菌核及子座入药，能补肺益肾、止血化痰（见图 9-3）。

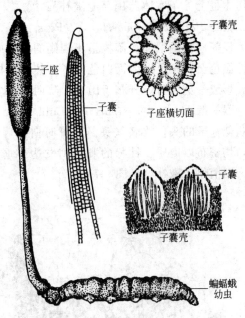

图 9-3　冬虫夏草菌

（二）药用担子菌

担子菌纲是由具有横隔和分枝的菌丝体组成的真菌。菌丝体在整个发育过程中产生两种形式的菌丝：一种是由担孢子萌发形成的单核菌丝；另一种是由雌雄性的单核菌丝经结合后形成的双核菌丝，产生双核菌丝是担子菌的特征之一。担子菌另一个显著的特征是形成担子，担子上着生有担孢子。

担子菌纲中最常见的是伞菌类，这一类担子菌有伞状或帽子状的子实体（担子果），上面展开的部分叫菌盖；菌盖下面自中央到边缘有许多呈辐射状排列的片状物称为菌褶；在显微镜下观察菌褶时，可见两侧有许多棒状细胞，叫担子，顶端有 4 个小梗，每个小梗上生有一个担孢子；菌盖下面是细长的柄，称为菌柄；有些伞菌还具有菌环和菌托，这些结构和特征都是鉴别伞菌的重要依据。

【代表药用真菌】

茯苓 *Poria cocos* (Schw.) Wolf　多孔菌科。常寄生于赤松、马尾松等植物的根部。菌核球形或不规则块状，大小不一，大的可达数十千克。表面粗糙多皱，淡灰棕色或深褐色，内部粉质，白色或稍带红色。子实体平伏，伞形，生于菌核表面，呈一薄层（见图 9-4）。全国各省区均有分布，现多栽培。菌核入药，能利水渗湿、健脾宁心。

灵芝 *Ganoderma lucidum* (Leyss. ex Fr.) Karst.　多孔菌科，腐生菌。子实体成熟后木栓化。菌盖半圆形或肾形，具环状棱纹和辐射状皱纹，红褐色有漆样光泽，菌盖下面有许多小孔。菌柄生于菌盖的侧方（见图 9-5）。我国南北各地都有分布和栽培，生于栎树及其

图 9-4　茯苓

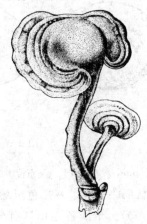

图 9-5　灵芝

他树木桩上。子实体药用,能滋补强壮。

猪苓 *Polyporus umbellatus* (Pers.) Fr. 多孔菌科。常寄生于枫、槭、柞、桦、柳及山毛榉等树木的根部。菌核呈不规则的块状或球形,表面凹凸不平,有皱纹及瘤状突起,表面棕黑色至灰黑色,内面白色。子实体由菌核上生长,伸出地面,菌柄基部相连,上部多分枝,形成一丛菌盖。分布于山西、陕西等许多省区。菌核药用,能利水渗湿(见图9-6)。

猴头菌 *Hericium erinaceus* (Bull. ex Fr.) Pers. 属于齿菌科,是一种腐生菌。子实体形状似猴子的头,故名猴头。新鲜时白色,干燥后变为淡褐色,块状,基部狭窄;除基部外,均密布以肉质、针状的刺,刺发达下垂,刺表布以子实层,子实体称猴头菌,能利五脏、助消化、滋补(见图9-7)。

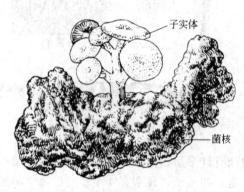

图9-6 猪苓

图9-7 猴头菌子实体

脱皮马勃 *Lasiosphaera fenzlii* Reich. 马勃科,腐生菌。子实体近球形至长圆形,直径15~30cm,幼时白色,成熟后为褐色。外包被薄,成熟时呈碎片剥落;内包被纸质,浅灰色,成熟后全部破碎消失,仅留一团由孢丝组成的棉絮状孢体,孢丝细长有分枝;孢子球形,表面有小刺。分布于西北、华北、华中、西南等地区。子实体(马勃)能清肺、利咽、止血。

同科真菌还有大马勃 *Calvatia gigantea* (Batsch ex Pers.) Lloyd 和紫色马勃 *C. lilacina* (Mont. et Berk.),子实体也入药,功效同马勃(见图9-8)。

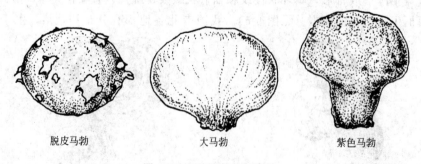

图9-8 三种马勃的子实体

云芝 *Corilus uersicolor* (L. ex Fr.) Ouel 属多孔菌科。子实体无柄,菌盖革质,半圆形至贝壳状,平伏而略反卷,灰黑色至灰黄色,有细毛或绒毛,表面有同心环带,云彩状,故名云芝(见图9-9)。全国各地山区有分布,多生于柳、杨、白桦、榛、栎、樟、桃、枫杨等阔叶树的枯木上。子实体入药,能清热、消炎;从子实体或菌丝体提取的云芝多糖肽聚合物（云芝糖肽）能增强人体免疫功能，用作癌症的辅助治疗药物。

雷丸 *Polyporus mylittae* Cooke. et Mass. 属多孔菌科。菌核呈不规则球状或块状，紫褐色至暗黑色，稍平滑或有细皱纹，干燥后坚硬，断面呈白色至灰白色。分布于华南、华中、西南各省。春、秋、冬三季在发黄且开花的竹根下面挖掘（见图9-10）。菌核称雷丸，能消积、杀虫、除热。

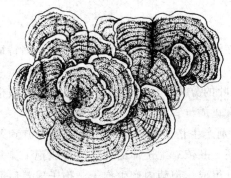

图 9-9 云芝的子实体

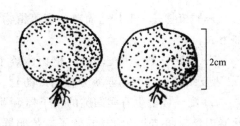

图 9-10 雷丸的菌核

第三节 药用地衣

一、药用地衣的一般特征

地衣植物是一类由真菌和藻类高度结合的共生植物。参与地衣共生的藻类为蓝藻或绿藻，藻体内含有光合色素，能进行光合作用，制造有机养料，供给共生植物体生活。参与共生的真菌绝大多数系子囊菌，少数为担子菌或藻状菌。二者在构成共生体时，菌类一般在外层，能吸收自然界的水分和无机盐类，供给藻类生活所需，并能起保护作用。它们这种相互配合、相互依存的生活方式称为共生。

地衣适应性很强，特别能耐寒耐旱，对养分要求不高。许多不能生长植物的地方，常常可以找到它，它可视为其他陆生植物的先驱。它分泌的地衣酸，可腐蚀岩石，对土壤的形成起着开拓先锋的作用。地衣按形态可分为壳状地衣、叶状地衣、枝状地衣3种类型。

二、药用地衣的认知

【代表药用地衣】

节松萝 *Usnea diffracta* Vain. 植物体呈黄绿色，长丝状，成二叉式分枝，基部着生于基物上。外表有明显的环沟纹，横断面可见中央有线状强韧性的中轴，具弹性。全国各地均有分布，生在深山老林树干或岩石上。全体入药，能祛风湿、通经络、止咳平喘、清热解毒（见图9-11）。

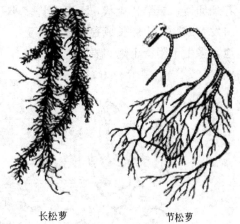

长松萝　　节松萝

图 9-11 松萝

第十章　药用苔藓植物

一、药用苔藓植物的主要认识特征

苔藓植物是一群构造简单的高等植物，常生长在潮湿和阴暗的环境中。其主要认知特征如下。

① 常见植物体为配子体。植物体矮小，有茎、叶的分化，但没有真正的根，只有假根（是表皮细胞向外突出丝状分枝构成的）。茎内没有真正的维管束。

② 配子体上生有多细胞的精子器和颈卵器，分别产生精子和卵细胞。精子借水游到颈卵器内，与卵结合成合子，合子在颈卵器内发育成胚。胚依靠配子体的营养发育成孢子体并寄生在配子体上。孢子体由孢蒴、蒴柄和基足3部分组成。孢蒴内产生孢子，孢子成熟后散落在适宜的环境中萌发成原丝体，进而发育成新的配子体。

③ 苔藓植物的配子体世代在生活中占优势，且能独立生活，而孢子体寄生在配子体上不能独立生活，这是苔藓植物与其他高等植物明显不同的特征之一。

苔藓植物约有4万种，我国约有2800种。

二、药用苔藓植物的认知

【代表药用苔藓】

地钱 *Marchantia polymorpha* L.　植物体（配子体）呈叶状，扁平，绿色，呈叉状分枝，伏地生长，上表皮分隔成许多气室，下表皮有许多紫色鳞片和成丛的假根。雌雄异株，在雌雄配子体上分别生出雌器托和雄器托，雌器托边缘有9~11个指状深裂，在裂片间悬垂着颈卵器；雄器托盘状，上面有许多小孔腔，每一小孔腔内有一个精子囊。受精卵在颈卵器内发育成胚，由胚长成孢子体（苔蒴），苔蒴依附在配子体上（见图10-1）。分布在全国各地，多生于阴湿土地和岩石上。叶状体入药，能清热解毒、祛瘀生肌。

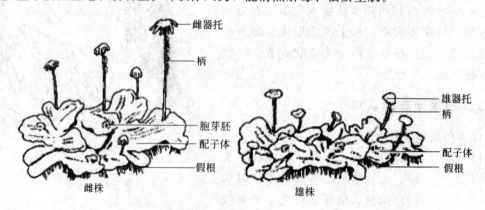

图10-1　地钱

大金发藓（土马骔）*Polytrichum commune* Hedw.　金发藓科。植物体（配子体）常成群分布。幼时深绿色，老时黄褐色。有茎、叶分化；茎直立，单一，下部生有假根；叶丛生于茎上部，鳞片状，雌雄异株，颈卵器和精子器分别生于雌雄配子体的茎顶（见图 10-2）。全国各地均有分布，生于阴湿的土坡及森林沼泽、酸性土壤上。全株入药，能清热解毒、凉血止血。

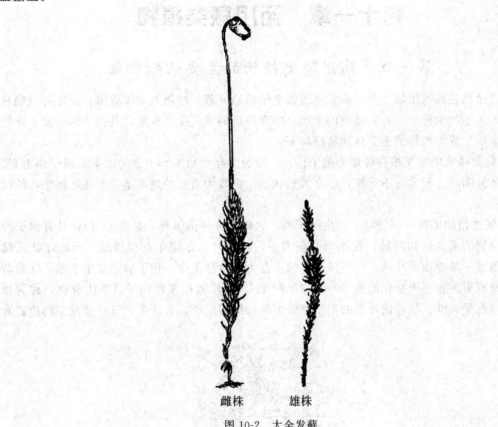

雌株　　雄株

图 10-2　大金发藓

第十一章 药用蕨类植物

第一节 药用蕨类植物的主要认知特征

蕨类植物是高等植物中具有维管系统的孢子植物。蕨类植物具有维管束,但这类植物只产生孢子,不产生种子。蕨类植物的生活史中有明显的世代交替现象,其孢子体和配子体均能独立生活。蕨类植物的主要认知特征如下。

① 蕨类植物的常见植物体即为孢子体,一般为多年生草本,少数为木本,孢子体上根、茎、叶区分明显。根常为不定根;茎常为根状茎,少数为直立的地上茎;叶通常簇生,幼时多呈卷曲状。

② 蕨类植物体的一部分叶上产生孢子囊,这样的叶称孢子叶(见图11-1),具有孢子叶是蕨类植物的重要认知特征。在小型叶蕨类中,孢子叶通常集生在枝顶端,形成球状或穗状,称孢子叶球或孢子叶穗,如石松和木贼;在大型叶蕨类中,孢子囊通常生于孢子叶的背面、边缘或集生在一个特化的孢子叶上(见图11-2),常常由多数孢子囊集生成群,称为孢子囊群或孢子囊堆。较进化种类的孢子囊壁由单层细胞组成,有环带,且环带发生的位置有

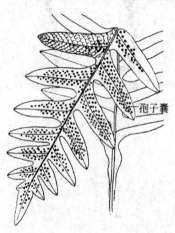

图 11-1 蕨类植物孢子叶

  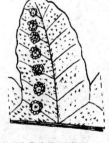 

脉顶生孢子囊群　　脉边生孢子囊群　　脉背生孢子囊群　　脉端生孢子囊群

图 11-2 蕨类植物孢子叶上的孢子囊

多种形式。这些环带对孢子的散布和种类的鉴别有重要作用。

③ 蕨类植物的孢子成熟后从孢子囊中散落出来，在适宜的条件下萌发形成能独立生活的原叶体，即配子体。配子体上产生精子器和颈卵器。精子成熟后离开精子器，借水游入颈卵器与卵结合。受精卵（合子）发育成胚，胚发育成新孢子体（见图11-3）。

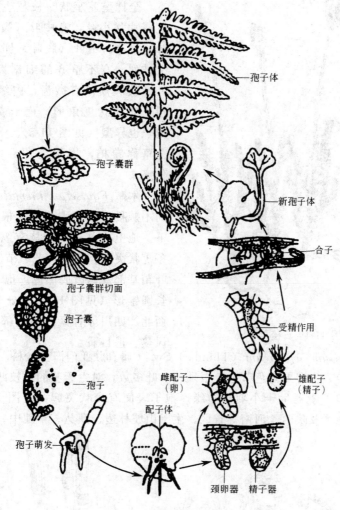

图 11-3　蕨类植物生活史

第二节　药用蕨类植物的认知

现存的蕨类植物约有12000种，广泛分布于世界各地，尤其是热带和亚热带最为丰富。蕨类植物分为5个亚门，即松叶蕨亚门、石松亚门、水韭亚门、楔叶蕨亚门和真蕨亚门。前4个亚门为小型叶蕨类，后1个亚门为大型叶蕨类。我国有61科223属约2600种，主要分布在华南、西南地区。药用的蕨类植物有39科300余种。

【代表药用植物】

石松 *Lycopodium japonicum* Thunb.　属石松亚门石松科，多年生草本。匍匐茎细长横走，多分枝；叶多列密生茎上，螺旋状排列。孢子囊穗状，单生或2～6个着生于孢子枝的顶端。孢子叶卵状三角形，边缘具不整齐的锯齿（见图11-4）。分布于东北、内蒙古、河南、长江流域及其以南地区。全草称伸筋草，能祛风除湿、舒筋活络。孢子称石松子，可作丸药包衣。

卷柏 *Selaginella tamariscina* (Beauv.) Spring 属石松亚门卷柏科。多年生常绿草本，全株呈莲座状。枝丛生有分枝，枝上密生鳞片状小叶，有中叶（腹叶）和侧叶（背叶）之分。中叶（腹叶）卵状矩圆形，斜向上排列，有不整齐的细锯齿；侧叶（背叶）外缘狭膜质，有微齿，内缘宽膜质而全缘。孢子叶卵状三角形，孢子囊异型，圆肾状，孢子也异型（见图11-5）。分布于全国各地。全草称卷柏，生用能通经，炒炭用能活血化瘀。

木贼 *Equisetum hiemale* L. 属石松亚门木贼科，多年生草本。根茎粗壮，横生地下。地上茎单一不分枝有纵棱，棱脊上有两条疣状突起；中空有节，节上着生筒状鳞叶，叶鞘基部及鞘齿成黑色。孢子囊穗生于茎顶，长圆锥形（见图11-6）。分布于东北、华北、西北、四川等省区。地上部分称木贼，能散风热、退目翳。

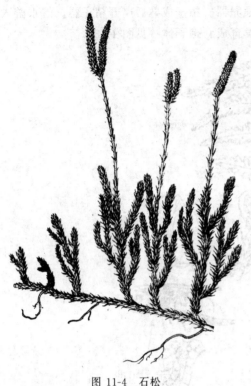

图11-4 石松

海金沙 *Lygodium japonicum* (Thunb.) Sw. 属真蕨亚门海金沙科。多年生缠绕草质藤本。根状茎横走，生有黑褐色节毛，根须状。叶多数，对生于茎的短枝两侧，孢子叶卵状三角形，流苏状孢子囊穗生于小羽片边缘。孢子表面有疣状突起（见图11-7）。分布于华东、中南、西南地区及陕西、河南等省区，生于山坡林边、灌丛、草地中。成熟孢子称海金

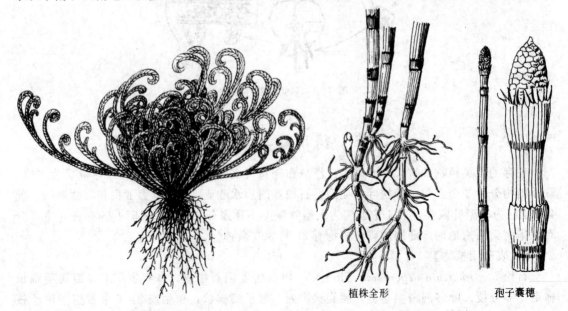

图11-5 卷柏　　　　植株全形　　孢子囊穗　　图11-6 木贼

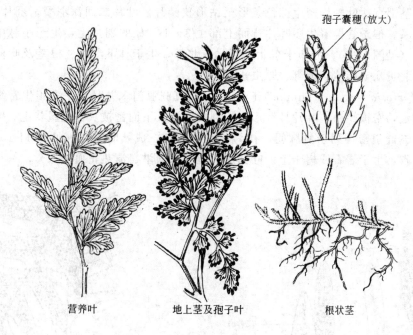

图 11-7 海金沙

沙,能清利湿热、通淋止痛。根状茎、茎藤亦可入药。

金毛狗脊 *Cibotium barometz* (L.) J.Sm 属真蕨亚门蚌壳蕨科。根状茎粗壮,木质,顶端连同叶柄基部平卧,密被金黄色长茸毛。叶片三回羽裂,侧脉单一或二叉。孢子囊群生于边缘的侧脉顶端,每裂片 1～5 对,囊群盖 2 裂形如蚌壳(见图 11-8)。分布于我国华东、华南及西南部,生于山脚沟边及林下阴湿处酸性土中。根状茎入药,能补肝肾、强腰膝、祛风湿。

粗茎鳞毛蕨 *Dryopteris crassirhizoma* Nakai 属真蕨亚门鳞毛蕨科。多年生草本。根状茎直立,密生棕褐色卵状披针形大鳞片。根茎和叶柄残基断面均呈棕色,叶簇生于根茎顶

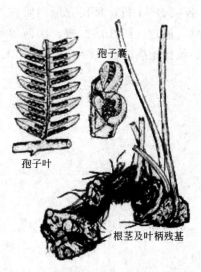

图 11-8 金毛狗脊

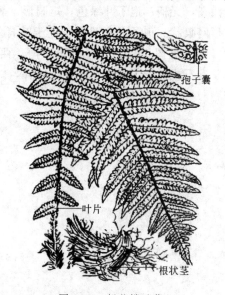

图 11-9 粗茎鳞毛蕨

端，叶柄自基部直达叶轴均密生棕色条形至钻形狭鳞片。叶片二回深羽裂，羽片近长方形，侧脉羽状分叉。孢子囊群着生于叶片背面上部 1/3～1/2 处的羽片上，生于小脉中下部。囊群盖圆肾形（见图11-9）。分布于东北及河北东北部，生于林下湿地。根茎及叶柄残基称绵马贯众或东北贯众，能清热解毒、驱虫止血。

石韦 *Pyrrosia lingua*（Thunb.）Farwell 属真蕨亚门水龙骨科。多年生常绿草本。根状茎长而横走，密被鳞片。叶片披针形或长圆披针形，下面密被灰棕色星状毛，叶柄基部有关节。孢子囊群紧密排列于侧脉间，初为星状毛包被，成熟时露出（见图11-10）。分布于长江以南各省，生于岩石或树干上。叶药用，能利尿通淋、清热止血。

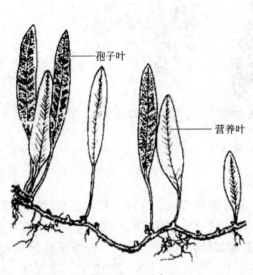

图 11-10 石韦

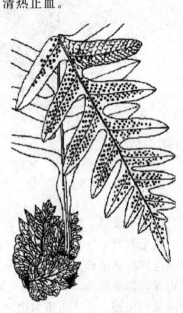

图 11-11 槲蕨

槲蕨 *Drynaria fortunei*（Kunze）J. Sm. 属真蕨亚门槲蕨科。多年生附生草本。根茎肉质粗壮，长而横走，密生钻状披针形鳞片。叶二型，营养叶革质，棕黄色，卵圆形，上部羽状浅裂，无柄；孢子叶绿色，矩圆形，短柄有翅，羽状深裂，裂片披针形。叶脉明显，呈长方形网眼状。孢子囊群圆形，生于叶背主脉两侧，各成 2～4 行，每长方形网眼内 1 枚，无囊群盖（见图11-11）。分布于中南、西南以及台湾、福建、浙江、安徽、江西等省区，附生于岩石或树干上。根状茎称骨碎补，能补肾强骨、续伤止痛、祛风湿。

第十二章 药用裸子植物

第一节 药用裸子植物的主要认知特征

裸子植物是介于蕨类植物和被子植物之间的一类维管植物，是较低级的种子植物。主要的认知特征如下。

① 孢子体（植物体）发达。裸子植物的常见植物体就是孢子体，孢子体特别发达，通常为多年生常绿木本。叶呈针形、条形或鳞片状，极少为扁平的圆形。枝条有长短枝之分。

② 维管束呈环状排列，具形成层和次生构造，木质部大多数只有管胞，极少数具有导管；韧皮部中只有筛胞，无筛管及伴胞。

③ 花单性，无花被或仅具原始的花被。雌雄同株或异株，雄蕊（小孢子叶）聚生成雄球花（小孢子叶球）；雌蕊的心皮（大孢子叶）呈叶状，并不卷起形成子房，心皮丛生或聚生成雌球花（大孢子叶球）。胚珠裸露，成熟后发育成种子。

④ 不形成果实，种子裸露在外，无果皮包被，故称裸子植物。

裸子植物大多数种类已经灭绝，现存的裸子植物分为5纲9目12科71属，约800种。我国有5纲8目11科41属，约240种，是裸子植物种类最多、资源最丰富的国家，其中已知药用植物有近百种。

第二节 药用裸子植物的认知

1. 苏铁科（Cycadaceae）

【代表药用植物】

苏铁 *Cycas revoluta* Thunb. 常绿小乔木，树干圆柱形，不分枝，雌雄异株（见图12-1）。分布于四川、台湾、云南、广东、广西、江西、福建等省，各地常有栽培。种子（有毒）及种鳞能理气止痛、益肾固精；叶能收敛、止痢、止痛；根有祛风活络、补肾之功效。

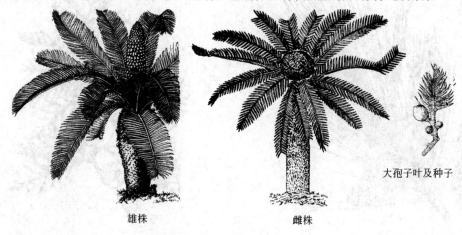

雄株　　雌株　　大孢子叶及种子

图 12-1　苏铁

2. 银杏科（Ginkgoaceae）

【代表药用植物】

银杏（白果、公孙树）*Ginkgo biloba* L. 落叶乔木，树干高大，叶片扇形，雌雄异株，雄球花荑花序状，雌球花有长柄，柄端二叉，种子核果状（见图12-2）。我国特产。现全国普遍栽培。种子（白果）供食用，有小毒，种仁能敛肺定喘、缩小便；叶能益气敛肺、化湿止泻、止痢。叶中提取的总黄酮能扩张动脉血管，用于治疗冠心病。

3. 松科（Pinaceae）

【代表药用植物】

马尾松 *Pinus massoniana* Lamb. 常绿乔木。树皮灰褐色。小枝轮生，长枝上叶呈鳞片状；短枝上叶针状，2针一束，细长且软。雄球花柱形，生于新枝下部；雌球花常2个生于新枝顶端；种鳞的鳞盾菱形。球果呈圆锥形或卵圆形，成熟后栗

图 12-2 银杏

褐色，种子长卵形，具单翅（见图12-3）。分布于淮河和汉水以南各地，西至四川、贵州和云南，生于阳光充足的丘陵山地酸性土壤。叶可做祛风湿药，能祛风活血、安神、解毒止痒。瘤状节或分枝节入药，称松节，松节能祛风燥湿、活血止痛。花粉称松花粉，能收敛、止血。种子为润下药，能润肺滑肠。松香能燥湿祛风、生肌止痛。

金钱松 *Pseudolarix kaempferi* (Lindl.) Gord. 主要分布于我国长江流域以南各省区，性喜温暖、多雨的酸性土山区。根皮（土荆皮）为驱虫药，能杀虫、止痒，用于疥癣瘙痒。

4. 柏科（Cupressaceae）

【代表药用植物】

图 12-3 马尾松

图 12-4 侧柏

侧柏 Platycladus orientalis (L.) Franco　常绿乔木。小枝扁平，排成一平面，直展。叶鳞形，交互对生，贴生在小枝上。球花单性同株。球果单生枝顶，木质、扁平，被白粉，覆瓦状排列，开裂，种鳞4对。种子卵形，无翅（见图12-4）。为我国特有树种，分布几遍全国。枝叶能凉血止血、祛风消肿、清肺止咳。种子（柏子仁）能养心安神、止汗、润肠通便。

5. 红豆杉科 (Taxaceae)
【代表药用植物】

红豆杉 Taxus chinensis (Pilger.) Rehd.　常绿乔木，高30m，树皮灰褐色、红褐色或暗褐色，裂成条片。叶条形，排成2列，微弯或直，先端微急尖，下面中脉上密生均匀而微小的乳头状突起，有2条气孔带。种子卵圆形，先端有突起的短尖头，生于杯状红色肉质的假皮内（见图12-5）。我国特有种，分布于秦岭以南，东至安徽，西达四川、贵州、云南东北，南迄华中，常生于海拔1000～1500m以上的山地。叶可治疥癣；种子能消积、驱虫；树皮、根皮可提取紫杉醇，有抗癌作用。

6. 麻黄科 (Ephedraceae)
【代表药用植物】

草麻黄 Ephedra sinica Stapf　亚灌木，高30～60cm，木质茎短且横卧，红褐色，小枝草质，丛生于基部，具节和节间。叶鳞片状，膜质，基部鞘状，先端常向外反曲。雄球花常2～3个生于节上，具4对苞片；雌球花单生枝顶，有苞片4～5对，仅先端1对各有1雌花，珠被管直立，成熟时肉质红色，浆果状，种子2枚（见图12-6）。分布于东北、内蒙古、陕西、山西、辽宁、吉林、河北等省区，生于沙质干燥地带，常见于山坡、河床和干旱草原，有固沙作用。草质茎有发汗散寒、宣肺平喘、利水消肿之功效，并为提取麻黄碱的主要原料；根能止汗。

木贼麻黄 E. equisetina Bge.　直立小灌木，高可达1m，节间细而较短，长1～2.5cm。雌球花常2个对生于节上，珠被管弯曲；种子常1枚。本种麻黄碱的含量较其他种类高，为提取麻黄碱的主要原料。主要分布于华北及陕西、甘肃、新疆维吾尔自治区等地区。

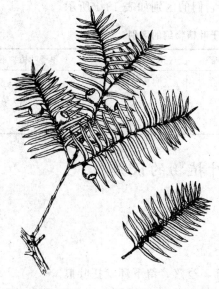

图 12-5　红豆杉

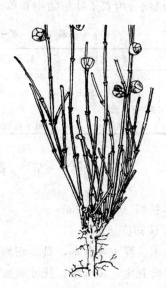

图 12-6　草麻黄

第十三章 药用被子植物

在植物界的发展进化过程中，现阶段是被子植物的繁盛时期，我们所处的时代是被子植物时代，被子植物是植物界最进化、种类最多、分布最广的类群。已知的被子植物有1万多属，24万多种，占植物界的一半。我国有2700多属，约3万种，是药用植物最多的地区。我们所认知的绝大多数药用植物都是被子植物。根据前面所学的有关被子植物的形态知识，可将被子植物的主要特征归纳如下。

1. 孢子体高度发达

常见的各种各样的被子植物都是孢子体，根、茎、叶、花和果极度发达，除乔木和灌木外，更多的是草本。在内部结构上，被子植物出现了各式组织的分工，维管束木质部中有导管，韧皮部中有筛管、伴胞，使输导组织结构和生理功能更加完善。配子体（花粉管和胚囊）已经极度退化。

2. 植物体有真正的花

和裸子植物相比，被子植物通常具有由花被（花萼和花冠）、雄蕊群和雌蕊群组成的真正的花，故又叫有花植物。花中构成雌蕊的心皮完全愈合成密闭的子房。

3. 形成了真正的果实

胚珠包藏在子房内，得到了良好的保护，子房在受精后形成的果实既能保护内方的种子又能以各种方式帮助种子散布。

4. 具有双受精现象

被子植物的胚珠在受精过程中，1个精子与卵细胞结合形成受精卵，另1个精子与2个极核细胞融合，发育成三倍体的胚乳，它具有双亲的特性，使新植物体有更强的生命力。双受精现象为被子植物所特有的特征。

被子植物分为双子叶植物纲和单子叶植物纲，它们的区别如表13-1所示。

表13-1 双子叶植物纲和单子叶植物纲的区别

器官	双子叶植物纲	单子叶植物纲	器官	双子叶植物纲	单子叶植物纲
根	直根系	须根系	花	各部分基数为4或5，花粉粒具3个萌发孔	各部分基数为3，花粉粒具单个萌发孔
茎	维管束呈环状排列，有形成层	维管束呈星散排列，无形成层			
叶	具网状脉	具平行脉或弧形脉	胚	具2枚子叶	具1枚子叶

第一节 药用双子叶植物的认知

1. 木兰科（Magnoliaceae）

【主要认知特征】

① 乔木、灌木或藤本，具油细胞。

② 单叶互生，多全缘；托叶有或无，包被幼芽，早落，留下环状托叶痕。

③ 花常单生，两性，稀单性；花被片常多数，排成数轮，每轮3片；雄蕊和雌蕊均多

数、分离,螺旋状或轮状排列于伸长或隆起的花托上。

④ 聚合蓇葖果或聚合浆果。

本科约15属350种,分布于美洲和亚洲的热带和亚热带地区。我国约有14属165种,分布于西南和南部各地。本科植物多含有挥发油。

【代表药用植物】

厚朴 *Magnolia officinalis* Rehd. et Wils. 落叶乔木。树皮棕褐色,具椭圆形皮孔。叶大,倒卵形,革质,集生于小枝顶端。花大型,白色,花被片9~12或更多。聚合蓇葖果长圆状卵形,木质(见图13-1)。分布于长江流域和陕西、甘肃东南部,生于土壤肥沃及温暖的坡地。茎皮、枝皮和根皮都可药用,于每年4~6月剥取生长15~20年或以上的树干皮、枝皮以及根皮,把剥下的皮堆成堆或放在土坑里,上面用青草覆盖,使其"发汗",然后取出晒干。用前刮去粗皮,洗净,润透,切片或切丝晒干。能燥湿消痰、下气除满。花能理气、化湿。

凹叶厚朴(庐山厚朴)*Magnolia officinalis* Rehd. et Wils. var. *biloba* Rehd. 与上种主要区别:叶先端凹陷成2钝圆浅裂。分布于安徽、江西、福建、浙江和湖南等省,并有栽培。入药部位和功效均与厚朴相同。

望春花 *Magnolia biondii* Pamp. 落叶乔木。单叶互生;叶片长圆状披针形;花先叶开放,单生枝顶;花萼3枚,线形;花瓣6枚,2轮,匙形,白色,外面基部常带紫红色;雄蕊多数;心皮多数,分离。聚合果圆柱形;种子深红色(见图13-2)。分布于河南、安徽、甘肃、四川、陕西等省,生长在向阳荒坡或路旁。花蕾(辛夷)能散风寒、通鼻窍。

玉兰 *Magnolia denudata* Desr. 与上种主要区别:叶倒卵形或倒卵状长圆形,叶面有光泽,叶背有柔毛;花被片9,萼片与花瓣无明显区别,倒卵形或倒卵状矩圆形。分布于河北、河南、江西、浙江、湖南、云南等省区,各地有栽培。花蕾亦作辛夷入药。

八角茴香 *Illicium verum* Hook. f. 常绿乔木。叶椭圆形或长椭圆状披针形,有透明油点。花单生于叶腋,花被7~12;离生雌蕊8~9,轮状排列。蓇葖果扁平,顶端钝,稍弯(见图13-3)。分布于华南、西南等省区,生于温暖湿润的山谷中。果实入药,每年采收两次,8~11月间采收成熟果实,为主要收获期;第二年2~3月间产量较少。采收后,在日光下晒干或文火烤干,也可用开水烫后晾干。果实能温阳散寒、理气止痛。

五味子 *Schisandra chinensis* (Turcz.) Baill. 落叶木质藤本。叶纸质或近膜质,阔椭

图 13-1 厚朴

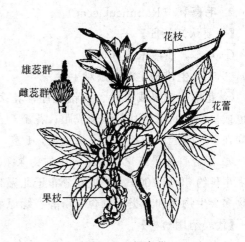

图 13-2 望春花

图 13-3 八角茴香

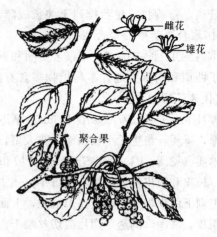
图 13-4 五味子

圆形或倒卵形,边缘疏生有腺体的细齿。雌雄异株;花被片 6～9,乳白色至粉红色;雄蕊 5;离生雌蕊 17～40。聚合浆果排成长穗状,红色(见图 13-4)。分布于东北、华北、华中及四川等地,生于山林中。果药用,于秋季果实成熟尚未脱落时采摘,拣去果枝及杂质,晒干。果实中药称北五味子,能收敛固涩、益气生津、补肾宁心。

中药五味子尚有同属植物华中五味子 *S. sphenanthera* Rehd. et Wils. 其花被片 5～9,橙黄色;雄花雄蕊 10～15 枚;雌花心皮 35～50;果实较小,表面棕红色至暗棕色,果肉薄,干后常紧贴种子上,皱缩,与前种明显区别。分布于山西、陕西、甘肃和华中、西南等省区。果实称南五味子,功效同北五味子。

本科常用药用植物还有以下几种。

地枫皮 *Illicium difengpi* K. I. B. et K. I. M. 树皮外面灰棕色到深棕色,粗皮易剥离或脱落,内表面棕色或棕红色。分布于广西。树皮能祛风除湿、行气止痛。

南五味子 *Kadsura longipedunculata* Fint et Gagndep. 木质藤本。叶近革质,椭圆形至椭圆状披针形。花单生,黄色,聚合浆果成球状,深红色到暗红色。分布于华中、华南和西南。根称红木香,能祛风活血、理气止痛;根皮称紫金皮,功效同根;茎称大活血,多用于伤科;叶能消肿镇痛。

2. 毛茛科(Ranunculaceae)

【主要认知特征】

① 草本,少灌木或藤本。

② 叶互生或基生,少数对生。

③ 花单生或集成总状、圆锥花序;花多两性,辐射对称或两侧对称;萼片 3 至多数,绿色或呈花瓣状,稀基部延长成距;花瓣 3 至多数或缺;雄蕊和心皮常多数,离生,螺旋状排列在多少隆起的花托上,子房上位,1 室。

④ 聚合蓇葖果或聚合瘦果,少数为浆果或蒴果。

本科约 50 属 2000 种,主要分布于北温带。我国有 42 属 720 种,各省均有分布。本科植物多含生物碱和苷类,也含有甾醇、绿原酸、咖啡酸等成分。

【代表药用植物】

乌头 *Aconitum carmichaeli* Debx. 多年生草本。主根纺锤形或倒卵形,周围常生数个圆锥形侧根，棕黑色。叶互生，3深裂，裂片再行分裂。总状花序狭长；萼片5，蓝紫色，上萼片盔帽状；花瓣2，变态成蜜腺叶；有长爪；雄蕊多数；心皮3～5，离生；聚合蓇葖果（见图13-5）。分布于长江中下游，北达山东东部，南达广西北部，生于山地草坡、灌丛中。栽培种其主根作川乌药用，能祛风除湿、温经止痛；侧根（附子）能回阳救逆、补火助阳、逐风寒湿邪；野生种块根作草乌药用，功同川乌。川乌、草乌有大毒，一般经炮制后药用。川乌、附子和草乌的采挖一般在每年6月下旬（夏至）至7月初（小暑），挖取子根，除去泥土、须根，称为泥附子，再按不同的规格要求进行炮制加工。

北乌头 Aconitum kusnezoffii Reichb. 叶3全裂，中央裂片菱形，较狭，近羽状分裂，先端渐尖。花序轴和花柄无毛。分布于华北、东北各省，生于山地草坡或疏林中。块根称草乌，功效同川乌；叶称草乌叶，能清热、解毒、止痛。

黄连 Coptis chinensis Franch. 多年生草本。根状茎常分枝，生多数须根，均黄色。叶基生，3全裂，中央裂片具柄，各裂片再作羽状深裂，边缘具锐锯齿。聚伞花序有花3～8朵，黄绿色；萼片5，花瓣线形；雄蕊多数；心皮8～12，离生。蓇葖果具柄（见图13-6）。主产于四川，此外云南、湖北及陕西等省亦有分布，生于高山下阴湿处，多有栽培。地下根茎入药，栽培4～6年后均可采收，但以第五年采挖为好，一般均在秋末冬初（10～11月间）下雪前采收。挖起根茎后，除去地上部及泥土，然后干燥。一般采用烘干法，温度应渐渐升高，每隔半小时翻动一次，烘至最小的根茎干后即可取出，按大小分成两批，再分别进行烘干，每3～5min即应翻动一次，温度可比初烘时高些，但也须慢慢升高，防止烘焦，取出前几分钟，温度增高，并需不断翻动，最后

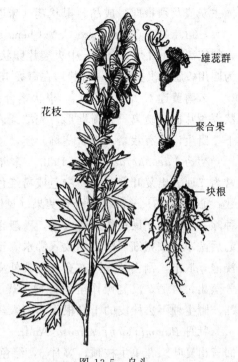

图 13-5 乌头

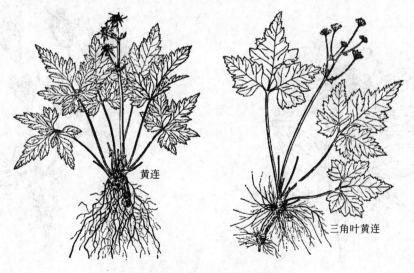

图 13-6 黄连和三角叶黄连

撞去灰渣及须根即得成品。根状茎（味连）能清热燥湿、泻火解毒。

三角叶黄连 C. deltoidea C. Y. Cheng et Hsial 其根状茎不分枝或少分枝，节间明显，具横走的匍匐茎。叶片 3 全裂，中央裂片卵状三角形，4～6 对羽状深裂片彼此邻接（见图 13-6）。为四川峨眉、洪雅特产，常栽培在海拔 1800m 以上的山地。根状茎称雅连，入药同味连。

云南黄连 C. teeta Wall. 根状茎分枝少而细。叶片 3 全裂，中央裂片长卵状菱形，羽状深裂片彼此疏离。花瓣匙形，先端圆或钝。分布于云南北部、西藏东南部，生于高山林阴下，野生，亦有栽培。根状茎称云连，入药同味连。

芍药 Paeonia lactiflora Pall. 多年生草本。根粗壮，圆柱形，外皮红棕色。叶互生，常为二回三出复叶。花大，白色或粉红色，单生于茎顶端；萼片 4～5；花瓣 5～10；雄蕊多数；心皮 4～5，分离。聚合蓇葖果（见图 13-7）。分布于我国北方地区，野生或栽培。栽培种除去外皮的干燥根作白芍入药，一般在栽后 4～5 年收获，常在 8～10 月间采挖，根部挖起后洗净，按粗细不同分别放入沸水煮至断面透心，并发黏，有香味后立即捞出放入冷水中浸泡，取出，刮去外皮（亦有先刮去外皮后，再煮至透心者）。晒一日，再堆放，使内部水分蒸出，再晒，反复操作至内外均干燥。用前切片。白芍能平肝止痛、养血调经、敛阴止汗。野生种不去栓皮的干燥根作赤芍入药，能清热凉血、散瘀止痛。

牡丹 Paeonia suffruticosa Andr. 落叶灌木。根皮厚，外皮灰褐色至紫色。通常为二回三出复叶。花单生枝顶；萼片 5，绿色，宿存；花瓣 5 或重瓣，颜色多种，鲜艳。蓇葖果长圆形。原产于我国，各地栽培。秋季挖取根，除去须根，剥取根皮，晒干。根皮称牡丹皮，能清热凉血、活血化瘀。

川赤芍 P. veitchii Lynch 小叶多裂，裂片再分裂，窄披针形，心皮密生黄色绒毛。分布于西藏、四川、青海、甘肃及陕西。干燥根作赤芍入药，能清热凉血、散瘀止痛。

白头翁 Pulsatilla chinensis (Beg.) Regel 多年生草本，全株密生白色长毛。根圆锥形，外皮黄褐色，常有裂隙。叶基生，3 全裂，裂片再 3 裂，革质。花茎（花梃）由叶丛抽出，顶生 1 花；萼片 6；紫色；无花瓣；雌蕊均多数。瘦果密集成头状，宿存花柱羽毛状（见图 13-8）。分布于东北、华北及长江以北地区，生于山坡草地或平原。根能清热解毒、凉血止痢。

威灵仙 Clematis chinensis Osbeck 藤本。根须状丛生于根状茎上，茎、叶干后变黑色。

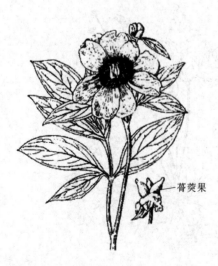

图 13-7 芍药

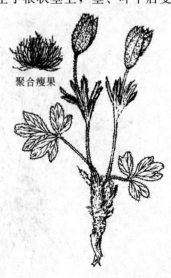

图 13-8 白头翁

叶对生，羽状复叶。花序圆锥状；萼片4，白色；无花瓣。聚合瘦果，宿存花柱羽毛状。分布于长江中下游及以南各省区，生于山区林边或灌丛中。根能祛风除湿、活血通络、止痛。

棉团铁线莲 *C. hexapetala* Pall. 直立草本。羽状复叶对生，小叶革质，披针形。聚伞花序；萼片外面密生白色绵毛。分布于华北，东北各省区，生于山地林边或草坡。根也作威灵仙入药。

东北铁线莲 *C. mandshurica* Rupr. 藤本。根状茎柱状，根较密集。一回羽状复叶，小叶卵状披针形。分布于东北各省。根也作威灵仙入药。

升麻 *Cimicifuga foetida* L. 多年生草本。根状茎粗状，表面黑色，有数个圆形空洞的茎基痕。茎高1~2m，常分枝，有短柔毛。基生叶和下部茎生叶为二回或三回羽状复叶，小叶菱形或卵形，边缘有不规则锯齿。花序圆锥状；萼片白色，无花瓣；雄蕊多数；心皮2~5，密生短柔毛。蓇葖果（见图13-9）。分布于西南、西北和华北部分省区，生于山地林缘或草坡。根状茎称升麻，秋季采挖根茎，除去泥沙，晒至八九成干后燎去或除去须根，晒干。根状茎能发表透疹、清热解毒、升举阳气。

同属植物大三叶升麻 *C. heracleifolia* Kom. 和兴安升麻 *C. dahurica*（Turcz.）Maxim. 的根状茎亦作升麻药用。

图13-9 升麻

图13-10 金莲花

金莲花 *Trollius chinensis* Bunge 多年生草本，不分枝，二回叶片，3裂，基生叶有长柄，茎生叶无柄。花单生茎顶或成聚伞花序；萼片黄色，花瓣状，倒卵形；花瓣黄色，线状披针形。蓇葖果有长喙（见图13-10）。分布于辽宁及华北各省，生于山地草坡。花入药，味苦，性凉，能清热解毒、平喘消炎。

本科药用植物还有以下几种。

多被银莲花 *Anemone raddeana* Regel 分布于山东、辽宁和吉林，生山坡草地。根状茎称两头尖、竹节香附，能祛风湿、消痈肿。

小木通 *Clematis armandii* Franch. 分布于华中、华南和西南等省区。绣球藤 *C. montana* Buch.—Ham.，分布于陕西、甘肃、河南及华东、西南等省区。二者的根状茎称川木通，能清热利尿、通经下乳。

天葵（紫背天葵）*Semiaquilegia adoxoides* (DC.) Makino 广布于长江中下游各省，南达广东北部，北达陕西南部。块根称天葵子，能清热解毒、消肿散结。

3. 桑科（Moraceae）

【主要认知特征】

① 多为木本，稀草本。木本常有乳汁。

② 叶互生，稀对生，托叶早落。

③ 花小，单性，雌雄同株或异株；常集成头状、葇荑花序或隐头花序；单被花，通常花被片4；雄蕊与花被片同数对生；雌花花被有时呈肉质；子房上位，稀下位，2心皮合生，通常1室，每室有1胚珠。

④ 小瘦果或核果，聚花果或包藏于肉质花序托内形成隐花果。

本科约有75属3000种，分布于热带和亚热带。我国有18属160种，分布于全国各省区，长江以南为多。本科植物含强心苷、生物碱、挥发油及昆虫变态激素。

【代表药用植物】

桑 *Morus alba* L. 落叶小乔木或灌木。根褐黄色。叶互生，卵形，有时分裂。花单性，雌雄异株。穗状花序腋生；聚花果（桑椹）由多数外包肉质花被的小瘦果组成，熟时紫色（见图13-11）。桑产于我国各地。根皮中药称桑白皮，每年在冬季采挖。挖出桑根后洗净泥土，刮去外表黄色粗皮，用刀纵向剖开，以木槌轻击，使皮部与木部分离，剥取白皮，晒干，扎成小捆，即可。桑白皮能泻肺平喘、利水消肿；桑叶也可入药，在霜降（10月下旬）后采摘或从地上拾起收集之，晒干，扎成小把；嫩叶可在夏季茂盛时采收，桑叶能疏散风热、清肺润燥、清肝明目；桑枝能祛风湿、利关节；桑椹能补血滋阴、生津润燥。

图13-11 桑

大麻 *Cannabis sativa* L. 一年生高大草本。叶互生或下部对生，掌状全裂，裂片3～9，披针形。花单性，雌雄异株；雄花集成圆锥花序；雌花丛生叶腋，每花有1苞片。瘦果

图13-12 大麻

图13-13 薜荔

扁卵形，有细网纹（见图13-12）。各地常有栽培。果实称火麻仁，能润肠通便。

薜荔 *Ficus pumila* L. 攀缘或匍匐灌木。叶二型，生隐头花序的枝上的叶较大而近革质，背面网状脉凸起成蜂窝状；不生隐头花序的枝上的叶小而较薄。隐头花序单生叶腋，雄花序较小；雌花序较大（见图13-13）。分布于华东、华南和西南，生于丘陵地区。隐头果能壮阳固精、活血下乳；茎能祛风除湿、活络。

4. 蓼科（Polygonaceae）

【主要认知特征】

① 多为草本，节常膨大。

② 单叶互生，全缘，有明显托叶鞘。

③ 花多两性，排成穗状、头状或圆锥状花序；花单被，花被片3～6，分离或连合，常花瓣状，宿存；雄蕊常3～9；子房上位，3或2心皮合生，1室，胚珠1。

④ 瘦果包于宿存的花被内。

本科约有40属800种，分布于北温带。我国有14属310种。本科植物常含蒽醌苷和鞣质。

【代表药用植物】

掌叶大黄 *Rheum palmatum* L. 多年生草本。根和根状茎粗壮，肉质，断面黄色。根状茎内有"星点"分布。基生叶有长柄，叶片掌状深裂（见图13-14）；茎生叶较小，柄短；托叶鞘筒状。圆锥花序大型顶生，花小，紫红色。瘦果有3翅，暗紫褐色。分布于陕西、甘肃、四川西部和西藏、青海等省区，生于高寒山区，多有栽培。根及根状茎入药，通常选择生长3年以上的植物，于9～10月地上部分枯黄时，或4～5月大黄未发芽前采挖。除去泥土，切去茎及细根，刮去粗皮，按各地规格要求及大黄根茎大小，横切成片或纵切成瓣，或加工成卵形或圆柱形。粗根可切成适当长度的节，用羊毛绳串起，悬挂屋檐下慢慢阴干、晒干或用暗火烟熏干燥，干后有的还放在竹笼中撞光。根和根茎能泻热通便、凉血解毒、逐瘀通经。

药用大黄 *Rheum officinale* Baill. 与上种主要区别：基生叶掌状浅裂，边缘有粗锯齿（见图13-14）。分布于陕西、湖北、四川、云南等省。功效同掌叶大黄。

唐古特大黄 *Rheum tanguticum* Maxim. ex Balf. 与上种主要区别：叶深裂，裂片再二回羽状深裂（见图13-14）。分布于青海、甘肃、四川西部、西藏。功效同掌叶大黄。

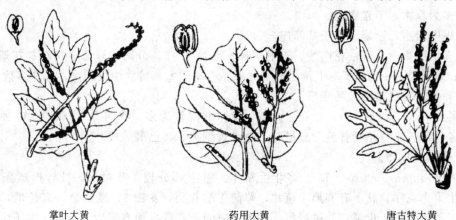

掌叶大黄　　　　　　　药用大黄　　　　　　　唐古特大黄

图13-14　大黄属3种药用植物

图 13-15 何首乌

何首乌 *Polygonum multiflorum* Thunb. 多年生缠绕草本。块根长椭圆状或不规则块状，外表暗褐色，断面显"云锦花纹"（异型维管束）。叶卵状心形，两面光滑。圆锥花序分枝极多；花小，白色；瘦果具3棱（见图13-15）。分布于全国各地，生于灌丛中，山脚阴处或石隙中。块根入药，春秋二季均可采挖，但以立秋后采挖为佳。将挖得的块根洗净，切去两端，大型的块根，可对半剖开或切成块片后干燥。生首乌能解毒、消痈、润肠通便。取首乌片或块，用黑豆汁拌匀，置于非铁质的容器内，炖至汁液吸尽并显棕红色，即成制首乌。制首乌能补肝肾、益精血、乌须发、强筋骨；何首乌茎藤称夜交藤，能养血安神、祛风通络。

虎杖 *Polygonum cuspidatum* S. et Z. 多年生粗壮草本。根及根状茎粗壮，棕黄色。茎中空，叶卵状椭圆形。花单性异株，圆锥花序；花被5，白色或绿白色。瘦果卵圆形，有三棱，包于宿存花被内。分布于我国除东北以外的各省区，生于山谷溪边。根和根状茎能祛风利湿、散瘀定痛、止咳化痰。

本科常见的药用植物尚有以下几种。

拳参 *P. bistorta* L. 多年生草本。根状茎扁圆柱形而弯曲，表面紫褐色或黑褐色，断面浅棕红色或棕红色。茎直立。分布于吉林、华北、西北、华东、湖北等省区，生于山坡草丛或林间。根状茎称拳参，能清热解毒、消肿、止血。

红蓼 *Polygonum orientale* L. 分布于全国各省区。果实（水红花子）能散瘀消癥、消积止痛；全草能祛风利湿、活血止痛。

蓼蓝 *Polygonum tinctorium* Ait. 分布于辽宁、黄河流域及以南各省区。枝叶作大青叶入药（我国北方习用），能清热解毒、凉血消斑。

5. 石竹科（Caryophyllaceae）

【主要认知特征】

① 多为草木，节常膨大。

② 单叶对生，全缘，常于基部连合。

③ 多形成聚伞花序；花两性，辐射对称；萼片4～5，分离或连合，宿存；花瓣4～5，常具爪；雄蕊常8～10；子房上位，2～5心皮合生，1室；特立中央胎座，胚珠多数。

④ 蒴果齿裂或瓣裂，稀浆果。

本科约有80属2000种，广布于全球，尤以北温带为多。我国有32属约400种，分布于全国各省区。本科植物普遍含有皂苷，也含黄酮类、环己醇等成分。

【代表药用植物】

瞿麦 *Dianthus superbus* L. 多年生草本。茎上部分枝。叶对生，披针形或条状披针形。顶生聚伞花序；花下有卵形小苞片，萼筒先端5裂；花瓣5，淡红色，有长爪，先端裂成丝状。蒴果先端4齿裂，外被宿萼（见图13-16）。我国各地有野生或栽培，生于山野、草丛中。地上部分能利尿通淋、破血通经。

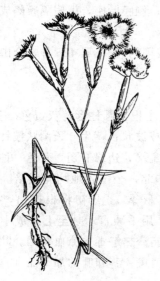
图 13-16 瞿麦

图 13-17 麦蓝菜

石竹 *Dianthus chinensis* L. 与上种主要区别：花瓣先端齿裂。分布于长江流域以及长江以北地区。功效与瞿麦相同。

麦蓝菜 *Vaccaria segetalis* (Neck.) Garcke 一年生草本，叶对生，萼筒呈壶状，花瓣淡红色（见图 13-17）。除华南外，分布于全国各省区。种子入药，清炒后称王不留行，于当年 6～7 月间种子成熟未开裂时割取全草，晒干，收集种子。王不留行能活血通经、下乳消肿。

银柴胡 *Stellaria dichotoma* L. var. *lanceolata* Bge. 多年生草本。根圆柱形，表面淡黄色，根头具多数疣状茎部残基。茎节略膨大，上部二歧状分枝。叶对生，无柄，披针形。二歧聚伞花序；花小，单生。蒴果近球形。分布于陕西、甘肃、宁夏和内蒙古等省区，生长于干燥草原、石缝或碎石中。根能清虚热、除疳热。

异叶假繁缕（孩儿参）*Pseudostellaria heterophylla* (Miq.) Pax et Hoffm 块根长纺锤形，淡黄色。叶对生，下部叶匙形，上部叶长卵形或菱状卵形；茎顶端两对叶片较大，排成十字形。茎下部腋生小型闭锁花（即闭花受精花），紫色，闭合，无花瓣；茎端的花较大 1～3 朵，白色。蒴果近球形（见图 13-18）。分布于长江以北和华中等地区，生于阴湿的山坡和岩石缝中，多栽培。块根入药，称太子参，在夏季茎叶大部分枯萎时采挖，洗净，除去须根，置沸水中略烫后阴干或直接晒干即得。太子参能益气健脾、生津润肺。

6. 十字花科（Cruiferae）

【主要认知特征】

① 草本。

② 单叶互生，无托叶。

③ 花两性，辐射对称，常为总状花序；萼片 4，分离，2 轮；花瓣 4，十字形排列；雄蕊 6 枚，4 长 2 短，四强雄蕊，

图 13-18 异叶假繁缕

在雄蕊基部常具4个蜜腺；子房上位，由2心皮合生而成；侧膜胎座，由假隔膜隔成2室。

④ 长角果或短角果。

十字花科约有375属3200种，主要分布在北温带。我国约有96属425种，全国各地均有分布，现已知药用的有30属103种。

【代表药用植物】

菘蓝 *Isatis indigotica* Fort. 一年生或二年生草本。主根长圆柱形，灰黄色。茎直立，上部多分枝。叶互生，基生叶具柄，长圆状椭圆形，全缘或波状；茎生叶长圆状披针形，基部垂耳圆形，半抱茎，全缘。圆锥花序，花黄色。长角果扁平，边缘有翅，紫色。种子1枚（见图13-19）。主产于华北，全国各地均有栽培。根中药称板蓝根，一般在当年秋季11月初将根挖出，去净叶（叶作大青叶）和泥土，用手顺直，晒至七八成干时捆成小把，再晒干。板蓝根能清热解毒、凉血利咽。叶（大青叶）可清热解毒、凉血消斑。茎和叶的加工品（青黛）亦可清热解毒、凉血消斑。

白芥 *Sinapis alba* L. 一年生或二年生草本，全株被白色粗毛。基部叶具长柄，叶片宽椭圆形或倒卵形，琴状羽裂或近全裂。总状花序顶生或腋生，花黄色。长角果呈圆柱形，密被白色长毛。种子球形，淡黄白色。原产于欧亚大陆，我国山西、山东、安徽、四川、云南等地有栽培。种子（白芥子）可温肺豁痰、利气、散结、通络止痛。

独行菜 *Lepidium apetalum* Willd. 一年生或二年生草本。茎多分枝。基生叶具长柄，狭匙形，羽状浅裂或深裂；茎生叶披针形或长圆形。总状花序，花小，白色，花瓣缺或退化成条形。短角果近圆形。种子椭圆状卵形。我

图13-19 菘蓝

国大部分地区均有分布。种子（北葶苈子）可祛痰平喘、利水消肿。

本科药用植物还有以下几种。

播娘蒿 *Descurainia sophia* (L.) Webb. ex Prantl 全国各地均有分布。种子（南葶苈子）可祛痰平喘、利水消肿。

萝卜 *Raphanus sativus* L. 各地均有栽培。种子（莱菔子）能消食除胀、降气化痰。

蔊菜 *Rorippa indica* (L.) Hiern 陕西、甘肃及华东、华中、华南、西南等地有分布。全草能祛痰止咳、解表散寒、活血解毒、利湿退黄。

7. 蔷薇科（Rosaceae）

【主要认知特征】

① 草本或木本，常具刺。

② 单叶或复叶，互生，常有托叶。

③ 花两性，辐射对称；花托凸起或凹陷；花被与花托常合生成杯状、碟状、坛状、钟状、筒状或壶状的花筒，花瓣和雄蕊着生在花托和萼筒的边缘；萼片、花瓣各5，雄蕊多数，子房上位或下位，心皮1至多数，分离或合生；胚珠1至多枚。

④ 梨果、核果、聚合瘦果或聚合蓇葖果。

本科约有124属3300种，广布全球，主产于北温带。我国约有51属1100种，分布全国。已知药用48属400余种。本科根据花托、花筒、雌蕊心皮数目、子房位置和果实类型分为4个亚科。

绣线菊亚科：灌木，无托叶；子房上位，心皮常为1～5，离生；蓇葖果。

蔷薇亚科：单叶或羽状复叶，有托叶；心皮多数离生，子房上位；聚合瘦果或聚合蓇葖果。

梅亚科：木本，单叶，有托叶；花托杯状；心皮1，子房上位；核果，肉质。

梨亚科：木本，有托叶；子房下位，心皮2～5，常与杯状花托愈合；梨果。

【代表药用植物】

龙牙草 Agrimonia pilosa Ledeb. 多年生草本。全株密被长柔毛。奇数羽状复叶，小叶5～7，在每对小叶之间生有小型小叶片；小叶椭圆形或倒卵状披针形。总状花序顶生，花小，黄色，萼筒顶端有一圈钩状刺毛。瘦果呈倒卵状圆锥形（见图13-20）。全国各地均有分布，生于山坡、草地、路边、灌丛及疏林下。全草（仙鹤草）能收敛止血、截疟、止痢、解毒、补虚；根状茎的冬芽（鹤草芽）能驱虫、解毒消肿。

图13-20 龙牙草

图13-21 掌叶覆盆子

掌叶覆盆子 Rubus chingii Hu 落叶灌木，枝红棕色，有倒刺。叶单生或数叶簇生，近圆形，掌状5深裂，裂片边缘有重锯齿，两面脉上有白色柔毛。托叶2枚，线状披针形。花单生于小枝顶端，聚合小核果球形，红色（见图13-21）。分布于安徽、江苏、浙江及福建、江西等省区，生于溪旁或山坡林中。每年6～8月间采收，将未成熟的青色的果实摘下，放入沸水中稍浸后置烈日下晒干，簸去果梗杂屑。果实药用，称覆盆子，能补肝肾、缩小便、助阳、固精、明目。

地榆 Sanguisorba officinalis L. 多年生草本。根粗壮。茎直立，带紫红色。奇数羽状复叶，具长柄，小叶片卵圆形或长圆状卵形，边缘有具芒尖的粗锯齿。穗状花序顶生，花小，紫红色。瘦果褐色（见图13-22）。全国各地均有分布，生于山坡、草地、林缘。根

图 13-22 地榆

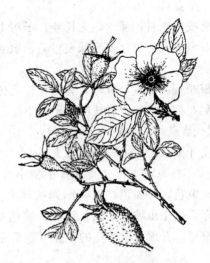

图 13-23 金樱子

（地榆）能凉血止血、解毒敛疮、消肿。

金樱子 *Rosa laevigata* Michx. 常绿攀缘灌木，有倒钩状皮刺。三出复叶，小叶卵状椭圆形，革质。叶面有光泽，叶柄及叶轴具小皮刺或刺毛；托叶条状披针形，早落。花大，单生于侧枝顶端，5枚花瓣，白色，芳香。蔷薇果黄红色，密生直刺，顶端具长宿存萼（见图 13-23）。分布于华东、华南、华中及四川、贵州等地，生于向阳山野。果入药（金樱子），可涩精固肠、止痛；根可固精涩肠；叶能治痈肿、溃疡、金疮。

月季 *R. chinensis* Jacq. 矮小直立灌木，具皮刺。羽状复叶，小叶 3～5，卵状长圆形或宽卵形，无毛；托叶附生于叶柄上。花单生或数朵呈伞房花序，瓣红色或玫瑰色，为重瓣花。蔷薇果梨形或卵圆形。全国各地均有栽培。花入药，能活血调经、解毒消肿。

玫瑰 *R. rugosa* Thunb. 直立灌木。枝干粗壮，具皮刺或刺毛；小枝密被绒毛。羽状复叶，小叶 5～9，椭圆状倒卵形或椭圆形。花单生或 3～6 朵簇生；花梗被绒毛和刺毛；花瓣 5 或多数，紫红色或白色，具芳香味。果扁球形。分布于我国北部，各地有栽培。花入药（玫瑰花），能理气解郁、活血调经。

委陵菜 *Potentilla chinensis* Ser. 多年生草本。奇数羽状复叶，叶背面有白绒毛。花多数，顶生，伞房状聚伞花序，花瓣 5，黄色。聚合瘦果。几遍分布全国，生于山坡、田旁、山林草丛中。根或带根全草能祛风湿、清热解毒、凉血止痢。

翻白草 *P. discolor* Bunge 分布于东北、华北、华东、中南及陕西、四川等地。带根全草入药，能清热解毒、凉血止血。

杏 *Prunus armeniaca* L. 落叶乔木，小枝浅红棕色，有光泽。单叶互生，叶片卵圆形至宽卵形。花单生，先叶开放，白色或浅粉红色。核果球形，黄白

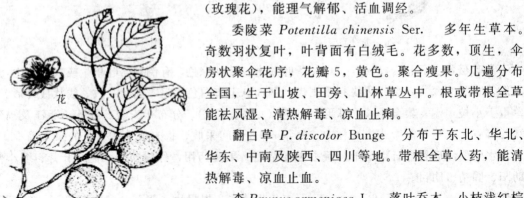

图 13-24 杏

或黄红色。种子1枚（见图13-24）。分布于我国北部，多为栽培。种子入药，能降气止咳、平喘、润肠通便。

桃 *Prunus persica* (L.) Batsch. 落叶乔木。小枝绿色或半边红褐色，无毛。叶互生，在短枝上呈簇生状；叶椭圆状披针形至倒卵状披针形，边缘有锯齿。花先叶开放，粉红色。核果近球形，表面具短绒毛。种子1枚，扁卵状心形。全国各地均有栽培。种子（桃仁）入药，能活血祛瘀、润肠通便。

梅 *P. mume* (Sieb.) Sieb. et Zucc. 落叶乔木。小枝细长，绿色。单叶互生，叶片卵形或宽卵形，叶端渐尖至尾状尖。花先叶开放，有香气，1～3朵簇于二年生侧枝叶腋，花白色或浅红色。核果球形，黄绿色，被柔毛。原产于我国西南部，全国均有栽培，以江南为多。近成熟果实（乌梅）入药，可敛肺、涩肠、生津、安蛔。

郁李 *Cerasus japonica* (Thunb.) Lois. 分布于东北、华北及华东。种子入药，能润燥滑肠、下气利水。

贴梗木瓜 *Chaenomeles speciosa* (Sweet) Nakai 落叶乔木，枝有刺。单叶互生，革质，卵形至长椭圆形，叶缘有尖锯齿；托叶大。花先叶开放，猩红色，3～5朵簇生，花梗粗短，梨果卵形或球形，木质，黄色或黄绿色，有芳香味（见图13-25）。分布于华东、华中、西北和西南地区，全国各地有栽培。夏秋二季果实绿黄色时采摘。置沸水中烫至外皮显灰白色，对半纵剖后晒干。果实入药，称皱皮木瓜，能平肝舒筋、和胃化湿。

同属植物榠楂 *Chaenomeles sinensis* (Thouin) Koehne 落叶灌木或小乔木，小枝无刺。单叶互生，托叶披针形，膜质，早落。花单生于枝端，与叶同放或先叶开放，花瓣淡红色。梨果长椭圆形或倒卵圆形，黄色，芳香。栽培或野生。分布于华东、华中、西南和西北等地区。采后纵剖二或四瓣，置沸水中烫后晒干，果皮干后外皮不皱缩，称光皮木瓜，可消痰、祛风湿。

山楂 *Crataegus pinnatifida* Bge. 落叶乔木，常有刺。小枝紫褐色。叶宽卵形至菱状卵形，两侧各有3～5片羽状深裂片，边缘具不整齐锐锯齿，托叶较大，镰形。花白色，伞房花序，花梗被短毛。梨果近球形，深红色，具灰白色斑点，果的顶端有外曲的宿存花萼。种子5枚（见图13-26）。分布于东北、华北及河南、江苏、陕西等地，生于河岸的沙土或干

图13-25 贴梗木瓜

图13-26 山楂

燥多沙石的山坡上。秋季果实成熟时采摘，横切或纵切成两半，晒干，除去杂质，筛去核。果实称北山楂，可消食积、化瘀滞。

同属植物野山楂 *Crataegus cuneata* Sieb. et Zucc. 落叶灌木，多细刺。叶宽倒卵形，顶端3裂，基部楔形，叶柄有翅。梨果较小，红色或黄色。分布于长江流域以南各地。果实采得后晒干或压成饼状，再晒干。果实称南山楂，与北山楂同等药用。

枇杷 *Eriobotrya japonica* (Thunb.) Lindl. 常绿小乔木。小枝粗壮，被锈色绒毛。单叶互生，叶革质，长椭圆形至倒卵状披针形。花瓣5，白色，数十朵聚合成圆锥花序。梨果浆果状。分布于华南、华东、华中、西南等地区。叶入药，能清肺止咳、降逆止呕。

8. 豆科 (Leguminosae)

【主要认知特征】

① 木本、草本或藤本。

② 叶互生，多为复叶，有托叶。

③ 花序各种，花两性，辐射对称或两侧对称；萼片5，花瓣5，通常分离，多为蝶形花冠；雄蕊10，二体，少有单体或全部分离；单心皮；子房上位，边缘胎座；胚珠1至多数。

④ 荚果，种子常无胚乳。

本科约有700属18000种，分布全球。我国有172属1485种，分布遍及全国各地。分3个亚科：含羞草亚科 (Mimosoideae)、云实亚科 (Caesalpinoideae) 和蝶形花亚科 (Papilionoideae)。

亚科检索表

1. 花辐射对称，花瓣镊合状排列；雄蕊多数或定数 ·················· 含羞草亚科
1. 花两侧对称，花瓣覆瓦状排列；雄蕊常为10枚
2. 花冠假蝶形，花瓣彼此多少不相似，上方1片（旗瓣）位于最内侧 ········ 云实亚科
2. 花冠蝶形，花瓣彼此显著不相似，上方1片（旗瓣）位于最外侧 ········ 蝶形花亚科

【代表药用植物】

决明 *Cassia obtusifolia* L. 一年生草本。上部多分枝，全体被短柔毛。叶互生，偶数羽状复叶；小叶3对，叶片倒卵形或倒卵状长圆形。花成对腋生；花冠黄色。荚果条形。种子多数，菱形，淡褐色，有光泽（见图13-27）。分布于全国各地，野生或栽培。种子（决明子）入药，可清肝明目、润肠通便。

图13-27 决明

图13-28 皂荚

皂荚 *Gleditsia sinensis* Lam. 乔木，高 15m，棘刺粗壮，红褐色，常分枝，小枝无毛。偶数羽状复叶，小叶 3～7 对，卵形，边缘有细锯齿。花杂性，腋生及顶生总状花序；花淡黄白色。荚果条形，直而扁平，有光泽，黑棕色，被白色粉霜（见图 13-28）。全国大部分地区均有分布，生于村边、路旁、沟旁、宅旁及向阳温暖的地方。大部分地区在 9～10 月果实成熟后采收；四川省于 7～8 月间果实足壮时采收。打下后，拣净杂质，晒干。果实（药材名为皂荚）、畸形果实（药材名为猪牙皂）有祛痰止咳、开窍通闭、杀虫散结之功效。棘刺（药材名为皂角刺）可消肿透脓、搜风、拔毒、杀虫。

膜荚黄芪 *Astragalus membranaceus* (Fisch.) Bge. 多年生草本。主根长且粗壮，圆柱形。奇数羽状复叶，互生；小叶 6～13 对，卵状披针形或椭圆形，两面被白色长柔毛，托叶卵形至披针状线形。总状花序腋生；蝶形花冠，黄白色。荚果膜质，膨胀，卵状矩圆形，有长柄，被黑色柔毛（见图 13-29）。分布于东北、华北、甘肃、四川、西藏、内蒙、陕西等地，生于向阳山坡、草丛、林缘或灌丛中。根入药，能益气固表、利水排脓、健脾补中。

蒙古黄芪 *A. membranaceus* (Fisch.) Bge. var. *mongholicus* (Bge.) Hsiao 多年生草本。主根长且粗壮。茎直立。奇数羽状复叶，小叶 12～18 对，宽椭圆形，上面无毛，下面被柔毛；托叶披针形。总状花序腋生；花萼钟状，花冠黄色至淡黄色。荚果膜质，膨胀，半卵圆形。分布于黑龙江、山西、内蒙、河北、吉林。根与膜荚黄芪同等入药。

同属扁茎黄芪 *A. complanatus* R. Br.，为多年生高大草本。分布于东北、华北、陕西、甘肃等地区，生于山野、沟边及荒地。种子（沙苑子）入药，能补肾固精、益肝明目。

图 13-29 膜荚黄芪

图 13-30 甘草

甘草 *Glycyrrhiza uralensis* Fisch. 多年生草本，全株被白色短柔毛和刺状腺毛。根茎圆柱形，多横走；主根粗长，外皮红棕色至暗棕色。茎直立，稍带木质。奇数羽状复叶，小叶两面被鳞腺及白毛。总状花序腋生；花冠蓝紫色。荚果扁平，紧密排列，弯曲成镰刀状或环状，密被绒毛腺瘤，黄褐色刺状腺毛（见图 13-30）。分布于东北、华北、西北，主产内蒙古、甘肃，生于向阳干燥的钙质草原及河岸沙质土上。根及根状茎入药，春秋两季皆可采挖，以春季产者为佳，秋季次之。将挖取的根和根茎趁鲜切去茎基的幼芽、串条、枝叉、须根等，洗净，按根粗细、大小分等级捆好，风干，包装。亦有将外面栓皮削去者，称为粉甘草。生用或蜜炙用。甘草能清热解毒、补脾益气、祛痰止咳、缓急止痛、调和诸药。

同作甘草入药的植物还有同属的光果甘草 G. glabra L.，植物体局部密被淡黄褐色腺点和鳞片状腺体。小叶片较多；花序穗状，较叶短；果序与叶等长或略长，荚果扁，长圆形，无毛，也无腺毛。分布于新疆、青海、甘肃。根和根茎也作甘草入药。胀果甘草 G. inflata Bat.，植物体局部常被密集成片的淡黄褐色鳞片状腺体，无腺毛。根状茎粗壮木质。小叶 3～7 对，卵形、椭圆形至矩圆形。总状花序，一般与叶等长。荚果短小而直，膨胀，无腺毛。分布于新疆、内蒙等地。根和根茎也作甘草入药。

葛 *Pueraria lobata* (Willd.) Ohwi　草质藤本。块根肥大，圆柱状。全株被黄色长硬毛。三出复叶互生；顶生小叶菱状卵形，侧生小叶斜卵形，两面被粗毛；托叶卵状长椭圆形。总状花序腋生；花冠蝶形，蓝紫色或紫色。荚果线形，扁平，密被黄褐色长硬毛（见图 13-31）。全国大部分地区均有分布，生于山坡草丛路旁及疏林灌丛中。根（葛根）入药，在 10 月后至第二年 4 月前后挖根，洗净并刮去外皮，纵切成厚 0.5～1cm 的片；或切成长 12～15cm 的圆柱形或半圆柱形，晒干或用微火烘干。葛根能解肌退热、生津透疹、升阳止泻、止渴。同属甘葛藤 *P. thomsonii* Benth.，分布于广东、广西、江西、四川、云南等省区，生于山野灌丛或疏林中，有栽培。块根习称粉葛，主要食用，亦作葛根入药。

图 13-31　葛

图 13-32　苦参

苦参 *Sophora flavescens* Ait.　落叶亚灌木。根圆柱状，外皮黄色。茎枝草本状，绿色。奇数羽状复叶，互生，小叶披针形；托叶线形。总状花序顶生，花淡黄白色；花冠蝶形。荚果线形，先端具长喙，略呈串珠状（见图 13-32）。我国各地皆有分布，生于山坡灌丛、路旁或沙质土等的向阳处。根入药，于春秋二季采挖地下部分，切去根头及小支根，洗净泥土，晒干，或趁鲜切片晒干。苦参能清热燥湿、祛风杀虫。

槐树 *Sophora japonica* L.　落叶乔木，树皮粗糙。奇数羽状复叶互生，小叶卵状长圆形。圆锥花序顶生，花乳白色；花冠蝶形。荚果肉质，有节，呈连珠状，绿色，无毛。种子间极细缩，种子肾形，深棕色。我国大部分地区有分布，生于山坡、平原或植于庭园。花（槐花）、花蕾（槐米）入药，能凉血止血、清热；果实（槐角）能止血、凉血、清热、润肠。

越南槐 *S. tonkinensis* Gapnep. 直立或披散的常绿灌木。茎多分枝，小枝密被灰色短柔毛。奇数羽状复叶，小叶 11～17，卵状披针形或长卵形。总状花序，被灰色长柔毛；花黄白色，蝶形。荚果。分布于广东、广西、江西、贵州、云南等省区。根（广豆根）能清热解毒、消肿利咽。

密花豆 *Spatholobus suberectus* Dunn 木质藤本。老茎扁圆柱形，砍后有红色汁液流出，横断面呈数圈红色偏心环。三出复叶互生。圆锥花序腋生；花白色，肉质。荚果舌形，具黄色柔毛。分布于广东、广西、云南等地，生于林中或灌丛中。藤茎（鸡血藤）能活血舒筋、养血调经。

补骨脂 *Psoralea corylifolia* L. 一年生草本。全株被白色柔毛和黑色点。茎直立，具纵棱。单叶互生，枝端常侧生小叶一片；叶片宽卵形，边缘有锯齿，叶两面均有显著的黑色腺点。花多数，密集成穗状的总状花序；花冠蝶形，淡紫色或黄色。荚果椭圆形，果皮黑色，与种子粘贴。种子1，气香而腥（见图 13-33）。分布于河南、安徽、广东、陕西、山西、四川、贵州、云南等地。种子（补骨脂）入药，在当年秋季果实成熟时采收果序，晒干，搓出种子，除去杂质。生用或盐灸用，能补肾助阳、纳气平喘、温脾止泻。

图 13-33 补骨脂

广金钱草 *Desmodium styracifolium* (Osb.) Merr. 为灌木状草本。茎直立，密被伸展的黄色短柔毛。常小叶1片。总状花序顶生，花小，紫色，有香气。荚果线状长圆形。分布于福建、广东、广西、湖南、四川、云南等地。枝叶（广金钱草）能清热利湿、通淋排石。

广州相思子 *Abrus cantoniensis* Hance 木质藤本。主根粗壮。茎细，深紫红色。偶数羽状复叶，小叶倒卵状长圆形，膜质。总状花序腋生；花冠突出，淡紫红色。荚果矩圆形。分布于广东、广西等地。全草（鸡骨草）入药，能清热利湿、散瘀止痛、舒肝。

降香檀 *Dalbergia odorifera* T. Chen 乔木。奇数羽状复叶，小叶近革质，卵形或椭圆形；圆锥花序腋生，花小多数，花淡黄色或乳白色。分布于海南。根部心材（降香）能理气、止血、定痛、辟秽。

胡芦巴 *Trigonella foenum-graecum* L. 我国大部分地区有分布，多栽培。种子（胡芦巴）入药，具温肾阳、逐寒湿之功效。

本科药用植物还有以下几种。

含羞草 *Mimosa pudica* L. 分布于华东、华南与西南。全草入药，能安神、散瘀止痛。

刺桐 *Erythrina variegata* L. var. *orientalis* (L.) Merr. 茎皮称海桐皮，用于风湿痹痛、腰膝疼痛。

9. 芸香科（Rutaceae）

【主要认知特征】

① 木本，稀草本，有时具刺。通常有透明油腺点，揉搓有芳香辛辣气味。

② 叶常互生，多为大型羽状复叶或单身复叶，无托叶。

③ 花两性，辐射对称，单生或排成各种花序；萼片、花瓣均 4～5；雄蕊与花瓣同数或

为其倍数，着生于花盘基部；子房上位，心皮4~15，多合生，4~15室，每室1~2胚珠。

④ 柑果、蒴果、核果或蓇葖果。

本科有150属1700种，分布于热带和温带。我国有28属150种，各地均有分布。已知药用植物有150种，主产于南方。

【代表药用植物】

花椒 *Zanthoxylum bungeanum* Maxim. 落叶小乔木或灌木。茎干疏生皮刺。奇数羽状复叶，互生；叶轴具狭窄的翼；小叶5~11。伞房状圆锥花序；花单性，花被4~8；雄花具雄蕊3~7；雌花心皮3~4，成熟心皮常2~3。蓇葖果红色至紫红色，密生疣状突起的腺点（见图13-34）。产于河北、陕西、甘肃、河南等地，黑龙江、湖北、四川、青海、广西等地亦产。秋季果实成熟时采摘或连小枝剪下，晾晒至干，除去枝叶等杂质，将果皮（习称花椒）与种子（习称椒目）分开，生用或微火炒用。果皮（花椒）能温中止痛、除湿止泻、杀虫止痒、解鱼腥毒。种子（椒目）能利水消肿、祛痰平喘。

图13-34 花椒

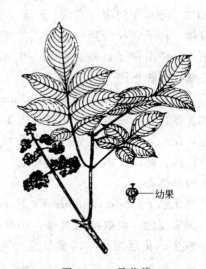

图13-35 吴茱萸

同属药用植物青花椒 *Z. schinifolium* Sieb. et Zucc. 为蓇葖果状蒴果，草绿色或暗绿色。果皮能温中止痛、杀虫止痒。光叶花椒（两面针）*Z. nitidum* (Roxb.) DC.，根、根皮、茎皮可祛风活血、解毒消肿、止痛。朵花椒（樗叶花椒）*Z. molle* Rehd. 和椿叶花椒 *Z. ailanthoides* S. et Z. 的干燥树皮是海桐皮的习用品（浙桐皮），用于风湿痹痛、腰膝疼痛。

吴茱萸 *Evodia rutaecarpa* (Juss.) Benth. 灌木或落叶小乔木。小枝紫褐色，幼枝、叶轴及花序轴均被锈色、浅褐色柔毛。羽状复叶对生，椭圆形至卵形，两面被柔毛，具粗大腺点，揉之有辛辣气味。花单性异株；聚伞状圆锥花序，顶生，花白色。蓇葖果瓣1~5瓣，红色，表面具粗大腺点（见图13-35）。分布于长江以南各省区，生于海拔1500m以下。未成熟果实（吴茱萸）有小毒，于每年9~10月间选晴天采收，剪下绿色或黄绿色未开裂的连枝果序，晒干，揉擦，使果粒脱落，筛选幼果，充分晒干，再簸去杂质。吴茱萸能散寒止痛、降逆止呕、疏肝下气、温中燥湿。

同属药用植物石虎 *E. rutaecarpa* (Juss.) Benth. Var. *officinalis* (Dode) Huang 小叶较狭，长圆形至狭披针形，背面密被长柔毛。分布于广西、四川、贵州、湖南、湖北、江西、浙江等地。疏毛吴茱萸 E. rutaecarpa (Juss.) Benth. Var. bodinieri (Dode) Huang，小叶广长圆形、披针形至倒卵状披针形，背面叶脉上被疏柔毛。主产于贵州、湖南、广西等地。这两种植物果实亦作吴茱萸用。

白鲜 Dictamnus dasycarpus Turcz. 多年生草本。全株具特异的刺激味。根数条丛生，外皮淡黄白色。奇数羽状复叶互生；叶轴有狭翼；小叶通常9～11，卵形至椭圆形，总状花序顶生，萼片和花瓣淡红色；蒴果，密被腺毛。分布于东北、华北、华东、西北、西南等地，生于山坡及丛林中。根皮（白鲜皮）具清热燥湿、祛风止痒、解毒之功效。

黄檗 Phellodendron amurense Rupr. 落叶乔木。树皮外层灰褐色，有很厚的木栓层，树皮纵裂，内层鲜黄色。叶对生，奇数羽状复叶，小叶5～13，卵状披针形或长圆状卵形，下面中脉基部被长柔毛。花小，单性异株；花序圆锥状。浆果状核果，球形，黑色（见图13-36）。分布于东北、华北，生于杂木林中。树皮入药，称关黄柏，可清热泻火、燥湿解毒。

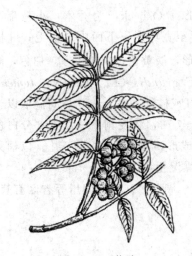

图 13-36 黄檗

图 13-37 橘

同属植物黄皮树 P. chinense Schneid. 与上种的主要区别：树皮的木栓层薄；小叶7～15，下面密被长柔毛，叶轴密被毛；果序轴及果枝均被短毛。分布于湖南、湖北、四川、云南，生于海拔600～1700m，喜光，喜温凉湿润气候。树皮亦作黄柏入药，习称川黄柏。

橘 Citrus reticulata Blanco 常绿小乔木，枝细，常具枝刺。单叶互生，革质，长椭圆形或卵状披针形，有半透明油点。花小，黄白色。柑果，球形或扁球形，橙黄色或红色（见图13-37）。分布于长江流域及以南地区。成熟果皮（陈皮）能理气化痰、和胃降气、健脾燥湿。未成熟果皮或幼果也入药，在每年7～8月间摘取未成熟的果实，用刀由顶端作"十"字形剖成4瓣至近基部，除去瓤囊，晒干，即为四花青皮；在5～6月间，摘取未成熟的幼果或拾取自然落地的幼果，去除杂质，洗净，晒干，即为个青皮。青皮能疏肝破气、消积化滞。中果皮及内果皮间的维管束（橘络）可宣通经络、顺气活血；橘核可理气散结、止痛；叶能疏肝行气、化痰散结。

酸橙 C. aurantium L. 常绿小乔木。枝三棱形，有长刺。单身复叶，互生，革质，卵状矩圆形或倒卵形，具透明油点；叶柄有狭长形或倒心形的翅。花白色，芳香；雌蕊较雄蕊短。柑果近球形，橙黄色（见图13-38）。分布于长江及以南流域。幼果中药称枳实，在5～

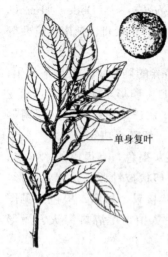

图 13-38 酸橙

6月拾取自然脱落在地上的幼小果实,除去杂质,晒干;略大者,自中部横切为两半,晒干。枳实可破气消积、化痰散痞。7～8月摘取未成熟的绿色果实,自中部横切为两半,晒干或烘干,称枳壳。枳壳能理气宽胸、行滞消积。酸橙的栽培变种代代花 C. aurantium L. cv. Daidai,分布于江苏、浙江、贵州、广东等地。成熟果实亦可作枳壳用。

甜橙 C. sinensis (L.) Osbeck 小乔木。小枝无毛。叶厚革质,椭圆形,具透明油点。单身复叶,倒卵状窄披针形。花黄白色,腋生。柑果球形或扁球形。我国长江流域以南各地均有栽培。未成熟的果皮或幼果在某些地区作青皮使用;亦有某些地区用幼果作枳实,用将成熟的果实作枳壳使用。

本科常用药用植物还有以下几种。

柚 Citrus grandis (L.) Osbeck 为乔木,小枝扁,被毛,具刺。叶椭圆状卵形至宽卵形,下面中脉被毛;叶柄具倒心形宽翅。花白色,芳香。果大,梨形、球形、扁球形,淡黄色,中果皮厚、白色,海绵质,肉瓤12～18。长江以南各省区广泛栽培。化州柚 C. grandis (L.) Osb. var. tomentosa Hort. 栽培于广西和广东。二者的近成熟外果皮称化橘红或橘红,在8～10月间摘取以上果实,置沸水中略烫,捞起后晾干。用刀将果皮纵割成5～7瓣,将皮剥下,修去部分白色中果皮,晒干或烤干,再以水稍湿润,对折,用木板压平成形,通常10个为一扎。以柚为原料者,称光橘红;以化州柚为原料者,称毛橘红,均能燥湿化痰、理气、消食。

香圆 C. wilsonii Tanaka,陕西、江苏、浙江、安徽、湖北、江西、四川等省区有栽培,成熟果实(香橼)能理气降逆、宽胸化痰。

10. 大戟科（Euphorbiaceae）

【主要认知特征】

① 草本、灌木或乔木。常含乳汁。

② 单叶,互生,叶基部常有腺体。有托叶。

③ 花单性,同株或异株;花序各式,常为杯状聚伞花序、穗状或圆锥花序;单被、重被或无被花,具花盘或者退化为腺体;雄蕊1至多数;雌蕊3心皮,3室,子房上位,每室1～2胚珠。

④ 蒴果,少数为浆果或核果。种子有胚乳。

本科约有300属8000余种。我国有66属364种,分布全国各地。已知药用有39属160种。

【代表药用植物】

大戟 Euphorbia pekinensis Rupr. 多年生草本,具乳汁。根圆锥形。茎被短柔毛。叶互生,无柄,矩圆状披针形。杯状聚伞花序,通常5枝,排成复伞形;基部有叶状苞片;雌雄花均无花被;杯状总苞顶端4裂。蒴果表皮有疣状突起(见图13-39)。全国各地均有分布,生于山坡草丛中的半阳地。根(京大戟)入药,有毒,泻水逐饮。

巴豆 Croton tiglium L. 常绿灌木或小乔木。幼枝、叶有星状毛。叶互生,卵形或长圆状卵形。花小,单性同株;总状花序顶生,雄花在上,雌花在下;雄蕊多数;雌花常无花瓣。蒴果长圆形至倒卵形，有 3 钝角。种子长卵形，3 枚，淡黄褐色（见图 13-40）。长江以南地区有分布。种子（巴豆）有大毒，外用蚀疣。通常在 9 月前后果实成熟时采收，堆置 2~3 天，摊开干燥。将巴豆除去果壳及种皮，取净巴豆种仁捣碎如泥，用吸油纸包裹，于铁板上加热或压碎以除去大部分脂肪油。通常压榨法去油，每隔 2 天取出复研和换包裹纸 1 次，至渣松散成粉，不再黏结成饼为度，取出仁渣碾细即得巴豆霜。巴豆霜具有峻下积滞、逐水消肿、行水、杀虫之功效。

图 13-39 大戟

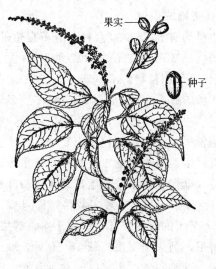

图 13-40 巴豆

甘遂 Euphorbia kansui T. N. Liou ex T. P. Wang 多年生肉质草本，全草含乳汁。根细长而微弯曲。茎淡紫红色。单叶互生，狭披针形或线状披针形；无柄或具短柄。杯状聚伞花序成聚伞状排列；花单性，无花被；雄花和雌花 1 枚生于同一总苞中。蒴果圆形。种子卵形，棕色。分布于河南、陕西、山西、甘肃等地。根（甘遂）泻水逐饮。

同属续随子 E. lathyris L.，为二年生草本。全株微被白霜，含乳汁。单叶交互对生。杯状聚伞花序，常 4 枝排成伞状。分布于东北、湖南、广西等地。种子（续随子）能逐水消肿、破血消癥。泽漆 Euphorbia helioscopia L.，为二年生草本，全株含乳汁。茎无毛或仅小枝略具疏毛，基部紫红色，分枝多。杯状聚伞花序顶生，排成复伞形。蒴果表面平滑。全国大部分地区有分布。全草能行水、消痰、杀虫、解毒。狼毒大戟 E. fischeriana Steud.，根（白狼毒）有毒，能散结杀虫。

本科药用植物还有以下几种。

蓖麻 Ricinus communis L. 一年生草本或在南方常成小乔木。叶互生，盾状，掌状分裂。花单性同株，圆锥花序，花序下部生雄花，上部生雌花。蒴果常具软刺。种子有种阜。种子内蓖麻油内服可泻下通便，种仁捣烂外用可拔毒提脓、泻下通滞。

一叶萩 Securinega suffruticosa (Pall.) Rehd. 分布于东北、河北、河南、山东、江西、湖北、广东、广西及台湾等地区。枝条、根、叶和花能活血通络。

乌桕 Sapium sebiferum (L.) Roxb. 分布于华东、华南、西南等省。根皮、叶有小毒，可清热解毒、止血止痢。

11. 五加科（Araliaceae）

【主要认知特征】

① 木本，稀多年生草本。茎常有刺。

② 叶互生，单叶、掌状复叶或羽状复叶。

③ 花小，两性，稀单性或杂性；辐射对称；伞形花序或头状花序，又常排成圆锥状复花序；萼齿5，小型；花瓣5~10，常分离；雄蕊与花瓣同数而生，有时为花瓣的2倍或无定数，着生在花盘上，花盘位于子房的顶部；子房下位，心皮1~15，合生；子房室数与心皮同数，每室有1枚倒生胚珠。

④ 浆果或核果。

本科约有80属900余种，分布在热带和温带。我国有23属172种，除新疆外，分布几遍全国。已知药用有19属112种。

【代表药用植物】

人参 *Panax ginseng* C. A. Mey. 多年生草本。主根肉质肥大，圆柱形或纺锤形，下部稍分枝。根茎短而直立，每年增生一节，有时其上生不定根；地上茎单一。掌状复叶轮生茎顶，通常一年生者具1枚三出复叶，二年生者具1枚掌状五出复叶，三年生者具2枚掌状五出复叶，以后每年递增1枚复叶，最多可达6枚复叶；小叶椭圆形，下面无毛，上面脉上疏生刚毛。伞形花序单个顶生，总花梗较叶长。花小，淡黄绿色。核果浆果状，扁球形（见图13-41）。分布于东北，现多栽培，称园参。根入药，多加工成生晒参和红参。在9月间挖取生长5~7年的园参根部，刷洗干净，剪去小支根，置日光下晒干，即为生晒参；取洗净的园参鲜根，剪去小支根，蒸2~5h后，取出，烘干或晒干，即得红参。人参可大补元气、复脉固脱、补脾益气、生津、安神、益智。

三七 *Panax notoginseng* (Burk.) F. H. Chen 多年生草本。主根肉质，倒圆锥形或短圆柱形，常有瘤状突起的分枝。掌状复叶，3~4枚轮生茎顶；叶柄长，小叶3~7枚，中央1枚最大，两面脉上密生刚毛。伞形花序单独顶生，花小，多数，两性；花淡黄绿色。浆果状核果，熟时红色（见图13-42）。分布于云南、广西等地，多栽培。根和根茎药用，种后第3~第4年秋季开花前采挖的称为春七，根饱满，质较好；11月种子成熟后采挖的称为冬七，根较松泡，质较次。将挖出的根除去地上茎及泥土，并将芦头、侧根、须根剪下，分别晒干。主根（习称三七头子）晒至半干时用手搓揉，以后每日边晒边搓，直至全干，称为毛

图 13-41 人参

图 13-42 三七

货。将毛货置麻袋中往返冲撞，使表面光滑，即为成品。三七具有散瘀止血、消肿定痛之功效。

西洋参 *Panax quinquefolium* L. 形态与人参相似，但本种的花梗较叶柄稍长或近等长，小叶片上面叶脉上几无刚毛，边缘的锯齿粗大不规则，较易区分。主产于美国、加拿大及法国，我国部分省区引种栽培。西洋参只进行生晒加工，根可益肺阴、清虚火、生津止渴。

同属药用植物还有珠子参 *P. japonicus* C. A. Mey. var. *major*（Burk.）C. Y. Wu et K. M. Feng，根状茎较细，节间长，节膨大成纺锤形，形如纽扣，又名纽子七。生于山坡、灌木林下阴湿的地区，分布于云南、贵州等地。根状茎入药，可补肺、养阴、活络、止血。

刺五加 *Acanthopanax senticosus*（Rupr. et Maxim.）Harms 落叶灌木。小枝密被下弯的针刺或老茎上有刺脱落。掌状复叶，小叶 5 枚，椭圆状倒卵形或长圆形，叶背面沿脉上被黄褐色毛。伞形花序顶生；花瓣黄绿色。浆果状核果，球形，具 5 棱，黑色（见图 13-43）。分布于东北、华北等地区山地，生于林缘、灌丛中。根及根状茎、茎皮能益气健脾、补肾安神。

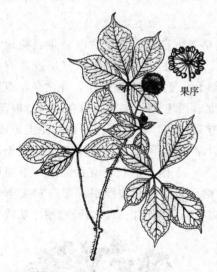
图 13-43 刺五加

图 13-44 细柱五加

细柱五加 *Acanthopanax gracilistylus* W. W. Smith 灌木，有时蔓生状，无刺或小枝节上常有扁刺，无毛。掌状复叶，小叶常 5 数，倒卵形或倒披针形，下面脉腋簇生毛，沿脉被疏刚毛。伞形花序腋生，花黄绿色。果扁球形，黑色（见图 13-44）。产于黄河流域以南，西至四川、云南，东南部在海拔 1000m 以下，西部可达海拔 3000m，生于林内、灌丛或林缘。根皮（五加皮）入药，能祛风湿、补肝肾、强筋骨。

通脱木 *Tetrapanax papyriferus*（Hook.）K. Koch 灌木。幼枝、花序均密被棕黄色星状厚绒毛。叶大，聚生于茎顶；叶片掌状，5～11 裂，下面有白色星状绒毛；叶柄粗壮；托叶 2，大型，膜质，基部鞘状抱茎。花小，白色。浆果核果状。分布于长江以南各省和陕西、台湾。茎髓入药，称通草，在秋季采收，一般砍伐 2～3 年的茎，切成 30～50cm 长，趁鲜用细木棍或圆竹筒顶出茎髓。茎髓大，白色，中央呈片状横隔，晒干后称通草，具有通气下乳、清热利尿之功效。

本科药用植物还有以下几种。

刺楸 *Kalopanax septemlobus* (Thunb.) Koidz. 分布于全国各地。茎皮（川桐皮）能祛风湿、通络、止痛。

楤木 *Aralia chinensis* L. 分布于华北、华中、华东及西南地区。根皮能活血散瘀、健胃、利尿。

12. 伞形科（Umbelliferae）

【主要认知特征】

①草本，常含挥发油，有香气。茎中空，表面常有纵棱。

②叶互生，常分裂或为复叶，叶柄基部扩大成鞘状。

③花小，两性，辐射对称，复伞形花序或单伞形花序，各级花序基部常有总苞或小总苞；花萼5齿裂；花瓣5；雄蕊5，与花瓣互生，着生在上位花盘（花柱基）的周围；子房下位，2心皮组成2室，每室1胚珠，花柱2。

④双悬果。

本科约有275属2900种，广泛分布于北温带、热带和亚热带。我国约有95属600种，全国各地均有分布。已知药用有55属234种。

【代表药用植物】

当归 *Angelica sinensis* (Oliv.) Diels 多年生草本，全株有特异香气。主根粗短，下部有数条分枝。茎直立，带紫红色，有明显纵槽纹。叶互生，二回或三回三出或者羽状全裂，最终裂片呈卵形或狭卵形，叶脉及叶缘有白色细毛。复伞形花序顶生，花白色，双悬果椭圆形，侧棱发展成宽翅（见图13-45）。分布于西北、西南地区，各地均有栽培。根药用，当归主要以栽培品入药，需要生长2年才能采挖，甘肃当归，秋末采挖，去净泥土，放置，待水分蒸发后根变软时捆成小把，架于棚顶上，先以湿木材火猛烘上色，再以文火熏干，经过翻棚，以使色泽均匀，至全部干度达到70%~80%，下棚。当归不宜太阳晒，否则易枯硬如干柴，也不宜用煤火熏，否则色泽发黑，均影响质量。当归按照根部形态和大小分等级，加工晒干成全归和归头两种商品。当归具有活血补血、调经止痛、润肠通便之功效。

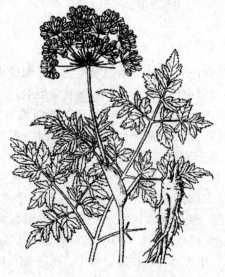

图13-45 当归

图13-46 杭白芷

杭白芷 *Angelica dahurica* (Fisch. ex Hoffm.) Benth. et Hook. f. var. *formosana* (Boiss.) Shan et Yuan　多年生草本，植株较矮。根肉质，圆锥形，具四棱。茎和叶鞘黄绿色。叶三出二回羽状分裂，最终裂片卵形至长卵形。花小，黄绿色。双悬果长圆形至近圆形，侧棱延展成宽翅（见图13-46）。分布于江苏、浙江、福建、台湾等省区，常为栽培。根入药，称杭白芷。

同属祁白芷 *A. dahurica* (Fisch. ex Hoffm.) Benth. et Hook. f.，主产于河南、河北。产河南的称禹白芷；产河北的称祁白芷，同杭白芷均作为白芷入药（见图13-47）。多数地区选择夏秋间采收，在叶黄时，挖取根部，去掉地上部分及须根，洗净泥土。杭州地区将处理干净的杭白芷放入缸内，加石灰拌匀，放置1周后，取出，晒干；其他地区多直接晒干，遇阴雨时用微火烘干，然后再撞去粗皮。白芷能祛风除湿、通窍止痛、消肿排脓。

图13-47　祁白芷

图13-48　柴胡

重齿毛当归（独活）*A. pubescens* Maxim. f. *biserrata* Shan et Yuan　根肥大，香气浓。叶最末回裂片边缘有不规则重锯齿。主产于陕西、湖北、四川，均为栽培。根称川独活，春初或秋末挖取根部，除去地上茎、须根及泥沙，烘至半干，堆置2～3天，发软后再烘至全干。独活能祛风湿、通痹止痛。

柴胡（北柴胡）*Bupleurum chinense* DC.　多年生草本。主根较粗，质硬，侧根少。茎多丛生，实心，上部多分枝，稍成"之"字形弯曲。叶倒披针形或披针形，全缘，具平行脉7～9条。复伞形花序，花鲜黄色。双悬果宽椭圆形（见图13-48）。分布于东北、华北、西北、华中、华东等地。生于向阳山坡。根入药，具疏散退热、疏肝、升阳之功效。

狭叶柴胡（南柴胡）*Bupleurum scorzonerifolium* Willd.　与柴胡在植物形态上的主要区别：根较细，多不分枝，根皮红棕色；叶线状披针形，具平行脉3～5条，叶缘白色，骨质。分布于东北、华中、西北等地，主产于东北草原地区。根习称南柴胡或红柴胡，根与柴胡同等入药。

川芎 *Ligusticum chuanxiong* Hort.　多年生草本。根状茎呈不规则的结节状拳形团块，黄棕色；地上茎枝丛生，直立，基部节膨大成盘状。叶为二回或三回羽状复叶，小叶3～5

图 13-49 川芎

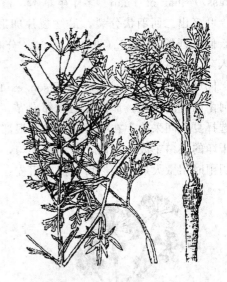

图 13-50 防风

对,不整齐羽状分裂,叶柄基部鞘状抱茎。复伞形花序;花白色。双悬果卵形(见图 13-49)。主产于四川,均为栽培品。根茎可活血行气、祛风止痛。

防风 *Saposhnikovia divaricata* (Turcz.) Schischk. 多年生草本。根茎长圆锥形,茎基密被褐色纤维状叶柄残基,并有细密横环纹;茎二歧分枝。基生叶二回或三回羽状全裂,最终裂片条形。复伞形花序,花白色,双悬果圆状宽卵形(见图 13-50)。分布于东北、华北等地,生于山地或草原。根药用,栽培者种植 2~3 年后采挖,春季或秋季采挖未抽花茎植株的根,除去须根及泥沙,晒干。防风能解表祛风、胜湿、止痉。

藁本 *Ligusticum sinense* Oliv. 多年生草本。根茎呈不规则团块。叶二回羽状全裂,最终叶片卵形,边缘具不整齐的羽状深裂,茎上部的叶具扩展叶鞘。复伞形花序;花白色,双悬果广卵形。分布于华中、西北、西南地区,生于向阳山坡草丛中或湿润水滩边。根及根茎能祛风、散寒、除湿止痛。

同属**辽藁本** *L. jeholense* (Nakai et Kitag.) Nakai et Kitag.,多年生草本。根茎短,茎常带紫色。叶三回三出羽状全裂。复伞形花序;花白色。双悬果椭圆形。生于山地林缘以及多石砾的山坡林下,分布于东北、华北。和藁本同等入药。

珊瑚菜 *Glehnia littoralis* (A. Gray) Fr. Schmidt et Miq. 多年生草本,全株被灰褐色绒毛。主根细长圆柱形。叶基出,互生,三出分裂或二回羽状分裂,最后裂片圆卵形。复伞形花序顶生,具粗毛;无总苞;花白色。双悬果呈椭圆形,具绒毛(见图 13-51)。生于海边沙滩或栽培,分布于辽东半岛、山东半岛等地。根入药,称北沙参,夏秋二季采挖根部,除去地上部分及须根,洗去泥沙,稍晾,置沸水中烫后去外皮,晒干或烘干即得。北沙参能养阴清肺、祛痰止咳、益胃生津。

白花前胡 *Peucedanum praeruptorum* Dunn 多年生草本。根圆锥形。茎直立,上部分枝,基部具褐色叶鞘纤维。基生叶为二回或三回羽状分裂,最终裂片菱状倒卵形;茎生叶小,有短柄。复伞形花序,花白色。双悬果卵形或椭圆形。分布于华东、华中等各省区。根入药,称前胡。在秋冬季节苗枯时采收最适宜。挖出根部,除去苗叶残茎,抖净泥沙,去掉

图 13-51 珊瑚菜

图 13-52 紫花前胡

细须根,晒干或微火炕干即得。前胡可化痰止咳、发散风热。

同属紫花前胡 P. decursivum (Miq.) Maxim.,多年生草本。根圆锥形,棕黄色至棕褐色,浓香。茎直立。茎上部简化成叶鞘。复伞形花序顶生;花深紫色。双悬果椭圆形(见图13-52)。分布于华东、华中、西南等省区。根同白花前胡药用。

羌活 Notopterygium incisum Ting ex H. T. Chang 多年生草本。根茎块状或长圆柱形。茎直立,表面淡紫色,有纵沟纹。叶互生,二回或三回三出式羽状复叶;小叶3~4对,卵状披针形,边缘缺刻状浅裂至羽状深裂。复伞形花序顶生或腋生;花白色。双悬果长圆形。生于高山灌木林或草丛中,分布于青海、四川、云南、甘肃。根茎和根入药。以秋季产者质量较好,采挖根茎及根后,除去泥土及须根,晒干或烘干。羌活能散寒、祛风湿。

蛇床 Cnidium monnieri (L.) Cuss. 一年生草本。茎直立,圆柱形。叶片卵形,二回或三回羽状分裂,最终裂片线状披针形。复伞形花序,花白色。双悬果椭圆形,果棱成翅状。全国各地均有分布,生于草丛、山坡或田间。果实(蛇床子)能温肾壮阳、祛风、燥湿、杀虫。

明党参 Changium smyrnioides Wolff 多年生草本。根粗壮,圆柱形或粗短纺锤形。茎直立,上部分枝。叶片三出式的二回或三回羽状分裂。圆锥状复伞形花序,花小,白色。双悬果广椭圆形。分布于长江流域各省,生于山野稀疏灌木林下土壤肥厚之地。根(明党参)具清肺化痰、平肝和胃、解毒之功效。

本科药用植物还有以下几种。

积雪草 Centella asiatica (L.) Urb. 分布于华东、中南、西南及陕西等地。全草(积雪草)入药,能清热利湿、解毒消肿。

小茴香 Foeniculum vulgare Mill. 各地均有栽培。果实(小茴香)可理气开胃、祛寒疗疝。

野胡萝卜 Daucus carota L. 全国各地均有分布。果实(南鹤虱)具小毒,能杀虫消积。

新疆阿魏 Ferula sinkiangensis K. M. Shen 分布于新疆。树脂(阿魏)具杀虫、散痞、消积之功效。

13. 木犀科（Oleaceae）

【主要认知特征】

①直立木本或木质藤本。

②单叶、三出复叶或羽状复叶，叶对生，无托叶。

③花常两性，稀单性，辐射对称；常排成圆锥状花序或聚伞花序，稀单生；花萼常4裂；花冠常4裂，稀缺；雄蕊常2枚，着生花冠上；雌蕊由2心皮合生，子房上位，2室，每室胚珠常为2枚。

④核果、蒴果、浆果或翅果。

本科有29属600种，广布于温热及亚热带地区。我国有12属约178种，分布于全国各地。已知药用有8属89种。本科植物所含化学成分多样，有酚类、木质素类、苦味素类、苷类、香豆素类及挥发油类。

【代表药用植物】

连翘 Forsythia suspensa (Thunb.) Vahl 落叶灌木，枝条下垂稍呈蔓状，有四棱，髓中空。单叶或三出复叶，对生，叶片卵形或长椭圆状卵形。早春先叶开花，1~3朵簇生叶腋；花冠黄色4裂，花冠管内有橘红色条纹。蒴果狭卵形，木质，表面散生瘤点。种子具翅（见图13-53）。分布于东北、华北、华东、陕西甘肃和云南，现多栽培。秋季当果实初熟、颜色尚带绿色时采收，除去杂质蒸熟，晒干，习称青翘；采收熟透的果实，晒干，除去杂质，习称老翘。连翘能清热解毒、消肿散结。其种子称连翘心、能清心火、和胃止呕。

女贞 Ligustrum lucidum Ait. 常绿乔木，全株无毛。叶革质，对生，卵形或椭圆形，全缘。花小，圆锥状聚伞花序顶生；花冠白色，漏斗状，4裂。核果矩圆形，微弯曲，熟时紫黑色，被白粉（见图13-54）。分布于长江流域及以南各省区，生于向阳山坡处或谷地，亦有栽培。秋冬两季采集成熟果实，除去枝叶，蒸后晒干或直接晒干，称女贞子，能补肝、明目乌发。其枝、叶、树皮能祛痰止咳。

苦枥白蜡树 Fraxinus rhynchophylla Hance 落叶乔木。树皮灰褐色，有浅细裂皱。叶对生，单数羽状复叶，叶片卵形，稀长卵形或宽卵形，顶端1片最大，基部1对最小。花单

图13-53 连翘

图13-54 女贞

性，雌雄异株，或杂性。翅果长倒披针形。分布于东北、华北及陕西、河南、湖北等地。茎皮在全国大部分地区作秦皮药用，能清热燥湿、清肝明目。

本科药用植物还有以下几种。

白蜡树 *F. chinensis* Roxb. 分布于全国大部分地区，生于山间向阳路旁、坡地湿润处，或为栽培。其茎皮在四川、陕西一带亦作秦皮入药。

桂花 *Osmanthus fragrans* Lour 我国大部分地区均有栽培。花能化痰、散瘀。

茉莉花 *Jasminum sambac* (L.) Ait 分布于江苏、浙江、福建、台湾、广东、四川、云南等地，全国大部分地区有栽培。花理气和中、开郁、辟秽。

14. 唇形科（Labiatae）

【主要认知特征】

①常为草本，茎四棱柱形。植物体常含芳香挥发油。

②叶对生，单叶或偶为羽状复叶；无托叶。

③花两性，两侧对称；花单生，或集成轮伞花序，再集成穗状、圆锥状等复生花序；花萼4～5裂，宿存；花冠合瓣，5裂，常二唇形；雄蕊4，2强，或仅2枚雄蕊发育；花盘常存在于子房下方；雌蕊2心皮，子房上位，常深裂成假4室，每室有1枚胚珠，花柱着生在子房裂隙的中央基部。

④果实为4枚小坚果，稀核果状。

本科约有220属3500种，广布全球，主要分布于地中海沿岸及中亚地区，我国约有99属800种，全国各地均有分布。已知药用有75属436种。本科植物多含挥发油、萜类、苦味素、黄酮类、酚类等化学成分。

【代表药用植物】

丹参 *Salvia miltiorrhiza* Bunge 多年生草本，全株密被淡黄色长柔毛及腺毛。根肥厚，外红内白。茎上部分枝。单数羽状复叶对生，小叶片卵圆形或狭卵形，边缘有圆齿，两面密被白色柔毛。轮伞花序，顶生或腋生；花萼略呈钟状，紫色；花冠蓝紫色，二唇形。小坚果椭圆形，熟时暗红色或黑色，包于宿萼中（见图13-55）。分布于全国大部分地区，生于向阳山坡、草丛、沟边、路旁或林边，亦有栽培品。根和根状茎药用，秋季采挖，除去茎叶、泥沙、须根、晒干入药。能祛瘀止痛、活血通络、清心除烦。同属植物南丹参 *S. bowleyana* Dunn 的根也作丹参药用。分布于华东、华南及湖南等地。

同属褐毛甘西鼠尾 *S. przewalskii* Maxim.，又称甘肃丹参，生于高山的林缘、路边、沟边或灌丛下。分布于甘肃、青海、四川、云南、西藏等省区。根入药也称紫丹参，功效同丹参。

图13-55 丹参

黄芩 *Scutellaria baicalensis* Georgi 多年生草本。主根粗壮略呈圆锥形，棕褐色，外皮常呈片状脱落，折断面鲜黄色。茎基部多分枝。叶对生，具短柄，叶披针形，全缘。总状花序顶生，花排列紧密，偏生于花序的一边；苞片叶状；花萼二唇形，花冠紫色、紫红色至蓝紫色，近基部明显弯曲。小坚果近球形，黑色，包藏于宿萼

图13-56 黄芩

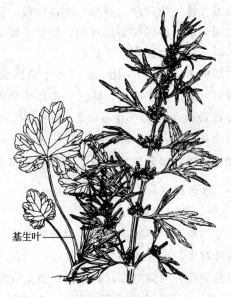
基生叶
图13-57 益母草

中（见图13-56）。分布于长江以北大部分地区，东北、华北为主产地，生于向阳山坡、路边、草丛等处，亦有栽培。根入药，在春秋两季采挖，除去须根及泥沙，晒至半干，撞去外皮，晒干即得。黄芩能清热燥湿、泻火解毒、止血安胎。

同属滇黄芩 *S. amoena* C. H. Wright 与黄芩的区别是：根较细；叶短圆形；分布于西南各省区。甘肃黄芩 *S. rehderiana* Diels，分布于甘肃、陕西等地。两种植物的根亦作黄芩入药。

益母草 *Leonurus japonicus* Houtt. 1～2年生直立草本，有倒向粗糙毛。基生叶有长柄，叶片近圆形，叶基心形；茎生叶掌状3深裂；顶部叶近无柄，叶片线形至线状披针形。轮伞花序腋生；花萼5裂，花冠二唇形，淡紫色。小坚果矩圆状三棱形，褐色（见图13-57）。分布于全国各地，多生于山野向阳处及路边、沟边。全草称益母草，能活血调经、利尿消肿。夏秋两季当茎叶生长茂盛，花刚开放时，割取茎的上部，阴干或晒干。果实称茺蔚子，能清肝明目、活血调经。幼苗（童子益母草）除有益母草功效外，还可补血。同属植物细叶益母草 *Leonurus sibiricus* L.，产于内蒙古、河北、山西及陕西等地。其全草也作益母草用。

荆芥 *Schizonepeta tenuifolia* (Benth.) Briq. 一年生草本。茎直立，四棱形，上部多分枝，全株被短柔毛，有浓烈香气。叶对生，羽状深裂，线形或披针形。穗状轮伞花序，多轮密集于枝顶；花小，淡红白色。小坚果卵形或椭圆形，棕色（见图13-58）。全国大部分地区均有分布，生于山坡阴地、沟塘边与草丛中，现多为栽培。在秋季花穗绿色时采收。地上部分称荆芥，果穗称芥穗，生用能解表散风、透疹；炒炭能止血。同属植物裂叶荆芥 *Schizonepeta multifida* (L.) Briq.，在东北地区亦作荆芥使用，它与荆芥的主要不同是：叶的最终裂片较宽，呈卵形或卵状披针形；花穗较大而疏。

图13-58 荆芥

薄荷 Mentha haplocalyx Briq. 多年生草本，有清凉浓香。分布于全国各地，生于水边湿地、沟地、河岸、路边及山野湿地，并广为栽培。全草称薄荷，能疏散风热、清利头目。

紫苏 Perilla frutescens (L.) Britt. 一年生草本，具特异芳香。茎直立，紫色或绿紫色，圆角四棱形，上部多分枝。叶片卵形或圆卵形，先端突尖或长尖。总状花序稍偏侧，顶生及腋生。小坚果褐色，卵形（见图13-59）。全国各地均有分布，生于村边、路旁山坡、旷野，多栽培。6~8月间当花将开时割取全草，剪取其带叶的嫩枝，晒干；或趁新鲜时切成长约1cm的短段，置通风处阴干。割下的主茎称为嫩苏梗，能理气宽中；果实称苏子，能降气消痰；叶称苏叶，能解表散寒、行气和胃。

图13-59 紫苏

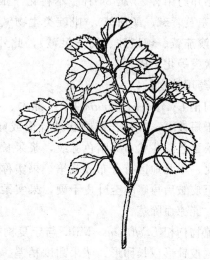
图13-60 广藿香

广藿香 Pogostemon cablin (Blanco) Benth. 多年生草本，有香气。分枝近褐色，密被灰黄色绒毛。叶片广卵形或卵形，两面常被灰白色短毛，并有腺点。轮伞花序密集成穗状，顶生；花红紫色。小坚果平滑（见图13-60）。原产于菲律宾，我国广东、海南、云南、台湾等地有栽培。茎、叶称广藿香，能芳香化湿、健脾止呕、发表解暑。

夏枯草 Prunella vulgaris L. 多年生草本。茎方形，基部匍匐，全株密生细毛。叶对生，上部叶无柄，叶片椭圆状披针形。穗状轮伞花序顶生。小坚果褐色。我国大部分地区均有分布，生于路边、沟边、草地及林缘。全草或果穗称夏枯草，能清肝火、散郁结、降压。

本科药用植物还有以下几种。

半枝莲 Scutellaria barbata D. Don 多年生草本。根须状，茎直立，小花2朵并生，集成顶生和腋生的偏侧总状花序。分布于华北、华中及长江流域以南，生于山坡草地或阴湿处。全草称半枝莲，清热解毒、活血祛瘀、消肿止痛、抗癌。

地瓜儿苗 Lycopus lucidus Turcz. 多年生草本，地下根茎横走，白色。生于山野的低洼地或溪流沿岸的灌木丛及草丛中，全国各地有分布。地上部分称泽兰，能活血、通经、利尿。

活血丹 Glechoma longituba (Nakai) Kupr. 多年匍匐生草本。茎细；叶片心形，先端钝或稍尖；花腋生，花冠淡紫色，筒状漏斗形。分布于东北、华北、华东，生于阔叶林间、灌丛、河畔、田野、路旁。全草称连钱草，能清热解毒、利尿排石、散瘀消肿。

15. 茄科（Solanaceae）

【主要认知特征】

①草本或灌木,具双韧维管束。

②单叶互生,多全缘或有时为复叶,无托叶。

③花两性,辐射对称;单生、簇生或为聚伞花序;花萼5裂,宿存,果时常增大;花冠合瓣,多呈钟状,漏斗状或辐射状,常5裂;雄蕊常5枚,着生于花冠管上;花盘常位于子房之下;雌蕊由2心皮合生,子房上位,2室,或因有假隔膜而为不完全假4室,中轴胎座,胚珠多数。

④蒴果或浆果。

本科约有80属3000余种,分布于温带至热带地区。我国有26属115种,全国各地均有分布。已知药用有25属84种。本科化学成分以含生物碱为特征,主要为托品类生物碱(莨菪碱、东莨菪碱、颠茄碱)、吡啶类生物碱(烟碱、胡芦巴碱、石榴碱)和甾体类生物碱(龙葵碱、澳茄碱、辣椒胺、蜀羊泉碱),此外尚含吡咯类、吲哚类、嘌呤类生物碱和黄酮类、香豆素类等化学成分。

【代表药用植物】

宁夏枸杞 *Lycium barbarum* L. 灌木。主茎数条,粗壮,分枝细长,枝有棘刺。叶互生或簇生于短枝上;叶片长椭圆状披针形或卵状矩圆形。花腋生,单生或数朵簇生于短枝上;花冠淡紫色漏斗状,具暗色脉纹,浆果长椭圆状卵形,红色(见图13-61)。主产宁夏,分布于西北、华北地区有分布和栽培。果实称宁夏枸杞或西枸杞,夏秋两季果实呈橙红色时采收,晾至皮皱后再曝晒至外皮干硬,果实柔软,除去果梗,能滋补肝肾、益精明目。根皮称地骨皮,能凉血除蒸。

同属植物枸杞 *L. chinense* Mill. 与宁夏枸杞的主要区别是:植株矮小;枝条柔弱,常下垂;叶片宽披针形或长卵形;浆果甜度稍差。分布于全国大部分地区,生于路边、地边、沟边及旷野。根皮亦作地骨皮入药;果实称津枸杞或土枸杞,功效同宁夏枸杞。

酸浆 *Physalis alkekengi* L. var. *franchetii* (Mast.) Makino 具横走的根状茎。茎多单生不分枝。叶互生,边缘呈波状。花单生于叶腋。浆果圆球形(见图13-62)。分布于全国

图13-61 宁夏枸杞

图13-62 酸浆

各地，生于路边及田野草丛中。其宿萼入药称酸浆，能清热解毒、利尿。

白花曼陀罗（洋金花）*Datura metel* L. 一年生粗壮草本。幼枝常四棱形，略带紫色。单叶互生，叶片卵形或宽卵形。花单生于枝的分叉处或叶腋；花萼筒状，花冠白色，漏斗状。蒴果扁球形，生于倾斜的果梗上，被较稀疏的短刺，基部有浅盘状宿萼，熟时常4瓣裂（见图13-63）。主产于华南及江苏、浙江等地，华南和西南地区有野生，各地多有栽培。花称洋金花，有大毒，能麻醉、镇痛解痉、止咳平喘。

图13-63 白花曼陀罗

莨菪 *Hyoscyamus niger* L. 二年生草本，全株密被白色黏性腺毛及长柔毛，有特殊臭气。基生叶大，呈莲座状；茎生叶基部下延，抱茎；叶片卵形。花单生于叶腋，常在茎顶密集；花冠漏斗状，黄色，有紫色斑纹。蒴果，近球形，成熟时顶端盖裂，包于宿萼内。种子多数。分布于华北、西北及西南各地，生于山坡、河岸沙地，亦有栽培。种子称天仙子，有大毒，能解痉镇痛、安神。根、茎、叶多作为提取莨菪碱和东莨菪碱的原料。

本科药用植物还有以下几种。

华山参 *Physochlaina infundibularis* Kuang 分布于陕西、山西、河南等地，生于山坡、沟谷及林下草地。根称华山参，有毒，能温中、安神、补虚定喘。也作为提取阿托品类生物碱的来源之一。

龙葵 *Solanum nigrum* L. 生于路旁或田野中，全国各地有分布。全草称龙葵，能清热解毒、活血消肿。

16. 玄参科（Scrophulariaceae）

【主要认知特征】

①多为草本，少为灌木或小乔木。

②单叶对生，少互生，稀轮生，无托叶。

③花两性，常为两侧对称，稀辐射对称；排成总状聚伞花序，或由聚伞花序再组成圆锥状等复生花序；花萼常4~5裂，宿存；花冠合瓣，4~5裂，常二唇形；雄蕊4，2强，稀2或5，着生于花冠管上；花盘位于子房基部，环状或一侧退化；雌蕊由2心皮合生，子房上位，2室，中轴胎座，胚珠多；花柱顶生。

④常为蒴果，稀浆果，常有宿存花柱。

本科约有200属3000余种，遍布世界各地。我国约有60属634种，分布于全国各地，主产于云南。已知药用有45属233种。本科植物常含环烯醚萜类、黄酮类、少数含强心苷等化学成分。

【代表药用植物】

玄参（浙玄参）*Scrophularia ningpoensis* Hemsl. 多年生高大草本。块根数条，纺锤形或圆锥形，黄褐色，干后变黑色。茎有四棱，常暗紫色。叶对生；叶片卵形或卵状披针形，边缘具细密锯齿。聚伞花序合成大而疏散的圆锥状复生花序；花梗细长，有腺毛；花萼钟形，花冠紫褐色，二唇形，花柱细长，柱头短裂。蒴果卵圆形（见图13-64）。分布于华东、华北、中南、西南各省区,主产于浙江,生于林下、溪边或灌丛中,现常为栽培。块根药用,冬季挖取根部,除去芦头须根、子芽及泥沙,晒至半干,堆放发汗至内部变黑色,再晒干或烘干。浙玄参能凉血滋阴、泻火解毒、生津。

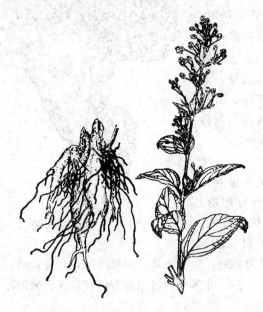

图 13-64 玄参　　　　　　　　　　　图 13-65 地黄

北玄参 S. buergeriana Miq. 与玄参的区别主要是:聚伞花序紧缩成穗状;叶较窄;花冠黄绿色。分布于东北、华北、西北等地,多生于湿润土壤中。块根亦作玄参入药。

地黄(怀地黄)Rehmannia glutinosa Libosch. 多年生直立草本,全株密披灰白色长柔毛及腺毛。根状茎肥厚肉质,鲜时黄色,在栽培条件下常呈块状、圆柱状或纺锤形,有半月形节及芽痕。叶常基生,莲座状,叶片倒卵形或长椭圆形。花茎由叶丛中抽出,花茎顶端有稀疏的花,排成总状花序;花萼钟状,花冠紫红色,里面常有黄色带紫的条纹,花冠管稍弯曲,略呈二唇形,蒴果卵形,顶端常有宿存花柱,基部有宿萼(见图 13-65)。长江以北大部分地区多有分布,现多为栽培品,河南主产称怀地黄。新鲜肉质根茎习称鲜地黄,能清热生津、凉血止血。秋季采挖,除去芦头及须根,洗净。干燥的根茎习称生地黄,能清热凉血、养阴生津。将鲜地黄徐徐烘焙至内部变黑,约八成干,捏成团块,酒制后的根茎称熟地黄,能滋阴补血、益精填髓。

胡黄连 Picrorhiza scrophulariiflora Pennell 多年生草本。根状茎粗而长,节多而密集,节上常生粗长支根及老叶残基。叶多基生,多匙形或近圆形,叶基下延成宽柄,干后常变为黑色。花梃自叶丛中斜上发生,多数花聚生于花梃顶端呈总状花序,花冠蓝紫色。蒴果卵圆形。分布于四川西部、云南西北部、西藏东南部,生于高山草地及石堆中。根状茎称胡黄连,能退虚热、解毒。

本科药用植物还有阴行草 Siphonostegia chinensis Benth.,分布于全国各地,生于山坡、草地、林缘等处。全草称北刘寄奴,能清热利湿、凉血止血、祛瘀止痛。

17. 茜草科(Rubiaceae)

【主要认知特征】

①乔木、灌木或木质藤本,少为草本。

②单叶全缘,对生或轮生,托叶2,生于叶柄间或叶柄内。

③花常两性,辐射对称;二歧聚伞花序,或由聚伞花序再排成圆锥状、头状等复生花序,少为单生;花萼和花冠常4~5裂,萼管与子房贴生,花冠合瓣;雄蕊与花冠裂片同数且互生,生于花冠管上;雌蕊常由2心皮合生,子房下位,常为2室,每室有1至多枚胚珠。

④蒴果、核果或浆果。

本科约有500属6000余种,广布于热带和亚热带地区,少数分布于温带。我国有98属约676种,其中5属为引种。主要分布在我国南部,少数分布在西北部和东北部。已知药用有59属213种。本科植物含多种生物碱、蒽醌类、苷类等化学成分。

【代表药用植物】

栀子 *Gardenia jasminoides* Ellis 常绿灌木。茎多分枝,叶对生或3片轮生,全缘,革质;叶片椭圆状倒卵形至阔披针形;托叶鞘状生于叶柄内,膜质。花大,白色,芳香,单生于枝顶或叶腋;花冠呈高脚碟状,栽培者常为重瓣。蒴果倒卵形或椭圆形,成熟后金黄色或橘红色,有翅状纵棱5~8条,顶端有宿存花萼(见图13-66)。分布于我国南部和中部地区,生于低山坡温暖阴湿处,部分地区有栽培。每年9~11月间采摘呈红黄色的成熟果实,入沸水中烫,随即捞出,晒干;也可蒸熟后晒干。果实称栀子,能泻火除烦、清热利湿、凉血解毒、散瘀、利尿。其根也可入药。

大花栀子 *Gardenia jasminoides* Ellis var. *grandiflora* Nakai 是栀子的变种,其特征是花和果实较大,果实长圆形。生境和分布与栀子相近,为野生。干燥果实入药,称水栀子,又名大栀子,外敷作伤科药,不作内服药。

巴戟天 *Morinda officinalis* How 藤状灌木。根肉质肥厚,圆柱形,呈结节状。茎有纵棱。叶对生,叶片长椭圆形,全缘;托叶鞘状。头状花序有花2~10朵,排列于枝端,花序梗有污黄色短粗毛;花冠白色,肉质。核果近球形,小核有种子4粒(见图13-67)。分布于华南,生于疏林下或林缘。根入药,全年均可采挖,洗净泥土,除去须根,晒至六七成干,轻轻捶扁,切成9~13cm长段,晒干。中药称巴戟天,能补肾壮阳、强筋骨、祛风湿。

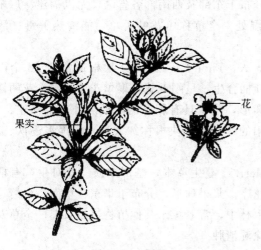

图13-66 栀子

图13-67 巴戟天

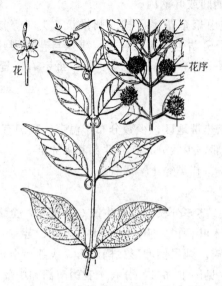

图 13-68 钩藤

图 13-69 白花蛇舌草

钩藤 Uncaria rhynchophylla (Miq.) Jacks. 常绿木质大藤本。枝条四棱形，光滑，叶腋有钩状的变态枝。叶对生；叶片椭圆形至卵状披针形；托叶2深裂。头状花序，单生于叶腋或枝顶（见图13-68）。分布于福建、江西、湖南、广东、广西及西南各省区，生于山谷、溪边的疏林中。带钩的茎枝称钩藤，能清热平肝、息风、止痉；根能祛风湿、通络。同属华钩藤 U. sinensis (Oliv.) Havil. 与钩藤相似，但托叶膜质、圆形，全缘，外翻；叶较大；蒴果棒状。其带钩的茎枝也作钩藤药用。

茜草 Rubia cordifolia L. 多年生攀缘草本。根细长，圆柱形，多数丛生，外皮红褐色，折断面红色或淡红色。茎四棱形，中空。叶对生，叶片卵形至卵状披针形，背面中脉及叶柄上有倒生刺；托叶叶状。花小，集成聚伞圆锥花序，腋生或顶生。分布于全国大部分地区，生于山坡、林缘、灌丛及草丛阴湿处。根称红茜草，能活血祛瘀、凉血止血。

白花蛇舌草 Hedyotis diffusa Willd. 一年生小草本。基部多分枝，枝纤细，披散。叶对生，无柄，叶片条形至条状披针形。花细小，单生或成对生长于叶腋。蒴果扁球形，灰褐色，两侧各有1条纵沟（见图13-69）。分布于东部及西南部各省区，尤以福建、广东、广西为多，生于田边、沟边、路旁及草地潮湿处。全草称白花蛇舌草，能清热解毒、活血散瘀、利尿消肿、并试用于抗癌。

红大戟（红芽大戟） Knoxia valerianoides Tholel et Pitard 块根通常2～3个，纺锤形，红褐色或棕褐色。托叶通常4枚，与叶柄合生，呈刚毛状。聚伞花序顶生；花两性，淡紫红色或有时白色，无柄。果实卵形或椭圆形，种子具有肥厚的珠柄。分布于福建、广东、广西、云南等地，生于低山坡地、半阴半阳的草丛中。块根称红大戟，能泻水逐饮、攻毒、消肿散结。

鸡矢藤 Paederia scandens (Lour.) Merr. 蔓生草本，基部木质。叶对生，有柄。圆锥花序腋生及顶生，分枝为蝎尾状的聚伞花序。浆果球形。分布于华东、华南、台湾、湖北等地，生于溪边、河边、路边、林旁及灌木林中，常攀缘于其他植物或岩石上。全草及根药用，能祛风活血、止痛解毒、消食导滞、除湿消肿。

本科药用植物还有以下几种。

红色金鸡纳树 Cinchona succirubra Pav. 原产于南美。印度尼西亚、印度及我国云南、台湾、广东、广西均有栽培。树皮、枝皮及根皮称金鸡勒，能治疟疾、解热。

咖啡树 Coffea arabica L. 为灌木或小乔木，浆果，原产于非洲，我国华南、西南有栽培。果实有兴奋、强心、利尿、健胃的作用。

18. 葫芦科（Cucurbitaceae）

【主要认知特征】

①草质藤本，攀缘或蔓生，常有螺旋状分枝的卷须。具双韧维管束。

②单叶互生，常为掌状分裂，无托叶。

③花单性，辐射对称，雌雄同株或异株；萼管与子房合生，常5裂；花冠也常5裂，稀为离瓣花冠；雄蕊常5，2对合生，1枚分离，花药直或弯曲；雌蕊由3心皮合生，子房下位，侧膜胎座，每室胚珠多数。

④多为瓠果。

本科约有113属800余种，主要分布于热带和亚热带地区。我国约有32属155种，分布于全国各地，尤以南部、西南部分布最多。已知药用有21属53种。

本科植物富含三萜皂苷、甾体及其抗癌物质三萜苦味素等化学成分。

【代表药用植物】

罗汉果 Momordica grosvenori Swingle 多年生攀缘藤本。嫩茎和嫩叶被红色腺毛，茎具纵棱。叶长卵形，基部心形，全缘；卷须侧生。花单性，雌雄异株；雄花腋生，5～7朵排列成总状；花淡黄色；雌花单生于叶腋。瓠果长圆形或倒卵形，幼时深棕红色，成熟时青色，被茸毛（见图13-70）。分布于广西、广东、海南及江西等地，多栽培。于9～10月间采摘成熟果实，置地板上使其后熟，约8～10天果皮由青绿转黄时用火烘，经5～6天成为叩之有声的干燥果实。果称罗汉果，能清热凉血、润肺止咳、润肠通便。块根也能清利湿热、解毒。

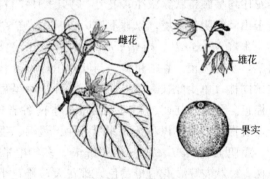

图13-70 罗汉果

栝楼 Trichosanthes kirilowii Maxim. 多年生攀缘草本。块根肥厚，长圆柱状，稍扭曲，卷须2～5叉。叶互生，叶片常近心形，常3～7掌状浅裂至中裂。雌雄异株；雄花常数朵生于总花梗先端，呈总状花序；雌花单生叶腋，花萼、花冠均5裂，花冠白色，裂片倒卵形，顶端流苏状。瓠果近球形，熟时橘黄色。种子椭圆形，扁平，浅棕色（见图13-71）。分布于我国北部至长江流域，生于草丛、林缘、溪边及路边，现常栽培。成熟果实称栝楼或全瓜蒌，于秋季果实成熟时连果柄剪下，置通风处阴干，能清热化痰、宽胸散结、润燥滑肠。其块根称天花粉，能生津止渴、清肺化痰、消肿解毒，天花粉蛋白能引产；果皮称瓜蒌皮或瓜壳，能清热化痰、利气宽胸；种子称瓜蒌子或瓜蒌仁，能润肺化痰、滑肠通便。

中华栝楼（双边栝楼）Trichosanthes uniflora Hao 与栝楼相似，区别在于叶片稍大，3～7深裂几达基部，裂片线状披针形，花序的花较少，种子较大，极扁平，呈长方椭圆形，深棕色，距边缘稍远处有一圈不甚整齐的明显棱线。生境同栝楼，分布于湖北、湖南、甘肃、广西、四川、贵州、云南等省区。果实和块根入药，功效同栝楼。

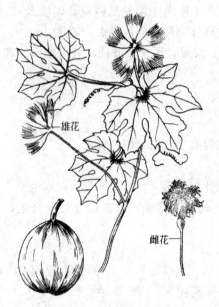

图 13-71 栝楼

图 13-72 绞股蓝

绞股蓝 *Gynostemma pentaphyllum* (Thunb.) Makino 多年生草质藤本。根状茎细长横走。卷须 2 叉，生于叶腋。掌状复叶鸟趾状，有小叶 5~7 片，具柔毛。雌雄异株；雌、雄花序均呈圆锥状，腋生；花小（见图 13-72）。分布于长江以南各省区，陕西南部亦有，生于山涧的阴湿环境，以林下沟旁较常见。全草称绞股蓝，能清热解毒、止咳祛痰。

木鳖 *Momordica cochinchinensis* (Lour.) Spreng 多年生草质藤本。地下具膨大的块状茎，茎有纵棱。卷须粗壮，与叶对生，不分枝。叶圆形至阔卵形，通常 3 浅裂。花单性，雌雄同株，单生叶腋。瓠果椭圆形。种子略呈扁圆形，边缘四周具不规则突起，呈龟板状，灰棕色。分布于江西、湖南、四川及华南各省区，生于山野林下，也有栽培。种子称木鳖子，有毒，内服化积利肠；外用消肿、透毒、生肌。

雪胆 *Hemsleya chinensis* Cogn. 多年生攀缘草本，块根肥大。掌状复叶鸟趾状，雌雄异株，总状花序，花冠橙黄色，雄花大，雌花小。蒴果倒卵形，有棱，先端有宿存萼齿。分布于华东、华中、西南等省区，生于山区沟旁及灌丛中。块根入药，称雪胆，有小毒，能清热利湿、解毒消肿、止痛。

本科植物还有以下几种。

冬瓜 *Benincasa hispida* (Thunb.) Cogn. 全国各地均有栽培，主产于河北、河南、安徽、浙江及四川。果皮称冬瓜皮，能清热利尿、消肿；种子称冬瓜子，能清热利尿、解毒消肿、散瘀止痛。

丝瓜 *Luffa cylindrica* (L.) Roem. 全国各地普遍栽培。果内的维管束称丝瓜络，能通络、清热化痰；根能清热化痰、凉血、解毒。

南瓜 *Cucurbita moschata* Duch. 全国各地均有栽培。种子称南瓜子，能够驱虫、利尿、止咳、疗痔，可用于治疗绦虫病、血吸虫病及肝吸虫病；根能利湿热、通乳汁；藤茎能清肺、和胃、通络。

西瓜 *Citrullus vulgaris* Schrad. 全国各地均有栽培。外层果皮称西瓜翠衣，能清热解暑、除烦止渴、利小便；新鲜西瓜挖去瓜瓤及种子，将芒硝填入瓜内，放入瓦盆内，盖好，置阴凉通风处，待析出白霜时，随时刷下，称西瓜霜，为喉科良药，有清热、解毒、消肿的功效。

甜瓜 *Cucumis melo* L. 全国各地均有栽培。果蒂和果柄能退黄疸、除湿热。

苦瓜 *Momordica charantia* L. 全国各地均有栽培。果实能清暑涤热、解毒明目。

19. 桔梗科（Campanulaceae）

【主要认知特征】

①直立或缠绕草本，常具乳汁。

②单叶互生，少为对生或轮生，无托叶。

③花两性，辐射对称或两侧对称；单生或呈聚伞花序，有时呈总状或圆锥状花序；花萼5裂，宿存；花冠常为辐状、钟状或管状，5裂；雄蕊5，与花冠裂片互生，着生于花冠管基部或花盘上；雌蕊2～5心皮，子房常为下位或半下位，稀子房上位，常3室，中轴胎座，每室胚珠多数。

④蒴果。

本科约有60余属2000余种，主要分布于温带及亚热带地区，我国有16属约170种，分布于全国各地，尤以西南地区为多。已知药用有13属111种。本科某些植物的根中含菊糖，不含淀粉。普遍含皂苷类成分，有的含有糖类、生物碱等化学成分。

【代表药用植物】

党参 *Codonopsis pilosula* （Franch.）Nannf. 多年生缠绕草本，幼嫩部分有细白毛，具有白色乳汁。根肉质圆柱状，根茎具多数瘤状节（习称狮子盘头），灰黄色至灰棕色。茎细长而多分枝。叶互生；叶片卵形或广卵形，两面常具柔毛。花1～3朵生于分枝顶端；花冠阔钟状，浅黄绿色，内面有紫点。蒴果圆锥形（见图13-73）。分布于东北、华北、西北各省区，多生于山坡灌丛、林下、林缘等处，全国各地多有栽培。根称党参，于每年秋季采挖，除去地上部分及须根，洗净泥土，晒至半干，反复搓揉3～4次，晒至七八成干时捆成小把，晒干。根能补中益气、健脾益肺。

同属素花党参 *C. pilosula* Nannf. var. *modesta* （Nannf.）L. T. Shen，分布于四川、青

图 13-73 党参

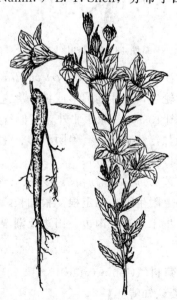

图 13-74 桔梗

海、甘肃等地。管花党参 C. tubelosa Kom.，分布于西南各省区。上述二种植物的根亦作党参入药。

桔梗 *Platycodon grandiflorum* （Jacq.）A. DC. 多年生直立草本，具白色乳汁，全株光滑。根肥大肉质，长圆锥形，黄褐色。叶近无柄；茎下部的叶常对生或3～4叶轮生，上部叶互生；叶片卵状披针形，边缘有不整齐的锐锯齿。花单生于茎枝顶端或数朵集成疏总状花序；花萼钟状；花冠阔钟状，蓝色或蓝紫色，裂片三角形。蒴果倒卵形，顶部5裂（见图13-74）。分布于全国各地，并多栽培，生于山坡、草丛、林边或沟旁。根入药，于春秋两季采挖，去净泥土、须根，趁鲜刮去外皮或不去外皮，晒干。能宣肺散寒、利咽祛痰、排脓。

杏叶沙参 *Adenophora stricta* Miq. 多年生草本，全株被白色细毛。主根粗肥，倒圆锥形。茎单一，直立，上部有分枝。基生叶有长柄，茎生叶常无柄，叶片卵形。总状花序狭长，顶生；花冠钟形，蓝紫色。蒴果近球形（见图13-75）。分布于华东、中南及四川等地，生于路旁、山坡、石缝及草丛中。根称沙参（南沙参），能养阴清肺、祛咳化痰。

图13-75 杏叶沙参

图13-76 轮叶沙参

轮叶沙参 *Adenophora tetraphylla* （Thunb.）Fisch. 根粗壮，胡萝卜形，具皱纹。叶通常4片轮生，叶片椭圆形或披针形。圆锥状花序大型；有不等长花梗；花冠蓝紫色。蒴果3室（见图13-76）。除西北外，其他省区多有分布，多生于山野的阳坡草丛。根亦作南沙参入药，味甘，性微寒，有养阴清肺、化痰生津的功能，用于阴虚、肺热、燥咳痰黏、热病伤津、舌干口燥。

半边莲 *Lobelia chinensis* Lour. 多年生蔓生草本。茎细长，折断时有黏性乳汁渗出；匍匐茎节上附生细小不定根。根细长，圆柱形。花单生于叶腋。分布于长江中、下流及以南各省区，生于水边、沟边、田边及潮湿草地。全草称半边莲，能清热解毒、消瘀排脓、利尿及治蛇伤。

20. 菊科（Compositae）

【主要认知特征】

①多为草本，稀为木本。有些种类具乳汁或树脂道。

②叶互生，少对生或轮生，无托叶。

③花两性或单性，舌状或管状花冠，密集成头状花序，花序托围以1至多层总苞片组成的总苞。头状花序小花有3种构成：外围为舌状花，中央为管状花；全为管状花；全为舌状花。萼片常变态为冠毛状、鳞片状、刺状或缺；花冠合生，4～5裂；雄蕊5（偶4），花药合生成聚药雄蕊；子房下位，2心皮组成，1室，每室含1胚珠；花柱单一，顶端2裂。

④瘦果，顶端冠以糙毛、羽状冠毛或鳞片。

菊科是被子植物第一大科，占有花植物的10%左右。本科约1000属25000～30000种，广布全球，主产于温带地区。我国有230属2300余种，全国均有分布。已知药用有154属777种。根据头状花序花冠类型和乳汁的有无，菊科通常分为两个亚科：①管状花亚科（大部分属、种均属于此亚科）；②舌状花亚科。

两亚科区别

1. 头状花序全为管状花，或兼有舌状花；植物体不含乳汁……………………管状花亚科
1. 头状花序仅有舌状花，无管状花；植物体有乳汁……………………舌状花亚科

菊科植物中常见的活性成分有菊糖、倍半萜内酯、挥发油、生物碱、苷类、黄酮类、香豆素、多糖等成分。

【代表药用植物】

木香（云木香、广木香）*Aucklandia lappa* Decne. 多年生草本，主根粗壮，干后具香气。基生叶大，叶片三角形、卵形或长三角形，边缘有不规则浅裂或呈波状，疏生短刺，叶基部下延成翅；茎生叶较小，互生，边缘翼状抱茎。头状花序单生于茎顶或叶腋，或2～5个丛生于茎顶。花序中全为管状花，花冠暗紫色。瘦果条形，上端有深棕色冠毛（见图13-77）。在西藏有分布，云南、四川有栽培。根入药，秋冬季采挖2～3年的根，除去茎叶、须根和泥土，切段，晒干或风干，撞去外粗皮制得云木香药材。能行气止痛、健脾消食。

川木香 *Vladimiria souliei* (Franch.) Ling 与木香的主要区别是：茎缩短，叶呈莲座状丛生；叶片矩圆状披针形，羽状分裂，叶基不下延；头状花序6～8个密集生于茎顶；花冠紫色；冠毛刚毛状，紫色。分布于四川西部、西北部和西藏东部，生于高海拔的高山草地。

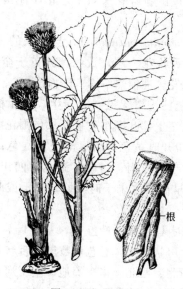

图13-77 木香

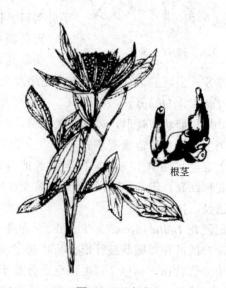

图13-78 白术

根亦作木香（川木香）入药，能行气止痛，用于脘腹胀痛、肠鸣腹泻。

白术 *Atractylodes macrocephala* Koidz. 多年生草本，根状茎肥厚，有不规则分枝。茎下部叶有长柄，常3裂；上部叶叶柄渐短，叶片不分裂，边缘有弱刺。头状花序顶生；花序全为管状花，花冠紫红色，冠毛羽状分枝。蒴果（见图13-78）。主产于浙江、安徽，多为栽培品。根状茎药用，在冬季下部叶枯黄、上部叶变脆时采挖，除去泥沙，烘干或晒干。根茎能健脾益气、燥湿利水、止汗安胎。

苍术 *Atractylodes lancea* （Thunb.）DC. 多年生草本，根茎粗大不整齐。叶无柄而略抱茎，头状花序顶生，花冠白色。分布于华东及山西、湖北、四川等地，生于山坡草丛、灌丛中。根状茎入药，称苍术（南苍术），能燥湿健脾、祛风辟秽。

北苍术 *A. chinensis* （DC.）Koidz 多年生草本，根茎肥大，结节状。叶卵形或狭卵形。茎下部叶匙形，茎上部叶常羽状3～5裂或不裂。头状花序径1cm左右。分布于东北、华北及山东、河南、陕西等地，生于低山阴坡、梁岗、草丛及灌丛中。根状茎亦作苍术（北苍术）入药。

关苍术 *Atractylodes japonica* Koidz. ex Kitam. 多年生草本，根茎肥大，结节状。茎下部叶3～5羽裂，茎上部叶3裂至不分裂。花冠白色。分布于东北。根状茎亦作苍术入药。

图13-79 菊花

菊花 *Dendranthema morifolium* （Ramat.）Tzvel. 多年生草本。茎基部常木质，多分枝。叶片卵形至披针形，边缘有粗大锯齿或深裂。头状花序单生或数个集生于茎枝顶端；边缘为舌状花，单性，数层，白色，中央为管状花，两性，黄色。瘦果柱状，无冠毛。无野生型，全为栽培品种（见图13-79）。头状花序入药，于秋末冬初花盛开时，分批采收已开放的花序。药材按产地与加工方法不同，分为杭菊、亳菊、滁菊、贡菊。杭菊摘取花序头后，上笼蒸3～5min后再取出晒干；亳菊先将花枝摘下，阴干后再剪取花头；滁菊剪下花头后，用硫黄熏蒸，再晒至半干，筛成球形，再晒干；贡菊直接由新鲜花头烘干。花序能清热解毒、平肝明目、抗菌降压。

野菊花 *Chrysanthemum indicum* L. 与菊花的主要区别是：头状花序较小；舌状花一层，黄色。分布于全国各地，生于路旁、山坡或杂草丛中。头状花序及全草称野菊花，能清热解毒、降血压。

红花 *Carthamus tinctorius* L. 一年生草本，全柱光滑无毛。叶互生，几无柄，稍抱茎；叶片长卵状披针形，边缘羽状齿裂，齿端有刺，茎上部叶渐小呈苞片状包围花序。头状花序顶生，总苞片边缘有刺；花序中全为管状花，初开时黄色，后逐渐变为红色；瘦果卵形，无冠毛（见图13-80）。在全国各地有栽培，主产于河南、新疆、湖北、四川、浙江。管状花称红花，于6～7月间花冠由黄变红时择晴天早晨露水未干时采摘，晾干或晒干。能活血通经、散瘀止痛。

旋覆花 *Inula japonica* Thunb. 多年生草本。茎具纵棱。叶互生，基生叶常半抱茎；茎中部叶的叶片矩圆状披针形。头状花序顶生，呈伞房状排列，总苞片数层；舌状花一轮黄色，中央管状花，褐色。冠毛白色。分布于东北、华北、西北、华东等地，生于河边、砂质草地及沼泽地。地上部分称金沸草，头状花序称旋覆花，均能化痰降气、软坚行水。同属线

图 13-80 红花

图 13-81 蒲公英

叶旋覆花 *Inula linariaefolia* Turcz. 生长于山坡、路旁或田边，分布于东北、华北、华东等地。其功效同旋覆花。

蒲公英 *Taraxacum mongolicum* Hand.-Mazz. 多年生草本，含白色乳汁，全株被白色疏软毛。根圆柱状。叶基生，莲座状平展；叶片倒披针形，叶缘浅裂或羽裂。花梗数个从叶丛中抽出，头状花序顶生；花序中全为舌状花，花冠黄色。瘦果倒披针形，先端具细长的喙，冠毛白色（见图 13-81）。全国广为分布，生于山坡、草地、田野等处。全草入药称蒲公英，花初开放时连根挖取，除去泥土杂质，晒干。全草能清热解毒、消肿散结、利尿通淋、祛瘀止痛。

牛蒡 *Arctium lappa* L. 基生叶丛生，茎生叶互生，叶片广卵形或心脏形；头状花序丛生，着生于枝端，总苞球形。分布于全国大部分地区，主产于东北及浙江，生于路旁、沟边或山坡草丛中，有栽培。果实称牛蒡子或大力子，能疏散风热、宣肺透疹、利咽消肿；根、茎、叶能祛风湿、活血止痛。

大蓟 *Cirsium japonicum* Fisch. ex DC. 多年生宿根草本。茎上有纵条纹，密被白柔毛。基生叶倒卵状长椭圆形，羽状分裂；茎生叶基部抱茎，下表面密被白绵毛。头状花序单生在枝端。分布于全国各地，生于山坡、路旁等。地上部分或根称大蓟，能散瘀消肿、凉血止血。

水飞蓟 *Silybum marianum* (L.) Gaertn. 一年或二年生草本。茎直立，有纵棱槽。叶互生，基部叶常平铺地面，成莲座状，羽状分裂，缘齿有尖刺，表面亮绿色，有乳白色斑纹，基部抱茎；中上部叶片渐小。头状花序单生枝顶，总苞片革质，顶端有长刺；管状花紫红色。瘦果长椭圆形。江苏、陕西、北京等地有引种栽培。全草用于肿疡及丹毒；果实及提取物用于肝脏病、脾脏病、胆结石、黄疸和慢性咳嗽。

兰草 *Eupatorium fortunei* Turcz. 多年生草本。茎直立。叶对生；中部叶有短柄，通常 3 深裂，揉之有香气；上部叶通常不分裂。头状花序排列成聚伞花序状，花两性。分布于华东、华南及河北等地，生于溪边、湿洼地带或栽培。全草称佩兰，能芳香化湿、醒脾开胃、发表解暑。

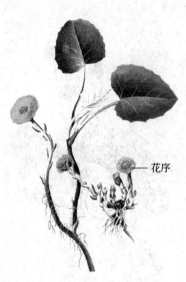
图 13-82 款冬

图 13-83 茵陈蒿

款冬 *Tussilago farfara* L. 多年生草本。基生叶广心脏形或卵形，边缘呈波状疏锯齿，掌状网脉。头状花序顶生；边缘舌状花一轮，鲜黄色，中央为管状花（见图 13-82）。分布于华北、西北、西南及湖北、湖南等地，生于河边沙地或栽培。花序初开时淡紫色（花蕾），称款冬花，能润肺下气、化痰止咳。

黄花蒿 *Artemisia annua* L. 一年生草本。茎表面具有纵浅槽，幼时绿色；下部木质化，上部多分枝。茎叶互生，3回羽状细裂。头状花序球形下垂，排列成金字塔形，具有叶片的圆锥花序密布在全植物体上部。分布于全国各地，生于山坡、路边、荒地等处。地上部分称青蒿，能清热祛湿、凉血止血；茎、叶中提取的青蒿素用于治疗间日疟、恶性疟。

茵陈蒿 *Artemisia capillaris* Thunb. 茎表面有纵条纹，多分枝，老枝光滑，幼嫩枝被有灰白色细柔毛。叶片羽状裂或掌状裂。头状花序多数，密集成圆锥状（见图 13-83）。分布于全国各地，多生于山坡、河岸及砂石地。幼苗称茵陈，能清湿热、退黄。

艾蒿 *Artemisia argyi* Levl. et Vant. 茎直立，质硬，基部木质化。单叶，互生；茎下部叶在开花时即枯萎；中部叶具短柄，叶片卵状椭圆形；近茎顶端的叶无柄，叶片有时全缘完全不分裂，披针形。花序总状，顶生。全国大部分地区均有分布，生于路旁、草地、荒野。干燥叶称艾叶，能理气血、逐寒湿、温经、止血、安胎。

紫菀 *Aster tataricus* L. f. 根茎短，簇生多数细根，外皮灰褐色。茎直立，表面有沟槽。基生叶丛生，开花时脱落；叶片篦状，长椭圆形至椭圆状披针形；茎生叶互生，几无柄。头状花序伞房状排列，边缘舌状花，蓝紫色，中央管状花黄色。分布于华东、华北、西北等地，生于山坡、草地。以根及根状茎入药，能润肺下气、祛痰止咳。

祁州漏芦 *Rhaponticum uniflorum* (L.) DC. 主根粗大。茎直立，单一。叶片长椭圆形，羽状全裂呈琴形。头状花序顶生，大型；花全部为管状花。分布于东北、西北、河北、山东等地，生于向阳的山坡、草地、路边。根称漏芦，能清热解毒、消肿排脓、下乳、通筋脉。

豨莶 *Siegesbeckia orientalis* L. 一年生草本。茎直立，上部密被短柔毛。叶对生，有柄，叶片阔卵状三角形至披针形，边缘有不规则的浅裂或粗齿。头状花序顶生或腋生，排列成圆锥状；花杂性。分布于全国，生于林缘及荒野。全草称豨莶草，能祛风湿、利筋骨、解毒。毛梗豨莶 *Siegesbeckia orientalis* L. var. *glabrescens* Mak. 的外形与豨莶相似，但花梗和枝上部疏生平伏灰白色短柔毛。分布于长江以南及西南等地，生长于山坡及路边杂草中。功效同豨莶。

鳢肠 *Eclipta prostrata* L. 一年生草本。茎柔弱，直立或匍匐。叶对生，近无柄，叶两面密被白色粗毛。头状花序顶生或腋生，具花梗，边缘舌状花白色，中央管状花淡黄色。揉搓其茎叶有黑色汁液流出。分布于华中、华东、西南、辽宁等地，生长于田野、路边、溪边及阴湿地上。全草称墨旱莲，能补肾滋阴、凉血止血。

本科药用植物还有以下几种。

小蓟 *Cirsium setosum* （Willd.） MB. 分布于全国各地，生于山坡、路边、村旁及旷野等。以全草入药，能凉血止血、消肿散痛。

苍耳 *Xanthium sibiricum* Patr. 分布于全国各地，生于低山丘陵和平原。果实称苍耳子，有小毒，能祛风湿、通鼻窍。

苣荬菜 *Sonchus brachyotus* DC. 我国大部分地区均有分布，生于路边、田野。全草能清热解毒、补虚止咳；花能清热、利窍、治赤白痢疾、二便不通。

第二节 药用单子叶植物的认知

21. 禾本科（Gramineae）

【主要认知特征】

①多年生草本，稀为木本。地上茎通称为秆，具明显的环节，节间常中空。

②单叶互生，排成2列，稀为螺旋状排列，叶鞘抱秆，常一侧开裂；叶片狭长，具纵向平行脉，叶片与叶鞘连接处内侧常具膜质纤毛状叶舌，叶鞘顶端两边常各伸出一耳状突出物，称叶耳。

③花小，通常两性。穗状、总状、圆锥花序由多数小穗集合而成，每小穗有小花1至多朵，排列于小穗轴上，基部有2苞片称为颖片，下面的为外颖，上面的为内颖；花被退化，而为2苞片所包，称为稃片，分别称外稃和内稃（每小穗轴基部有2颖，每朵小花基部有2稃）。雄蕊常3枚，有时1~6枚，花丝细长；雌蕊1枚，由2~3心皮合生，子房上位，1室，1胚珠，花柱常2，柱头通常羽毛状。

④颖果。种子富含淀粉质胚乳。

本科约有660多属10000多种，广布全球。我国约有228属1200多种，分布全国。已知药用有85属173种。本科植物化学成分多样，有杂氮噁嗪酮类（薏苡素）、生物碱类（芦竹碱）、三萜类（白茅萜）、氰苷（蜀黍苷）、黄酮类（小麦黄素）、挥发油、淀粉、多种氨基酸、维生素和各种酶类。

【代表药用植物】

薏苡 *Coix lacryma-jobi* L. var. *ma-yuen* （Roman.） Stapf 一年或多年生草本。叶片条状披针形。总状花序成束腋生；小穗单性，雌小穗位于总状花序基部，藏于质硬的总苞中，2~3枚生于一节，只一枚结实，成熟时珠子状，坚硬而光滑；雄小穗位于总状花序上部覆瓦状排列；雄小穗各含2朵雄花。颖果珠状（见图13-84）。广布全球温暖地区，野生与栽培均有。种仁称薏苡仁，秋末果熟后收割，打下果实，晒干，碾去硬壳、果皮及种皮，收集种仁。能健脾利湿、清热排脓、除痹止痛。

图 13-84 薏苡

图 13-85 淡竹叶

淡竹叶 *Lophatherum gracile* Brongn. 多年生草本。须根中部常膨大成纺锤状的块根。秆多少木质化。叶片披针形,平行脉间有明显小横脉。圆锥花序顶生,小穗疏生花轴上;每小穗有花数朵,第一小花为两性花,其余均退化,只有稃片(见图 13-85)。分布于长江以南各地,生于山坡林下阴湿地。全草入药能清热除烦、利尿、生津止渴。

淡竹 *Phyllostachys nigra* (Lodd.) Munro var. *henonis* (Mitf.) Stapf ex Rendle. 多年生常绿乔木或灌木。秆圆筒形,绿色,高 7~18m,叶长披针形,基部收缩。穗状花序小枝排列成覆瓦状的圆锥花序。通常栽植于庭园,分布于长江流域。茎秆除去外皮后刮下的中间层称竹茹,能清热凉血、化痰、止呕。

青秆竹 *Bambusa tuldoides* Munro 常绿乔木状,秆丛生,顶端稍下弯;分枝常于秆基部第一节开始分出,枝簇生,主枝较粗长。小枝具 3~4 叶,叶片狭披针形,花枝每节有单生或簇生的假小穗,近圆柱形而微压扁,成熟小花 5~8 朵。分布于广东、广西等华南地区,多生于平地或丘陵,为常见栽培竹类。取新鲜青秆竹的茎,除去外皮,将带绿色的中间层刮成细条,捆把,阴干,入药称竹茹,能清热化痰、除烦止呕。青秆竹等竹秆经火烤灼而流出的淡黄色澄清液汁称鲜竹沥,能清热豁痰、定惊利窍。

青皮竹 *Bambusa textilis* McClure 植株密丛生;秆直立,先端弓形或稍下垂;节间圆柱形,极延长,秆材厚 3~5cm;节明显。分布于华南、西南各省,喜生于土质肥沃的向阳坡地。青皮竹等茎秆内因病伤或黄蜂咬伤等流出的分泌液,自然干燥后凝结成块状物,入药称天竺黄,性味甘寒,用于热病神昏谵妄、中风痰涎壅盛、癫痫、小儿惊风等症。

白茅 *Imperata cylindrica* Beauv. var. *major* (Nees) C. E. Hubb. 多年生草本。根茎密生鳞片。秆丛生,直立。节上有长柔毛。叶多丛集基部;叶鞘无毛;叶舌干膜质;圆锥花序柱状。颖果。分布于全国各地,多生于向阳山坡、荒地。根状茎称白茅根,能清热利尿、凉血止血。

本科植物还有以下几种。

芦苇 *Phragmites communis* Trin. 全国各地多有分布。根状茎称芦根,能清肺胃热、生津止渴、除烦止呕。

大麦 Hordeum vulgare L. 全国各地均有栽培。果实称大麦,麦芽能和胃、宽肠、利水。

稻 Oryza sativa L. 全世界有栽培。稻芽称谷芽,能开胃和中。

玉蜀黍 Zea mays L. 全国各地有栽培。花柱称玉米须,能利水通淋、利湿退黄、降血压。

22. 百合科 (Liliaceae)

【主要认知特征】

①多年生草本,稀灌木或亚灌木,常具有鳞茎或根茎。

②单叶互生或基生,少对生或轮生。

③花两性,辐射对称,呈穗状、总状或圆锥花序;花被片6枚,花瓣状,排成两轮,分离或合生;雄蕊6枚,子房上位,3心皮合生,中轴胎座,3室,每室多数胚珠。

④蒴果或浆果。

本科我国有60属570种,各地均有分布,以西南地区种类较多。已知药用有46属359种。本科植物含有多种化学成分,已知有生物碱、强心苷、甾体皂苷、蜕皮激素、蒽醌类、黄酮类等化合物。生物碱类,如秋水仙碱能抑止细胞核分裂,抗癌,抗辐射;贝母碱、川贝母素等有止咳、镇静、降压作用。强心苷,如铃兰毒苷。甾体皂苷,如七叶一枝花皂苷。蒽醌类,如芦荟苷。此外,葱属植物中常含有挥发性的含硫化合物。

【代表药用植物】

百合 Lilium brownii F. E. Brown var. viridulum Baker 多年生草本。鳞茎近球形,白色。叶互生,倒披针形至倒卵形。花单生或数朵生于茎顶,喇叭形,花被6,乳白色,背面带紫褐色,顶端外弯。蒴果矩圆形,有棱(见图13-86)。分布于华北、东南、西南等地区,生于山坡,有栽培。鳞茎入药,能养阴润肺、清心安神。

卷丹 L. lancifolium Thunb. 与上种的主要区别:茎带紫色,被白色绵毛;叶腋内有珠芽;花被片橘红色,内面密布紫黑色斑点,先端向外反卷,花药多为紫色。全国大部分地区均有分布。鳞茎亦作百合药用。

细叶百合 L. pumilum DC. 花被片反卷,橘红色,无斑点,花药橘红色。分布于西北、东北、华北。鳞茎也作百合入药。

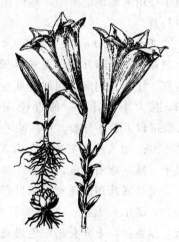

图13-86 百合

卷叶贝母 Fritillaria cirrhosa D. Don 多年生草本。鳞茎白色,圆锥形,由3~4枚鳞片组成。叶6~9片,下部对生,上部多轮生,披针形至条形,先端微卷曲。花单生于茎顶,下垂,具叶状苞片3枚;花钟形,紫色,少为黄绿色,具紫色斑点及小方格脉纹。蒴果具6棱(见图13-87)。分布于四川、云南、西藏等地,生于高山草地或灌丛下。鳞茎入药,称川贝母。

同作中药川贝母的植物还有贝母属的暗紫贝母 F. unibracteata Hsiao et K. C. Hsia,特点为茎直立,无毛,绿色或暗紫色;花单生于茎顶,深紫色,略有黄褐色小方格,有叶状苞片1枚。甘肃贝母 F. przewalskii Maxim. ex Batal,单花顶生,浅黄色,有黑紫色斑点,叶状苞片1枚。以上两者中干燥鳞茎近球形的商品称作松贝,扁球形的商品称作青贝。梭砂贝

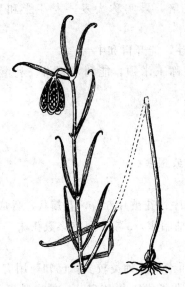
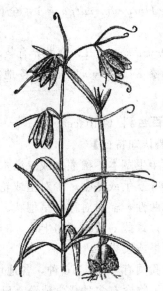

图 13-87　卷叶贝母　　　　图 13-88　浙贝母

母 F. delavayi Franch.，鳞茎长卵形；叶互生，较紧密地生于植株中部，叶片窄卵形至卵状椭圆形，单花顶生，浅黄色，具红褐色斑点。干燥鳞茎呈长圆形习称炉贝，以上功效均同川贝。川贝的采挖季节因地而异，西北地区多在雪融后上山采挖；青海一带一般在 7 月采挖；四川、云南及甘肃地区约在 5 月间采挖。挖出后洗净，用矾水擦去外皮；亦可用盐水浸泡后晒干或用木炭烘焙至干，然后用硫黄熏后再晒干。川贝鳞茎能清热润肺、化痰止咳，为常用中药材。

浙贝母 F. thunbergii Miq. 多年生草本，鳞茎较大，常由 2 片肥厚的鳞片组成，叶对生或轮生，早春开花，花被片淡黄绿色，内面具紫色方格斑纹（见图 13-88）。主产于浙江北部，江苏、湖南、四川等地也有栽培。鳞茎入药，一般于立夏前后植株枯萎后采挖，洗净，按大小分开。一般直径在 3.5cm 以上者分成两瓣，摘除心芽，商品称大贝；直径 3.5cm 以下者不分瓣，不摘除心芽，商品称珠贝。将其分别置于特制的木桶内，撞去表皮，每 100kg 加入熟石灰或贝壳粉 3～4kg，使均匀涂布于贝母表面，吸去撞出的浆液，晒干或烘干。鳞茎称浙贝母，是浙八味之一，能止咳化痰、清热散结。

贝母属药用的还有伊犁贝母 Fritllaria pallidiflora Schrenk，鳞茎较大，外皮较厚，茎平滑，高 15～40cm。叶通常互生，卵状长圆形至长方披针形。花 1 朵生于茎顶或数朵成束状，淡黄色，上面有暗红色斑点，分布于新疆。鳞茎称伊贝母，能清热润肺、化痰止咳。平贝母 Fritllaria ussuriensis Maxim.，鳞茎扁圆形，茎高 40～60cm。叶轮生或对生。花 1～3 朵，紫色，具浅色小方格，顶花具叶状苞片 4～6，先端卷曲。分布于东北。鳞茎称平贝母，功效同川贝母。

麦冬 Ophiopogon japonicus（L. f.）Ker-Gawl. 多年生常绿草本，茎短，植株高 12～14cm，须根的中部或先端常膨大形成纺锤状肉质小块根。叶丛生，窄长线形，基部绿白色，边缘具膜质透明的叶鞘。花葶比叶短，长 7～15cm，总状花序穗状，顶生，每苞片腋生 1～3 朵花，花微下垂，淡紫色或白色。浆果球形，成熟后暗蓝色（见图 13-89）。生于海拔 2000m 以下的山坡阴湿处、林下或溪旁，或栽培，分布于华东、华中、华南、西南地区，在浙江、四川和广西有较大量的栽培。浙江于栽培后第三年的小满至夏至挖起全株，带根切

图 13-89 麦冬

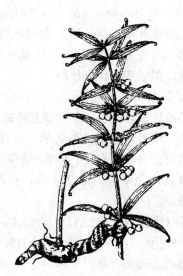
图 13-90 黄精

下,洗去泥沙,在块根两端保留约 1cm 的细根,晴晒雨烘,干后搓去或撞去细根,筛去杂物。四川则在栽培后第二年的清明至谷雨季节采挖,洗净,晒干。块根入药,主产于浙江省慈溪、余姚、萧山,杭州及江苏产者称杭麦冬,主产于四川绵阳地区三台县者称川麦冬。块根能养阴生津、润肺清心。

湖北山麦冬 *Liriope spicata* (Thunb.) Lour. var. *prolifera* Y. T. Ma 多年生草本,丛生。须根稍粗,近末端处常膨大成矩圆形或纺锤形小块根。根状茎短,具地下走茎。叶基生,禾叶状,先端急尖,具 5 条脉,边缘具细锯齿。花葶通常长于或近等长于叶,总状花序,具多数花,小花 2～5 朵簇生于苞片腋内;花被片矩圆状披针形,紫色;子房上位,种子近球形。块根称湖北麦冬,功用与麦冬近似。

知母 *Anemarrhena asphodeloides* Bge. 多年生草本,全株无毛。根状茎横走,上面被有黄褐色纤维。叶丛生,条形。总状花序从叶丛中抽出;花 2～3 朵簇生;花淡紫红或白色。蒴果。分布于华北、东北、陕西、内蒙古等地。根茎称知母,能除烦、清热、滋阴。

黄精 *Polygonatum sibiricum* Red. 多年生草本。根状茎横走,肥大肉质,黄白色,形似鸡头故名鸡头黄精,味甜。茎直立。叶轮生,条状披针形,先端卷曲。花序腋生;具 2～4 朵花;花近白色。浆果球形,黑色(见图 13-90)。主产于北方各省。根状茎称黄精,能补气养阴、健脾、润肺、益肾。

同属作黄精入药的还有滇黄精 *Polygonatum kingianum* Coll. et Hemsl.,主产于广西、四川、云南、贵州。多花黄精 *Polygonatum cyrtonema* Hua.,主产于南方各省。以上两种黄精按性状不同习称大黄精、姜形黄精,功效同黄精。

玉竹 *Polygonatum odoratum* (Mill.) Druce 与黄精的区别是:根状茎圆柱状,略扁;叶互生,椭圆形,花序具花 2～8 朵,花长达 2cm,白色。分布于全国大部分地区。根状茎称玉竹,能养阴润燥、生津止渴。

七叶一枝花(蚤休) *Paris polyphylla* Simth var. *chinensis* (Franch.) Hara 多年生草本,根状茎短而粗壮。叶通常 7 片轮生茎顶;叶片倒卵状披针形。花被片 4～7 枚,外轮绿色,内轮黄绿色,狭长条形,长于外轮。蒴果(见图 13-91)。分布于长江流域。根状茎称重楼，有小毒，能清热解毒、散瘀消肿。本属华重楼 *P. polyphylla* Sm. var. *chinensis* (Franch) Hara，其特点是：内轮花被片细线形，通常在中部以上变宽，长为外轮花被片的 1/3 左右至近等长，分布于华东、华南、华中、西南等地。根状茎也作重楼用。

小根蒜 *Allium macrostemon* Bunge 多年生草本，鳞茎卵圆形或球形，外包以白色膜质鳞被，叶互生，苍绿色，半圆柱状狭线形，中空。花茎单一，直立较长，伞形花序顶生，球形。分布于东北、华北、华东、中南、西南各省，生于田畔及山地草坡。鳞茎入药，称薤白，能通阳散结、行气导滞。

芦荟（库拉索芦荟）*Aloe barbadensis* Miller 多年生肉质草本。叶边缘有刺状小刺，折断有黏液汁流出。花黄色，有赤色斑点。蒴果。原产于非洲，我国有栽培。叶汁浓缩干燥物（芦荟）能清热、通便、杀虫。

图 13-91　七叶一枝花

光叶菝葜 *Smilax glabra* Roxb. 攀缘灌木，根状茎粗短，不规则块状，雌雄异株，花绿白色。分布于华东、华南、西南等地，生于海拔 1800m 以下的林中、灌丛下、河岸或山谷中。根状茎称土茯苓，能除湿解毒、通利关节，有抗螺旋体作用。

本科较重要的药用植物还有以下几种。

剑叶龙血树 *Dracaena cochinchinensis* (Lout.) S. C. Chen 和海南龙血树 *D. cambodiana* Pierre，紫红色树脂入药称国产血竭，能散瘀止痛，活血生新。

铃兰 *Convallaria majalis* L. 全草含多种强心苷，有毒，能强心利尿。

大蒜 *Allium sativum* L. 鳞茎有抗菌、杀虫、降血脂等作用。

藜芦 *Veratrum nigrum* L. 根能祛痰、催吐、杀虫。

23. 天南星科（Araceae）

【主要认知特征】

① 多年生草本，稀木质藤本；常具块茎或根茎。

② 单叶或复叶，常基生，叶柄基部常有膜质鞘，叶脉网状。

③ 花小，两性或单性，辐射对称，成肉穗花序，具佛焰苞；单性花同株或异株，同株时雌花群生于花序下部，雄花群生于花序上部，两者间常有无性花相隔，无花被，雄蕊 1~6，常愈合成雄蕊柱；两性花具花被片 4~6，鳞片状，雄蕊与其同数而互生；雌蕊子房上位，1 至数心皮成 1 至数室，每室 1 至数枚胚珠。

④ 浆果，密集于花序轴上。

本科主要分布于热带、亚热带地区，我国有 35 属 200 余种，主产于华南、西南各省，其中已知药用有 22 属 106 种。

本科植物主要成分有聚糖类、生物碱、挥发油、黄酮类、氰苷等。挥发油，如菖蒲属植物中含有菖蒲酮、菖蒲烯等。聚糖类，如魔芋属植物块茎中含有甘露聚糖等多糖，有扩张微血管、降低胆固醇作用。生物碱，如胡芦巴碱等。本科多数植物有毒。

【代表药用植物】

天南星 Arisaema erubescens (Wall.) Schott　多年生草本。块茎扁球形，棕褐色，断面白色。基生叶1片，有长柄，中部以下具叶鞘，叶片辐射状全裂，裂片7～23枚，披针形，顶端延伸成丝状。花序梗短于叶柄，佛焰苞绿色，有白色条纹，顶端细丝状，肉穗花序轴具棒状附属体，花单性异株。浆果（见图13-92）。分布几遍全国，生于山沟、林下阴湿处。块茎有毒，炮制后能燥湿化痰、祛风止痉、消肿散结。

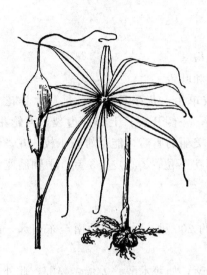

图13-92　天南星

图13-93　半夏

天南星属作中药天南星的原植物还有东北天南星 Arisaema amurense Maxim.　与天南星主要区别是小叶片5（幼时3片），佛焰苞绿色或带紫色而有白色条纹。分布于东北、华北。异叶天南星 Arisaema heterophyllum Blume，叶片鸟足状全裂，裂片13～21枚，雌雄同序，雄花在上，雌花在下。分布于辽宁以南除西北外的地区。以上两种也作天南星入药。

半夏 Pinellia ternata (Thunb.) Breit.　多年生草本。块茎扁球形，淡棕色。二年生以后的叶为3全裂，裂片椭圆形至披针形，叶柄基部有1白色珠芽。花单性，肉穗花序，佛焰苞绿色，花序轴上部着生雄花，下部着生雌花，并与佛焰苞贴生，花序轴顶端具鼠尾状附属物。浆果（见图13-93）。分布于我国南北各地，生于田野、荒坡或林下。块茎有毒，炮制后能燥湿化痰、降逆止呕、消痞散结。同属掌叶半夏 P. pedatisecta Schott，多年生草本。块茎较半夏大近1倍，叶呈鸟趾状分裂。分布于华北、华中及西南。块茎有的地区也作半夏用，而在有的地区作天南星用。

独角莲 Typhonium giganteum Engl.　多年生草本。块茎卵状椭圆形，有环节。基生叶，1～4片；叶片三角状卵形。佛焰苞紫色，肉穗花序附属体棒状，紫色，雄花位于花序上部；雌花位于花序下部；雌雄花序之间有肉质不孕花。浆果红色（见图13-94）。分布于河南、陕西、四川、甘肃、山东等地，生于林下或阴湿地，亦有栽培。块茎（白附子、禹白附）有毒，炮制后能燥湿化痰、祛风止痉、解毒散结。

图13-94　独角莲

石菖蒲 Acorus gramineus Soland. 多年生草本。全体具浓烈香气,根茎匍匐;叶基生,叶片无中脉;花两性,黄绿色。分布于长江流域以南各省区。根状茎能化湿开胃、开窍豁痰、醒神益智。

本科常见的药用植物还有千年健 Homalomena occulta (Lour.) Schott,分布于云南、广西、海南等地。根状茎能祛风湿、强筋骨、活血止痛。

24. 姜科（Zingiberaceae）

【主要认知特征】

①多年生草本,通常有芳香或辛辣味的块茎或根茎。

②单叶基生或互生,常2列状排列;多有叶鞘和叶舌。

③花两性,两侧对称,花序多穗状,少总状或单生;花序具苞片,每苞片具花1至数朵;花被片6枚,2轮,外轮花萼状,常合生成管,一侧开裂,上部3齿裂,内轮花冠状,上部3裂;退化雄蕊2或4枚,有的联合成显著而美丽的唇瓣,能育雄蕊1枚,花丝细长具槽,花柱细长,被能育雄蕊花丝的槽包住;雌蕊子房下位,3心皮,3室,中轴胎座,胚珠多数,柱头漏斗状,具缘毛。

④蒴果,稀浆果状,种子具假种皮。

本科分布于热带、亚热带地区,我国有19属约200种,分布于西南至东南部,已知药用有15属约100种。

本科植物多含挥发油,其成分多为单萜和倍半萜,如莪术醇、姜烯、姜醇,此外还含黄酮类,如山姜素、高良姜素等。

【代表药用植物】

姜 Zingiber officinale Rosc. 多年生草本。根状茎块状,指状分枝,淡黄色,具芳香辛辣味。叶2列,披针形,叶舌膜质。自根状茎抽出穗状花序,苞片淡绿色,花被片黄绿色,唇瓣3裂,有紫色条纹及淡黄色斑点（见图13-95）。除东北外,我国大部分地区均有栽培。新鲜根状茎（生姜）能发散风寒、温中止呕、化痰止咳;干燥根状茎（干姜）能温中散寒、回阳通脉、燥湿消痰。

温郁金 Curcuma wenyujin Y. H. Chen et C. Ling 多年生草本。块根纺锤状,断面白

图 13-95 姜

图 13-96 温郁金

色。主根茎陀螺状，侧根茎指状，肉质，断面柠檬黄色。叶片 4~7，2 列，叶片宽椭圆形。穗状花序圆柱状，春季先叶于根茎处抽出；苞片密集，上部苞片，蔷薇红色，腋内无花；中下部苞片绿白色，腋内有花数朵，但通常只有 1~2 朵花开放；花萼筒和花冠均白色，侧生退化雄蕊花瓣状，黄色；唇瓣倒卵形，外折，黄色；（见图 13-96）。分布于浙江南部。生于向阳、湿润的田园、水沟边上，栽培和野生。块根入药，冬末春初挖取块根，除去细根及根茎，洗净泥土，入沸水中煮约 2h，以粉质略为熟透为度，取出放于帘上晒干，称温郁金（别名黑郁金），能行气解郁、凉血破瘀。

姜黄 C. longa L. 花梃直接由叶鞘中抽出，秋季开花，上部苞片粉红色（见图 13-97）。根茎称姜黄，能行气破瘀、通经止痛；块根习称黄丝郁金，功用同郁金。

莪术 C. phaeocaulis Val. 春季开花，叶片主脉两侧常有紫斑，根茎断面黄绿色。根茎入药称莪术，能破血行气、消积化食；块根（绿丝郁金）也作郁金用。

白豆蔻 Amomum kravanh Pierre ex Gagnep. 多年生草本。叶披针形，两面无毛；无叶柄。穗状花序圆柱形；花冠白色或稍带淡黄；唇瓣椭圆形，淡黄色，中脉有带紫边的橘红色带。生于山沟阴湿处，我国多栽培于树荫下，海南、云南、广西有栽培。果实入药，多于 7~8 月间果实即将黄熟但未开裂时采集果穗，去净残留的花被和果柄后晒干；或再用硫黄熏制漂白，使果皮呈黄白色。白豆蔻能化湿和胃、行气宽中，用于食欲不振、胸闷恶心、胃腹胀痛。

砂仁（阳春砂仁）Amomum villosum Lour. 多年生草本，根茎横生。叶 2 列，叶片长披针形，无柄；叶舌半圆形，叶鞘上可见凹陷的方格状网纹。穗状花序自根茎上发出，花被片白色，唇瓣圆匙形，白色而有黄、红、紫色斑点。蒴果不开裂，近圆形，棕红色，有刺状突起；种子多数，具芳香气味（见图 13-98）。分布于广东、广西、云南、福建，野生和栽培。在果将熟时剪下果穗，置于竹帘或草席上用微火烘至半干，趁热喷冷水 1 次，使其骤然收缩，从而果皮和种子团紧密结合；或于果实快干时覆以樟树叶，继用微火（多用砻糠或木炭）烘干，使香气更为浓郁。果实称砂仁，能化湿开胃、温脾止泻、理气安胎。

同属植物海南砂 Amomum longiligulare T. L. Wu，分布于海南省。果实称砂仁，同等入药。

草果 Amomum tsao-ko Crevost et Lemaire. 分布于广西、云南、贵州。果实称草果，能

图 13-97 姜黄

图 13-98 阳春砂仁

燥湿温中、除痰截疟。

本科主要药用植物还有以下几种。

大高良姜 *Alpinia galanga* (L.) Willd. 多年生高大草本。根状茎块状，有香气。叶片矩圆形。花绿白色。分布于云南、华南及台湾。根状茎（大高良姜）能散寒、暖胃、止痛。果实称红豆蔻，能温中散寒、止痛消食。

草豆蔻 *A. katsumadai* Hayata 种子入药，能驱寒燥湿、温中开胃。

益智 *A. oxyphylla* Miq. 主产于海南和广东西部。果实称益智，种子名益智仁，能暖脾、温胃、固精缩尿。

高良姜 *A. officinarum* Hance 根茎入药，称高良姜，能暖胃散寒、止痛、止呕。

25. 兰科（Orchidaceae）

【主要认知特征】

①多年生草本，陆生、附生或腐生，通常具根状茎或块茎。

②单叶，多互生，2列或螺旋状排列，基部常有鞘。

③花常两性，两侧对称，多总状花序、穗状花序；花被片6，2轮，外轮3片，萼状或花瓣状；内轮3片，侧生的2片花瓣状，中央的1片常特化成种种形状称唇瓣；雄蕊1，稀2，与花柱合生成合蕊柱；花粉粒常黏结成花粉块，子房下位，扭转，1室。

④蒴果。种子极多，微小，粉末状。

我国约有本科植物116属1000种，主要分布于长江流域及以南各省区。本科植物含倍半萜类生物碱、酚苷类、吲哚苷、黄酮类、香豆素等成分。

【代表药用植物】

天麻 *Gastrodia elata* Bl. 多年生寄生草本，寄主为密环菌。块茎长椭圆形，肥厚，有多数环节，环节上有点状突起和鳞片。茎单一，直立，黄赤色；无根；叶退化成鳞片状叶鞘抱茎。总状花序顶生，花黄绿色；花被合生成壶状，口部歪斜；蒴果长圆形，种子细小（见图13-99）。分布于东北、西南地区，生于山地气候阴凉潮湿、地面有较多枯枝落叶、朽木等的杂木林下，现多栽培。块茎入药，在冬季苗枯后或春季出苗前采挖出地下块茎，除去泥土、苗茎，洗净，刮去外皮或用谷壳搓擦去掉外皮，蒸或煮透心，用无烟火烘干。块茎能平肝息风、止痉。

图13-99 天麻

金钗石斛 *Dendrobium nobile* Lindl. 多年生附生草本。具气生根。茎直立丛生，多节，下部圆柱形，上部稍扁而呈微"S"弯曲，黄绿色，具多节和纵沟槽。叶无柄，叶鞘抱茎，叶片近革质，长椭圆形，3～5片互生于茎的上部。总状花序常有花2～3朵，下垂，淡紫红色；唇瓣卵圆形，近基部有1深紫色斑块。蒴果长圆形（见图13-100）。分布于华南、西南等地，常生于密林老树干或潮湿的岩石上。茎入药，全年均可采收。鲜石斛以春末夏初和秋季采者为佳，除去须根、叶和泥沙。干石斛采收后除去杂质，用开水略烫或烘软，再边搓边烘晒至叶鞘搓净，干燥。石斛能益胃生津、滋阴清热。

同属作石斛药用的还有环草石斛 *Dendrobium loddigesii* Rolfe、马鞭石斛 *Dendrobium fimbriatum* Hook. var. *oculatum* Hook.、黄草石斛 *Dendrobium chrysanthum* Wall. ex

图 13-100 金钗石斛

图 13-101 白及

Lindl.、铁皮石斛 *Dendrobium candidum* Wall. ex Lindl.。采收的新鲜铁皮石斛剪去部分须根后,边炒边扭成螺旋形或弹簧状,烘干,习称耳环石斛。以上茎均作石斛入药。

白及 *Bletilla striata*(Thunb.)Reichb. f. 多年生草本。块茎三角状扁球形,富含黏性。总状花序顶生,花淡紫红色。蒴果圆柱形,具6棱(见图13-101)。分布于长江流域至南部及西南各省区,生于向阳山坡、疏林下,草丛中。块茎入药,多数地区在8~10月采收,选用当年的块茎,除去残茎和须根,洗净泥土,立即加工,否则易变黑色。加工前分拣大小,然后投入沸水中烫(或蒸)3~5min,至内无白心时取出,晒至半干,除去外皮再晒至全干。白及能收敛止血、消肿生肌。

本科常见的药用植物还有以下几种。

石仙桃 *Pholidota chinensis* Lindl. 分布于广东、广西、云南、贵州、福建等省区。全草能清热养阴、化痰止咳。

手参 *Gymnadenia conopsea*(L.)R. Br. 分布于东北、华北、西北及四川、西藏等地。块茎能补肾益精,理气止痛。

独蒜兰 *Pleione bulbocodioides*(Franch.)Rolfe 假鳞茎入药,称山慈菇,能清热解毒,治疗淋巴结核和蛇虫咬伤。

第十四章 药用植物的分布和质量要求

第一节 我国药用植物的分布

经调查，我国的药用植物资源相当丰富，药用植物种类有 11020 种，其中应用较广的常用中药约有 700 种，并在各地形成了多样的道地药材。根据自然区划，将我国的药用植物资源划分为东北区、华北区、华东-华中区、西南区、华南区、内蒙古区、西北区、青藏区等。以下简要介绍各区的重要药用植物资源。

一、东北区

本区包括黑龙江省大部分、吉林省和辽宁省的东半部及内蒙古自治区的北部。全区药用植物有 1700 种左右，特点是野生种群数量大，蕴藏量丰富。大量野生的药用植物有黄檗、刺五加、五味子、兴安升麻、牛蒡、桔梗、地榆、朝鲜淫羊藿、槲寄生、赤芍、草乌等。栽培药材主要有人参、北细辛、防风、柴胡、平贝母、条叶龙胆、五味子、桔梗等。

二、华北区

本区包括辽宁省南部、河北省中部及南部、北京市、天津市、山西省中部及南部、山东省、河南省、安徽省及江苏省的小部分。本区的药用植物约有 1500 种左右，野生资源中较丰富的有酸枣、北苍术、远志、柴胡、黄芩、知母、连翘、野葛、侧柏、银柴胡、玉竹等。栽培药材产量较大者有地黄、杏、金银花、黄芪、党参、山药、怀牛膝、板蓝根、山楂、连翘、苦参、槐、芍药、紫菀、菊花、栝楼、珊瑚菜，以及近年得到飞速发展的栽培西洋参。

三、华东-华中区

本区包括浙江省、江西省、上海市、江苏省中部和南部、安徽省中部和南部、湖北省中部和东部、湖南省中部和东部、福建省中部和北部，以及河南省及广东省的小部分。全区有药用植物约 2500 余种，著名的道地药材有种植的浙八味：浙贝母、麦冬、玄参、白术、杭白芷、菊花、延胡索和温郁金。尚有产于安徽的霍山石斛、宣州木瓜、牡丹；江苏的茅苍术；江西的酸橙；湖南的白术；福建的泽泻和莲子。其他较著名的药用植物还有山茱萸、薄荷、太子参、粉防己、海风藤、女贞子、栀子、夏枯草、补骨脂、荆芥、决明、丹参、独角莲等。

四、西南区

本区包括贵州省、四川省、云南省的大部分、湖北省及湖南省西部、甘肃省东南部、陕西省南部、广西壮族自治区北部及西藏自治区东部。本区自然条件复杂，生物种类繁多，为我国中药材的主要产地。全区药用植物约有 4500 多种，且有众多的道地药材。例如属川产道地药材的有川芎、乌头、川牛膝、麦冬、川郁金、川白芷、黄皮树、黄连、川贝母、药用大黄、独活等；属云南产道地药材主要有木香、三七、云南黄连、天麻等；属贵州产道地药材主要有天麻、杜仲、半夏、吴茱萸等;甘肃产的当归等。野生药材中占全国产量50%以上的主要品种有茯苓、厚朴、胡黄连、猪苓、天麻、半夏、当归、川续断、川楝、天冬、白及、海金沙、岩白菜、巴豆、甘松、黄常山等。

五、华南区

本区包括海南省、台湾省及南海诸岛、福建省东南部、广东省南部、广西壮族自治区南部及云南省西南部。全区有药用植物3500种。区内多道地南药,著名的有广藿香、巴戟天、钩藤、槟榔、诃子、肉桂、降香、胡椒、荜茇、沉香、安息香、儿茶、广豆根、千年健、鸦胆子、金毛狗脊、使君子以及一批姜南药,如姜、阳春砂仁、益智仁、高良姜、草果、山柰、草豆蔻、郁金、姜黄、莪术;此外还有一些常用南药如罗汉果、八角茴香、广金钱草、云南马钱以及大量引种的白豆蔻等。

六、内蒙古区

本区包括黑龙江省西北部、吉林省西部、辽宁省西北部、河北省及山西省的北部、内蒙古自治区中部及东部。本区有药用植物1000余种,绝大部分为草本植物。著名的道地药材有黄芪、赤芍、防风、知母、麻黄、黄芩、甘草、远志、龙胆、郁李、桔梗、酸枣、北苍术、柴胡、秦艽等。

七、西北区

本区包括新疆维吾尔自治区全部、青海省及宁夏回旋自治区的北部、内蒙古自治区西部以及甘肃省西部和北部。全区药用植物近2000种,不少种类的中药蕴藏量较大,其中在全国占重要地位的有肉苁蓉、锁阳、甘草、麻黄、新疆紫草、阿魏、宁夏枸杞、伊贝母、红花、罗布麻、大叶升麻等。其他蕴藏量较大的中药材还有雪莲、苦参、马蔺、银柴胡及沙棘等。

八、青藏区

本区包括西藏自治区大部分、青海省南部、四川省西北部和甘肃省西南部。本区有药用植物1100余种,多高山名贵药材。其中蕴藏量占全国60%~80%以上的种类有冬虫夏草、甘松、掌叶大黄、唐古特大黄、胡黄连,其他主要的药材还有川贝母、羌活、藏黄连、天麻、秦艽等。

第二节 药用植物生产的质量要求

无论是野生的药用植物还是栽培生产的药用植物,其生长环境的质量状况对药用植物产品的品质都具有很大影响,这种影响主要表现在两个方面:一方面是药用植物产品的有效成分减少或发生改变;另一方面则是药用植物产品中增加了毒性成分。因此,为了保障药用植物的产品质量,在药用植物野外采集或栽培生产中,都应当注重药用植物产品的生产质量。

一、药用植物的种质要求

种质是药用植物生产的关键,对栽培或野生采集的药用植物,要准确鉴定其物种(包括亚种、变种或品种、中文名及学名等);栽培药用植物,要选育种质优良的道地药材品种,在生产、储运过程中，对种子、种苗、种栽等繁殖材料要进行检验及检疫；要采取有效措施防止伪劣种子、种苗等繁殖材料传播，及时清除变异品种，保持原有生产品种的稳定，防止品种退化。

二、"道地药材"的地理区域特征要求

目前，有关中药材的有效成分和医疗作用的相关性研究并不是非常透彻。某些药用植物如果离开原有的道地区域，有的不能形成；有的虽然其生长发育也能正常进行，但其产品的医疗效果却发生明显的改变或降低。传统的道地药材中的关东药、怀药、浙药、川药等，其药材的性状和医疗的准确性都与其地域分布有明显的相关性。

三、药用植物生长环境的空气质量要求

由于工业化发展和城市化进程，有些地区空气受到污染，空气中的一些有害物质随着植物呼吸进入植物体内，对植物生长发育产生影响，有些蓄积在植物体内，造成药用植物产品的残留毒害。因此，药用植物生长环境的空气质量也有严格要求。一般情况下，药用植物的生长环境应远离城镇及污染区，大气质量较好且相对稳定。执行国家空气质量二级标准（GB 3095—82）：日平均总悬浮微粒$\leqslant 0.5mg/m^3$，二氧化硫日平均$\leqslant 0.25mg/m^3$，氮氧化物日平均$\leqslant 0.15mg/m^3$，一氧化碳日平均$\leqslant 6.0mg/m^3$，大气综合污染指数在 0.6~1.0 之间。在药用植物生长环境的上方风向区域内，要求无大量废气污染源，区域内气流相对稳定，空气尘埃较少，空气清新洁净，以地上部分入药的药用植物其生长地点应远离交通干道 100m 以上。自然野生药用植物的生长环境应伴随有一些地衣等环境指示植物生长。

四、药用植物生长环境的土壤及施肥要求

各种不同的药用植物适宜不同类型的土壤，土壤因素对药用植物的品质有重要影响。土壤除了提供药用植物生长的营养元素和物理状况外，土壤中的一些有害物质也会渗入到药用植物体内，影响药用部位的质量，威胁患者健康，因此药用植物的生产必须重视土壤环境质量。一般情况下，药用植物生长的土壤耕层内应无有毒离子和无倾倒物富集，无重金属污染，土壤中有机氯和有机磷化物（如六六六、滴滴涕、油酚等）的残留较少，土壤pH值适中，附近无矿山及污染源工厂。土壤中不应有废塑料薄膜和生活垃圾等废弃物。要求土壤肥沃，土壤中腐殖质含量较高，土壤质量符合国家二级标准（GB 15618—1995）。在生产中，应根据药用植物品种的生产周期，对土壤质量定期检测。栽培药用植物在施肥中，要根据药用植物的营养特点及土壤的供肥能力进行施肥，应当以施用有机肥为主，有限度地使用化学肥料。施用的农家肥要充分腐熟达到无害化卫生标准；禁止直接施用城市生活垃圾、工业垃圾、医院垃圾和粪便。

五、药用植物生长的水质要求

生长环境的水源质量也是影响药用植物产品品质的一个重要因素。药用植物产品的生产要求水源质量必须符合国家农田灌溉水质标准，即水质质量相对稳定，水源上游及各个支流处无工业污水排放，水体清澈透明，无异味，水源周围无粪堆、厕所、畜禽养殖场或屠宰场、动物食品加工场等污染源，水质基本达到国家二级饮用水标准。

六、药用植物病虫害防治的要求

对药用植物的病虫害要采取综合防治策略。优先采用农业措施,如通过选育抗病抗虫品种,非化学药剂处理种子,中耕除草,机械捕捉,秋季深翻晒土,清洁田园,轮作倒茬、间作套种等方法防止病虫害;通过释放寄生性捕食性天敌动物(如赤眼蜂、瓢虫、捕食螨、各类天敌蜘蛛及昆虫病原线虫等)消灭害虫;尽量利用灯光、色彩、昆虫外激素(如性信息素)或其他动植物源引诱剂诱杀害虫。特殊情况下必须使用农药时,应按照《中华人民共和国农药管理条例》的规定,采用最小有效剂量并选用高效、低毒、低残留农药,以降低农药残留和重金属污染,保护生态环境。目前,在药用植物生产中规定可以使用的农药有各种植物源杀虫剂、杀菌剂、拒避剂和增效剂,如除虫菊素、鱼藤酮、烟草水、大蒜素、苦楝、川楝、印楝、芝麻素等;矿物源农药中硫制剂、铜制剂等。可以有限度地使用活体微生物农药,如真菌制剂、细菌制剂、病毒制剂、放线菌剂、拮抗菌剂、昆虫病原线虫剂、原虫剂等;有限度地使用农用抗生素,如春雷霉素、多抗霉素(多环丝氨酸)、井冈霉素、农抗120等防治真菌病害,浏阳霉素防治螨类。在生产中如果实属必需,允许有限度地使用部分有机合成化学农药,并严格按照国家规定的方法和施药间隔使用。严格禁止使用剧毒、高毒、高残留或者具有"三致"(致癌、致畸、致突变)的农药。

七、药用植物产品的质量标准

药用植物产品除作为中药材原料以外,还有相当一部分作为医药产品或保健品的原材料。目前,世界各国对植物药产品都有明确的质量标准,我国国内使用的各种中药材要严格按照现行版《中国药典》规定的质量标准进行质量检验。对于进出口的药用植物及其产品,除了要符合现行版《中国药典》规定的质量标准外,还应按照规定的检测方法,由国家专门的检测机构进行相应项目的检测,重要的检测指标应符合以下标准:重金属总量$\leqslant 20.0$mg/kg,铅(Pb)$\leqslant 5.0$mg/kg,镉(Cd)$\leqslant 0.3$mg/kg,汞(Hg)$\leqslant 0.2$mg/kg,铜(Cu)$\leqslant 20.0$mg/kg,砷(As)$\leqslant 2.0$mg/kg,黄曲霉毒素B1(Aflatoxin)$\leqslant 5\mu$g/kg(暂定);农药残留量:六六六(BHC)$\leqslant 0.1$mg/kg,DDT$\leqslant 0.1$mg/kg,五氯硝基苯(PCNB)$\leqslant 0.1$mg/kg,艾氏剂(Aldrin)$\leqslant 0.02$mg/kg。

第十五章 药用植物的采集和检索认知方法

第一节 药用植物的野外采集

在药用植物认知过程中，有一个重要环节就是要采集植物标本，因为标本是进行辨认种类的第一手材料，也是永久性的查考资料。没有标本而只靠到野外观察各种植物，固然是能收到不少效果，然而时间久了对一些当时印象较深的植物又会变得模糊起来，当时能看到某些药用植物和生长环境，是费尽了千辛万苦，跋山涉水才能得到的，再要看看则往往又远隔千里或在高耸入云的深山中，从人力和时间上都不易经常去跑。所以在学习药用植物的过程中，要经常采集并保存野外植物标本，以便日常反复观察，强化认知印象。

一、采集工具的准备

在药用植物野外采集的过程中，考虑到野外行动的灵活方便性，采集人员除了准备必需的生活用品外，还要准备轻便灵活的采集工具。常用的采集工具有采集箱、标本夹、吸水纸、捆扎绳、小锄或小铲、枝剪、小刀、海拔仪、指南针、量尺、采集记录本、标本签、号牌、小纸袋、线、铅笔、解剖针、放大镜等。

（1）采集箱 系用白铁皮（或尼龙塑料）制成 50cm×25cm×20cm 扁圆柱形的小箱，一面开有长 30cm、宽 20cm 的活动门，并加锁扣，箱的两端备有环扣，以便安背带。采集箱可供野外采集标本或移植鲜活植物时使用，能防止标本因风吹日晒或受压变干、变形。也可用塑料包（袋）替代采集箱。

（2）标本夹 可选用长约 52cm、宽约 36cm 的胶合木板，为了方便捆扎，可在夹板的近两端，横向钉两根质地坚硬、长约 42cm 的木条（各边向外伸出 2~3cm 以利系绳），如此钉制成的两块夹板就是一副标本夹。

（3）吸水纸 通常选用从市面上购买的 52cm×36cm 大小的草纸。没有草纸也可用旧报纸或其他吸湿性较强的纸代替。

（4）采集记录本 用于野外采集植物标本时记录采集日期、采集号、产地、生境、海拔高度等项目的文字记载，以便鉴定和查阅植物标本时参考。采集记录本的大小以 16cm×10cm 为宜（见图 15-1）。

（5）号牌 用于登记植物标本编号、采集地、采集者及采集时间的简单记录。号牌通常穿有挂线，编号后系于标本上。号牌的大小宜为 4cm×5cm（见图 15-1）。

此外，在条件许可的情况下，也可准备便携式的数码影像器材，如数码相机或数码摄像机等。

二、采集地点和采集时期的选择

（一）采集地点的选择

到哪里去采集药用植物，关键是要了解药用植物的生长环境和分布情况。药用植物的生长受诸如温度（空气温度及土壤温度）、光照（光谱组成、光照度及光周期）、水分（空气湿度及土壤湿度)、土壤（土壤肥力、物理性质及土壤溶液反应)、空气（大气及土壤中空气的氧气及二氧化碳的含量、风速及大气压)、生物条件（土壤微生物、杂质及病虫害）等因素的影响，同时这些因素也相互联系，共同起作用。因此，不同生长环境下既生长有不同种类的药用植物，又由于地理变化，温度、光照、土壤等条件也发生变化，不同地域分布的药用植物也有很大差别。例如黄精、玉竹、天南星等药用植物喜生于山地阴坡的树林底下或山沟边土壤肥沃潮湿且无强光的地方；而升麻、五味子通常生长在落叶阔叶林下；在华北地区，秦艽只有在海拔 1800m 以上的山地上才能找到；当归通常生长在甘肃、四川、陕西等地的高寒山区；而我们想在华北等以南的林区采到人参几乎是不可能的。因此在药用植物采集地点的选择中，应当针对某些药用植物的分布范围选择采集的区域。例如，如果我们准备采集条叶龙胆、平贝母和辽细辛等植物，就应当选择吉林和辽宁等北方温带地区；如果我们准备采集巴戟天、莪术、穿心莲、罗汉果等植物，就应当选择南亚热带地区的广东、广西等山区。在药用植物采集时，当我们确定了某一个采集地点后，就要根据采集地所处的气候带和植物区系以及当地的地形地貌、小气候等因素，初步分析该采集地的植物组成和植物种类，以确定采集的目标植物，最大限度地采集和认知当地正常生长的药用植物。

（二）采集时间的选择

以认知为目的的药用植物的采集时间宜选择目标植物的花果期，一般以开花初期为最佳时期，因为此时目标植物特征比较全面，有利于鉴定识别。同一种植物在不同地区，其开花时期有所变化，因此在确定采集时期时，要根据具体情况因时因地而定。

三、植物标本的采集方法

采标本是为了更好地辨认、鉴定药用植物，因此在采集中应当遵循以下几点。

1. 采集代表性植物

要选择生长正常、无病虫害、无破损，具有明显特征的代表性植物。有的植物在生长过程中，因受病虫害影响致使其原有形态发生很大变化，如有的形成虫瘿、有的植株矮化扭曲、有的颜色发生变化等，这样都会影响我们对药用原植物的认知。

2. 采集全植物

尽可能地采集带有根、茎、叶、花、果等各个部位的全植物。如果因生长期所限也应至少二者必有其一，因为鉴定种类主要靠花、果的形态。采集下来的药用植物标本要及时放入采集箱中，并扣好活动门。

要采带花果的标本就必须熟悉和掌握好植物的开花结果季节，此季节在南北各地都不一致，要因地制宜。

3. 采集完整入药部位

采集的标本中应当带有比较完整的入药部位。

4. 草本药用植物的采集

矮的植株要连根拔出或挖出，这样根、茎、叶、花（或果）就都全了。如果是高草（1m 以上)，最好也连根挖出，把它折成"N"字形收压起来，或切成几段收集。太粗太高的可以剪取上段带花果的部分，再切下段带根的部分，中间的切一小段、带一个叶子也可以，三段合并为一份标本，务必将其全草高度记录下来。

5. 木本药用植物的采集

木本种类选取有花、果和叶片连同未坏未被虫蛀的枝条剪下，其长度为 25～20cm 合适。花、果太密时可以适当疏去一部分；药用部分如果是根或茎皮，也要取一小块茎皮或挖一小段根作为样品，把它附在茎枝标本上。

有一些木本植物是先开花后长叶的，这就要在开花时采一次，作好树木记号，等到出了叶子时再采一次。

6. 雌雄异株标本的采集

雌雄异株的植物就要分开收集标本。雌花、雄花分别长在不同植株上的，采集时应分别采集雄株和雌株，单独保存，并要在记录本和号牌上注明“雌株”或“雄株”标记。

7. 寄生植物标本的采集

寄生的植物采集时应连同寄主一起采集，如菟丝子、列当为寄生草本植物，桑寄生和槲寄生等寄生在树木枝条上，采集时应连寄主一起采（包括寄主的一段枝条或草本的一段茎叶），不要将二者分开。

8. 不同生长期植物标本的采集

营养生长期与生殖生长期形态完全不同的植物，例如菘蓝等，应分别采集不同生长期的药用植物标本，单独保存，并要在记录本和号牌上注明“营养期植株”或“生殖期植株”标记。

9. 水生植物标本的采集

采集水生植物，必须在水中把植物摊平在纸上，然后把纸连同植物一起从水里慢慢取出，平放在标本夹内的纸上，加以整理、展平。

10. 蕨类植物标本的采集

蕨类植物必须采集具有地下茎、孢子叶和营养叶的植株。

四、野外采集记录

采集标本时，应仔细观察植物的生长环境、数目及植物各器官或各部分的特征，将观察结果及时填写在采集记录和号牌上。采集时要按种编号，号码写在小号牌上（专有设计的号牌），用线穿好拴在标本上，同时要认真填写采集记录（见图 15-1）。

植物标本采集记录

采集号＿＿＿＿＿＿ 采集人＿＿＿＿＿＿

采集时间＿＿＿＿＿＿

采集地点＿＿＿＿＿＿

生长环境＿＿＿＿＿＿

海拔＿＿＿＿＿＿ 土壤＿＿＿＿＿＿

性状＿＿＿＿ 高度＿＿＿＿ 胸径＿＿＿＿

根＿＿＿＿＿＿

茎＿＿＿＿＿＿

叶＿＿＿＿＿＿

花＿＿＿＿＿＿

果实＿＿＿＿＿＿

名称＿＿＿＿ 别名＿＿＿＿ 科名＿＿＿＿

学名＿＿＿＿＿＿

药用部位＿＿＿＿＿＿ 用途＿＿＿＿＿＿

附记＿＿＿＿＿＿

号牌标签

采集号

地　点

采集者

采集日期

鉴定标签

＿＿＿＿＿＿植物标本室

采集号＿＿＿＿ 采集者＿＿＿＿

科　名＿＿＿＿ 植物名＿＿＿＿

学　名＿＿＿＿＿＿

功　效＿＿＿＿＿＿

产　地＿＿＿＿＿＿

日　期＿＿＿＿ 鉴定者＿＿＿＿

图 15-1 采集记录、号牌和标签

填写采集记录时应注意以下几点。

① 填写的采集号数必须与号牌同号。

② “性状”应填写乔木、灌木、草本或藤本等。

③"胸径"只填写乔木的胸高直径（距地面约 1.3m 处），草本、藤本或灌木不必填写。

④应记录植物体各器官或各部分的形状、大小等特征。植物标本压制后容易变化或不能反映的特征应尽量记录，如颜色、光泽、气味、质地和汁液等。

⑤"附记"可补充记录其他情况，如植物的分布和数量，有特殊疗效的方剂和药用部分的炮制、献方人和向导的姓名及住址等。

对于植物的别名、用途和分布等，在进行调查或研究后再记录。植物标本的学名或科名当时鉴定不了的，可回室内补订或送有关专家鉴定。写野外记录和号牌最好用铅笔而不用圆珠笔或钢笔，因后者久之易褪色。

五、蜡叶标本的制作

1. 植物标本的整理

经过一段时间的采集（晴天一般每隔半小时左右），放入采集箱中的新鲜标本应及时打开整理。标本整理时，在阴凉处将标本依次取出，修剪过密或过多的枝、叶、花或果实，注意保留叶柄、花柄和果柄，并应注意保留顶芽。草本或蕨类植物可整株压制，如果太长，可折成"N"或"V"字形。对于肉质根、块茎或鳞茎等，可先用开水烫死，切成两半或薄片后再压制。整理过程动作宜快，应检查野外记录是否有记载上的遗漏，标本号牌是否挂上，采集号数是否吻合等。

2. 植物标本的压制

经过整理后的新鲜标本，要及时进行压制。压制时先取一块标本夹放平，铺上 4~5 层吸水纸，将修整好的标本展平放在纸上，叶和花尽可能不重叠。每放 1 个标本，盖上 2~3 层吸水纸，多汁或粗壮的标本可多盖几层。放标本时，上下要互相交错，以免标本压多后造成中间凸起而边缘空缺的现象。标本放完毕，上面盖几层吸水纸，将另一块标本夹盖上，用绳索将标本夹均匀捆紧，放于通风干燥处或阳光下，使水分迅速蒸发。

新压的标本，头几天要勤换纸，每天换纸 2~3 次，至少 1 次。以后，根据标本干燥情况，每天或隔 1 天换 1 次。第一次、第二次换纸时，要继续整理标本，展平叶和花被的皱褶，调整叶的正反面。每次换下的湿纸，须及时晒干或烘干备用。已干燥的标本应及时取出另放；未干的标本应继续换纸，直至全部干燥为止。在换纸过程中，如果有叶、花和果实脱落，应将脱落部分装入小纸袋中，并记上采集号数，附于该标本上。

3. 植物标本的装订和保存

为了便于日后鉴定和认知观察，压制干的植物标本要进行装订和保存。在装订前，为了防止植物标本的生虫和霉变，通常进行一道消毒工序。传统的消毒工艺是将标本在 0.2%~0.5% 的升汞乙醇（95%）消毒液中浸润片刻，然后在吸水纸内压干或晒干。由于升汞有剧毒，所以，一般非长期保存的标本不提倡采用此法消毒，实际学习中可根据条件采用微波消毒，在短期内也很有效果。

标本消毒以后，为便于观察，应装订在尺寸为 40cm×29cm 的台纸上，台纸可选用有一定硬度的白纸板切成。标本在台纸上应尽量做到布局合理、美观大方。过大的标本要适当修整。标本贴放的位置定下来以后，即可在茎、枝、根、叶柄或较粗的叶脉等部位选择适宜的点（不宜过多），用线订牢，叶片可直接用胶水粘贴，脱落的叶片、花、果等应按标本原来的部位粘贴好或订好。最后在台纸的左上角贴上已填写好的植物标本采集记录，右下角贴上经过分科、分属、分种鉴定之后的订名签。订名签的大小以 10cm×8cm 为宜。

经过装订的药用植物标本，应存放在密封的木制标本橱内，以便以后反复认知观察。保存的室内环境一般应保持阴凉、干燥,即环境最高气温不超过20℃,相对湿度低于60%,同时橱内应放樟脑块(丸)以防虫蛀,并放入硅胶防潮。

第二节　药用植物的检索认知方法

一、药用植物认知的初步分类

在前面我们已经学习了藻类、真菌、地衣、苔藓、蕨类植物、裸子植物和被子植物的基本特征,掌握了各个大类植物的初步区分方法。因此,对于采集到的陌生植物,在对其基本形态观察之后,我们就可初步判断出这些植物可能属于以上哪个类群(哪个植物门),即对药用植物进行初步的认知分类。例如,在温带树林下的阴湿处,我们采集到一种多年生草本植物,叶柄和根茎表面密生许多褐色鳞片,在其上部叶的背面密生许多褐色的凸起颗粒(孢子囊群),由这些特征我们可初步确认这种植物属于蕨类植物。能够确定出陌生植物属于哪个类群,可以极大地缩小我们鉴别植物的查找范围。当然,在初步分类中,我们也可以使用植物分门检索表进行检索分类,但毕竟不太方便。因此,对于陌生药用植物,我们要学会初步的认知分类。

(一) 区分低等植物和高等植物

世界上所有的植物都可以归到高等植物或低等植物这两大类中,它不是高等植物就必然是低等植物,两者必居其一。

要确定某一植物属于高等植物还是低等植物是不困难的。在外形上,主要从有无根、茎、叶的分化来判断,而不能从植株的高矮、大小上来区分。一般来说,在高等植物中,根、茎、叶这三者的分化是极为明显的。但在高等植物的低级类群中,如苔类植物,整个植物呈叶状体,没有茎,在叶状体的腹面有单细胞丝状的假根;藓类植物虽有根、茎、叶的外形,但无根、茎、叶的内部构造。这些植物,虽然它们的根、茎、叶分化不彻底,但最关键的一点是它们都具有"胚"这一构造,所以它们都是高等植物。

(二) 找出高等植物中的种子植物

在高等植物中,也可以根据能不能产生种子这个标准来划分为两大类群。凡是能产生种子的称为种子植物,不会产生种子的称为孢子植物。苹果、大豆、马尾松、银杏都是种子植物。苹果果核中的籽粒,大豆豆荚中的豆粒,马尾松的松籽,银杏结的白果都是种子。蕨类是孢子植物,它们既不会开花也不会结种子,在石韦的叶片侧脉间紧密而整齐地排列着许多突起的孢子囊,孢子囊破裂后散出孢子,这说明石韦是孢子植物。

常用中药材中,只有少数来自于蕨类植物,大多数中药材来自于种子植物。当我们采到某一高等植物时,怎么来区分它是种子植物还是孢子植物呢?最根本的当然是检查一下它有没有种子。但是种子植物并非一年四季都能产生种子,看不到种子并不等于不会结种子,因此,在实际的应用中,多数情况并不是根据有无种子来判断的。在没有看到种子的情况下,大致可以根据以下几个方面来判别。

① 凡是高大乔木、木质藤本植物,可以说几乎都是种子植物。
② 不管植株的大小、高矮,凡是能开花的,无论花色鲜艳与否,都是种子植物。
③ 凡是能结果实的都是种子植物。
④ 具有网状叶脉或平行叶脉的植物基本上都是种子植物。

（三）区别裸子植物和被子植物

在我们认出陌生植物属于种子植物之后，下一步就是要区分出它是属于裸子植物还是被子植物。被子植物与裸子植物的根本区别是种子外面有无果皮包被。但有时容易将种皮误认为是果皮，例如银杏。因此，在辨别时并不一定都要去察看果皮的情况，通常从其他一些特点来判断。

首先看它是草本植物还是木本植物。如果是草本植物，那毫无疑问一定是被子植物，因为裸子植物全部是木本植物。如果植物形成了果实，那肯定是被子植物。如果碰到的是木本植物，那么先看看有没有鲜艳的花，有艳丽花的则是被子植物，因为裸子植物花不艳丽。如果碰到没有花的木本植物，则可看叶片。裸子植物的叶片（除了银杏以外）叶形通常狭小，呈针形、鳞形、条形、锥形等。银杏叶片虽宽，但呈展开的折扇状，叶脉二叉分枝，也很容易识别。其他少数裸子植物叶片稍宽一些，也仅仅呈狭披针形。这一部分叶片稍宽的裸子植物也不会同被子植物相混，因为这些裸子植物的叶脉（除中脉外），侧脉都不明显，叶片质地也较厚，而且都是常绿植物。

（四）辨别双子叶植物和单子叶植物

被子植物是种类最多、分布最广的类群，所以我们一定要掌握被子植物的主要特征。对于采集到的未知植物首先要弄清它是否属于被子植物，注意：多数情况下我们遇到的未知植物可能就是被子植物。在所有的被子植物中，又可分为两大类，即双子叶植物和单子叶植物。它们的根本区别是在种子的胚中发育二片子叶还是发育一片子叶，二片的称为双子叶植物，一片的称为单子叶植物。前者如苹果、大豆；后者如水稻、玉米。这两类植物比较容易区分，因为它们之间在形态上有一些明显的不同。双子叶植物的根系基本上是直根系，主根发达；不少是木本植物，茎干能不断加粗；叶脉为网状脉；花中萼片、花瓣的数目都是 5 片或 4 片，如果花瓣是结合的，则有 5 个或 4 个裂片。单子叶植物的根系基本上是须根系，主根不发达；主要是草本植物，木本植物很少，茎干通常不能逐年增粗；叶脉为平行脉；花中的萼片、花瓣的数目通常是 3 片或是 3 片的倍数。利用上述几方面的差异，可以比较容易地区分单子叶植物和双子叶植物。

（五）识别被子植物的常见科

《中国药典》收载的中药植物类药材中，藻类植物有 2 科 2 种，真菌类有 5 科 7 种，蕨类植物有 7 科 8 种，共计 17 种；裸子植物只有 10 种，分布在 5 科之中；被子植物中药材有 440 余种，其中双子叶植物类中药材是最重要的组成部分，共计 90 科 367 种，单子叶植物计 18 科 73 种。在双子叶植物中，首先是豆科、菊科、毛茛科、唇形科、伞形科、蔷薇科及芸香科 7 个科，有中药材 143 种；其次是大戟科、蓼科、五加科、葫芦科、木兰科、睡莲科和茄科，计 64 种。单子叶植物百合科、姜科、禾本科和天南星科计 49 种。上述 18 个科所包含的药用植物占植物类中药材的 54%，由此可见，药用植物主要集中在被子植物中。

由于被子植物是植物种类最多的一大类群，因此，即使在我们确定了未知植物是属于被子植物之后，仍然有非常大的查询范围。此时，我们所学的一些被子植物基本科的科特征就显得非常重要了，尤其是上面提到的 18 个科，这些科都是被子植物中植物种类较多、分布范围较广的科，其中仅菊科的植物就占被子植物种类的 1/10，其他如豆科、禾本科、蔷薇科等都是植物种类非常多的植物科。因此，我们一定要掌握这些基本科的科特征，练就识别未知植物属于其中哪一个科的技能本领，这样我们就可以极大地缩小搜寻范围了。

二、系统检索认知方法

在确定了未知植物的搜寻范围以后，下一步就是在这个范围内寻找出这种未知植物。通常采用的方法是根据植物检索表来检索。

使用检索表鉴定植物时，要经过观察、检索和核对3个步骤。

（一）观察

观察是鉴定植物的前提。鉴定一个植物，首先必须对它的各个器官的形态（尤其是花和叶的形态）进行细致的观察，然后才有可能根据观察结果进行检索和核对。

1. 观察的用品用具

（1）尖镊子和解剖针　用来夹持花朵和拨开花的各个部分。

（2）刀片　用来切开花的子房和果实。

（3）解剖镜或放大镜　用来观雄蕊、花粉块、花盘、胎座等特别细小的形态。

（4）记录本和笔　用来记载观察结果。

（5）地方植物志（或植物图鉴、植物检索表）　用来检索植物和验证检索的结果。

2. 观察项目

（1）生活型　是指乔木、灌木、藤木、草本等。如果是乔木，还要观察是常绿乔木还是落叶乔木。如果是草本，还要观察是一年生、两年生还是多年生。

（2）根　主要指草本植物根的类型、变态根的有无及其类型。至于木本植物的根，通常不必观察。

（3）茎　观察茎的生长习性（直立、匍匐、攀缘、缠绕等），茎的高度，分枝特点，树冠形状，变态茎的有无及其类型。

（4）叶　观察是单叶或复叶，叶序类型，托叶有无，乳汁及有色浆液的有无，叶的长度，叶序形状、大小和质地，叶片各部分的形态（包括叶基、叶尖、叶缘、叶脉、毛的有无和类型等）。

（5）花　通常要观察花序类型，花的性别（两性花或单性花、同株或异株），花的对称性（辐射对称或两侧对称），花的各部分是轮生或螺旋生，萼片形态（包括数目、形状、大小、离生或合生），花瓣形态（包括数目、颜色、离生、合生、花冠类型），雄蕊形态（数目、类型、与花瓣对生或互生），雌蕊形态（包括心皮数目、心皮离生或合生、花柱柱头特点、子房室数、胎座类型、胚珠数目、子房位置）。

（6）果实　观察果实类型、大小、形状、颜色，有时也可以确定心皮数目、胎座类型、胚珠数目等特征。

（7）种子　包括种子数目、形状、颜色、胚乳有无。

（8）花期和果期　确定开花和果实成熟的季节、月份。

（9）生活环境及其类型　包括湿生、旱生、陆生、水生（漂浮、浮叶、沉水、挺水等），喜肥沃、耐贫瘠、耐盐碱等生长习性。

3. 观察注意事项

（1）要选择正常而完整的植株进行观察　用来观察的植株应该是发育正常、没有病虫危害的。这样的植株，它的形态特征是正常的。只有根据正常的形态特征，才能正确识别出一个植物。另外，用来观察的植株必须是根、茎、叶、花俱全的（最好还有果实）。因为检索表是根据植物的全部形态特征来编制的，如果缺少了某个特征，往往会使检索工作半途而废。

(2) 要按照形态学术语的要求进行观察　只有按照形态学术语的要求去观察植物，才能观察得确切，也只有这样，才能根据观察结果顺利地进行检索。因为检索表都是运用形态学术语编制的。

(3) 要按照植物体的一定顺序进行观察　观察时，要从植物整体到各个器官；对各个器官，要从下到上，即从根、茎到叶，再到花、果实和种子；对每个器官，要从外向里，例如花，要按照萼片、花瓣、雄蕊、雌蕊的次序进行观察。这样观察，所得到的结论就不会是杂乱无章的了。

(4) 对高低、宽窄和长短的概念要用具体数字来衡量　例如，株高8.5cm、叶宽1.5cm等，而不能用"较高"、"较小"等词句来表示。

(5) 不要一次性将全部标本都解剖破坏　在作解剖观察时，应当预留出复核用的标本，尤其是当采集到的花、果实等标本比较少，特征又比较微小时，一次观察后难以明确作出判断，就需要多次重新观察，这时应注意保留一些原有的标本。

(6) 要边观察边记录　特别对一些数字要及时记录，以免因遗忘而重新观察。

(二) 检索

检索是识别植物的关键步骤。对一个不认识的植物，可以根据观察的结果选择相应的检索表，逐项进行检索，最后来确定该种植物的名称和分类地位。

1. 检索的方法

对于经过初步分类已经确认属于哪一类群的植物，检索时先用该类群的分科检索表，检索出所属的科；再用该科的分属检索表检索到属；最后则用该属的分种检索表检索到种。常见被子植物分科检索表见本书附录。

植物检索表是根据二歧分类的原理编制的，也就是说，是把植物一对对彼此相反的特征按照一定次序编制起来。因此，在检索时，要根据"非此即彼"的原则，从一对相反的特征中选择其中一个与被检索植物相符合的特征，放弃另一个不符合的特征。然后，在选中的特征项下再从下一对相反特征中继续进行选择。如此继续进行下去，直至检索到种为止。同学们可在老师的指导下进行未知植物的检索。

下面以被子植物门分科检索表为例，说明检索的过程。

华北地区广泛分布的某一种未知植物，经过观察后记录了以下特征。

(1) 特征观察

① 一年生缠绕性草本。茎左旋，长2m以上，被倒生短毛。

② 叶互生，有长柄，叶柄常比总花梗长；叶片广卵形，通常3深裂，基部心形，中裂片较长，长卵形，先端长尖，基部不收缩，侧裂片底部阔圆，两面均被毛。

③ 花1～3朵腋生，具总花梗；苞叶2；萼5深裂，裂片线状披针形，长2～2.5cm，先端尾状长尖，基部被长毛；花冠连合，漏斗状，紫色或淡红色、淡蓝色、蓝紫色，上部色较深、下部色浅或为白色，早晨开放，日中花冠收拢；花冠背面有5条纵纹。

④ 雄蕊5，与花冠纵纹互生，花丝贴生于花冠基部，长不及花冠之半，花丝基部有毛。

⑤ 雌蕊1，比雄蕊稍长，无毛，柱头头状，3裂，子房上位，完整不裂。

⑥ 蒴果球形，为宿存花萼所包被，3室，每室有2种子；种子卵状，3棱形，黑色或黄白色，表面平滑。

⑦ 花期6～9月，果期7～10月。

(2) 检索步骤

根据以上整体特征，初步分类此未知植物应当属于被子植物，选用被子植物分科检索表（附录），先确定其所属科。

第1步　先使用被子植物分科检索表，在第一行看到：

1. 子叶2个，极稀可为1个或较多；茎具中央髓部；为多年生的木本植物且有年轮；叶片常具网状脉；花常为5出或4出数 ………………………… 双子叶植物纲 Dicotyledoneae

观察未知植物特征，与本条检索特征的某一项对照，看是否相符，如果相符合则在本项下继续查找两个第2.条，如果不符合则查看另外一个第1.条。

经过与未知植物特征对照，其特征与这一项相符合，在本项下继续检索。

第2步　在本项下有两个第2.条：

前2. 花无真正的花冠（花被片逐渐变化，呈覆瓦状排列成2层至数层的，也可在此检查）；有或无花萼，有时且可类似花冠。

后2. 花具花萼也具花冠，或有两层以上的花被片，有时花冠可为蜜腺叶所代替。

经过与检索的未知植物特征对照，其特征与后一个第2.条相符合，应在后一个第2.条下继续检索。

第3步　在后一个第2.条下有两个160.条：

前160. 花冠常为离生的花瓣所组成。

后160. 花冠为多少有些连合的花瓣所组成。

未知植物"花冠连合，漏斗状"，显然符合后一个160.条要求的特征，因此要在本项下继续检索。

第4步　在后一个160.条下有两个398.条：

前398. 成熟雄蕊或单体雄蕊的花药数多于花冠裂片。

后398. 成熟雄蕊并不多于花冠裂片或有时因花丝的分裂则可过之。

检索的未知植物特征是"花冠背面有5条纵纹；雄蕊5，与花冠纵纹互生"，应当符合后一个398.条，要在此项下继续检索。

第5步　在后一个398.条下有两个418.条：

前418. 雄蕊和花冠裂片为同数且对生。

后418. 雄蕊和花冠裂片为同数且互生，或雄蕊数较花冠裂片为少。

根据观察记录，被检索的未知植物特征符合后一个418.条，在此项下面继续检索。

第6步　在后一个418.条下有两个427.条：

前427. 子房下位。

后427. 子房上位。

被检索的未知植物特征是"子房上位"，符合后一个427.条，在后一个427.条下面继续检索。

第7步　在后一个第427.条下有两个443.条：

前443. 子房深裂为2～4部分；花柱或数花柱均自子房裂片之间伸出。

后443. 子房完整或微有分割，或为2个分离的心皮所组成；花柱自子房的顶端伸出。

根据观察，被检索的未知植物是雌蕊1，子房完整不裂。因此符合后一个443.条，应在本条下面继续检索。

第8步　在后一个第443.条下有两个446.条：

前 446. 雄蕊的花丝分裂。
后 446. 雄蕊的花丝单纯。
　　观察被检索的未知植物，其雄蕊的花丝没有分裂，故符合后一个 446. 条，在本条下面继续检索。
　　第 9 步　在后一个第 446. 条下有两个 448. 条：
前 448. 花冠不整齐，常多少有些呈两唇状。
后 448. 花冠整齐，或近于整齐。
　　被检索的未知植物是属于"漏斗状花冠"，花冠整齐，符合后一个 448. 条，在本条下面继续检索。
　　第 10 步　在后一个 448. 条下有两个 462. 条：
前 462. 雄蕊数较花冠裂片为少。
后 462. 雄蕊和花冠裂片同数。
　　被检索的未知植物花冠没有裂开的花瓣，但有 5 条纵纹，属于花冠裂片愈合后留下的痕迹，并且和雄蕊数相同，因此符合后一个 462. 条，要在本条下面继续检索。
　　第 11 步　在后一个 462. 条下有两个 469. 条：
前 469. 子房 2 个，或为 1 个而成熟后呈双角状。
后 469. 子房 1 个，不呈双角状。
　　被检索的未知植物只有 1 个雌蕊，也只形成 1 个子房，子房完整不裂，因此符合后一个 469. 条，在后一个 469. 条下继续检索。
　　第 12 步　在后一个 469. 条下有两个 471. 条：
前 471. 子房 1 室或因侧膜胎座的深入而成 2 室。
后 471. 子房 2~10 室。
　　根据观察记录，被检索的未知植物子房 3 室，符合后一个 471. 条，在后一个 471. 条下继续检索。
　　第 13 步　在后一个 471. 条下有两个 478. 条：
前 478. 无绿叶而为缠绕性的寄生植物。
后 478. 不是上述的无叶寄生植物。
　　根据观察记录，被检索的未知植物符合后一个 478. 条，在后一个 478. 条下继续检索。
　　第 14 步　在后一个 478. 条下找到两个 479. 条：
前 479. 叶常对生，在两叶之间有托叶所成的连接线或附属物。
后 479. 叶常互生，或有时基生，如为对生时，其两叶之间也无托叶所成的连系物，有时
　　　　 其叶也可轮生。
　　被检索的未知植物叶是互生，符合后一个 479. 条，在后一个 479. 条下继续检索。
　　第 15 步　在后一个 479. 条下找到两个 480. 条：
前 480. 雄蕊和花冠离生或近于离生。
后 480. 雄蕊着生于花冠的筒部。
　　根据观察记录，被检索的未知植物花丝贴生于花冠基部，符合后一个 480. 条，在后一个 480. 条下继续检索。
　　第 16 步　在后一个 480. 条下找到两个 482. 条：
前 482. 雄蕊 4 个，稀可在冬青科为 5 个或更多。

后 482. 雄蕊常 5 个，稀可更多。

  被检索的未知植物雄蕊 5 枚，符合后一个 482. 条，在后一个 482. 条下继续检索。

  第 17 步 在后一个 482. 条下找到两个 486. 条：

前 486. 每个子房室内仅有 1 或 2 个胚珠。

后 486. 每子房室内有多数胚珠，或在花葱科中有时为 1 至数个；多无托叶。

  被检索的未知植物子房 3 室，每室有 2 种子（胚珠），因此符合前一个 486. 条，在前一个 486. 条下继续检索。

  第 18 步 在前一个 486. 条下找到两个 487. 条：

前 487. 子房 2 或 3 室；胚珠自子房室近顶端垂悬；木本植物；叶全缘。

后 487. 子房 1～4 室；胚珠在子房室基底或中轴的基部直立或上举；无托叶；花柱 1 个，稀可 2 个，有时在紫草科的破布木属（*Cordia*）中其先端可成两次的 2 分。

  观察被检索植物属于多年生草本，胚珠不是由子房顶部悬垂，而是生于中轴上，故符合后一个 487. 条，在后一个 487. 条下继续检索。

  第 19 步 在后一个 487. 条下找到两个 489. 条：

前 489. 果实为核果；花冠有明显的裂片，并在蕾中呈覆瓦状或旋转状排列；叶全缘或有锯齿；通常均为直立木本或草本，多粗壮或具刺毛。

后 489. 果实为蒴果；花瓣完整或具裂片；叶全缘或具裂片，但无锯齿缘。

  根据观察记录，被检索的未知植物的果实属于蒴果，且花瓣完整，符合后一个 489. 条，在后一个 489. 条下继续检索。

  第 20 步 在后一个 489. 条下找到两个 490. 条：

前 490. 通常为缠绕性稀可为直立草本，或为半木质的攀缘植物至大型木质藤本［例如盾苞藤属（*Neuropeltis*）］萼片多互相分离；花冠常完整而几无裂片，于蕾中呈旋转状排列，也可有时深裂而其裂片呈内折的镊合状排列 ………… 旋花科 Convolvulaceae

后 490. 通常均为直立草木；萼片连合呈钟形或筒状；花冠有明显的裂片，惟于蕾中也成旋转状排列 …………………………………………………………………… 花葱科 Polemoniaceae

  根据观察被检索的未知植物特征"一年生缠绕性草本，茎左旋，萼 5 深裂，裂片线状披针形，花冠连合，漏斗状"，与前一个 490. 条相符和，而本条对应的检索目标是旋花科，所以被检索的未知植物属于旋花科植物。

  检索出未知植物所属的科之后，要进一步在本科内检索该未知植物属于哪个属，此时应检索旋花科的分属检索表，每科分属检索表和每属的分种检索表可查阅《中国植物志》或各地方植物志。

  华北地区旋花科植物分属检索表如下：

1. 无绿叶寄生植物；花白色，花柱 1～2 ………………………………… 菟丝子属 *Cuscuta*
1. 绿色植物。
  2. 柱头头状或球形，2～3 裂。
    3. 雄蕊和花柱伸出花冠管外；花冠管长。
      4. 花冠白色，晚间开放；茎带肉刺；子房 2 室 ………… 月光花属 *Calonyction*
      4. 花冠红色，日间开放；茎无肉刺；子房 4 室 ………………… 茑萝属 *Quamoclit*
    3. 雄蕊和花柱不伸出花冠外；花冠漏斗状。

5. 心皮 3，子房 3 室 ·· 牵牛属 *Pharbitis*
　　5. 心皮 2，子房 2 室。
　　　　6. 茎匍匐；叶无长尖端；花冠管无暗色条纹；花粉具刺 ········ 甘薯属 *Ipomoea*
　　　　6. 茎缠绕；叶有长尖端；花冠管有暗色条纹；花粉无刺，野生 ····················
　　　　··· 茉栾藤属 *Merremia*
2. 柱头线形，2 裂。
　　　　7. 苞片狭小或无，与花萼远离 ····························· 旋花属 *Convolvulus*
　　　　7. 苞片 2，很大，紧贴萼外 ····························· 打碗花属 *Calystegia*

　　根据被检索的未知植物特征在分属检索表中后一个 1. 条，在此条下选择检索前一个 2. 条，在该条下选择后一个 3. 条，在后一个 3. 条下选择前一个 5. 条，最后检索出该被检索的未知植物属于牵牛属植物。
　　最后查找牵牛属的分种检索表，华北地区牵牛属常见 2 种，植物分种检索表如下。
1. 叶全缘，稀有裂；萼片卵状披针形，先端钝尖 ·············· 圆叶牵牛 *Pharbitis purpurea*
1. 叶常 3 裂，萼片线状披针形，先端长尖 ·················· 裂叶牵牛 *Pharbitis hederacea*
　　对照未知植物特征，应符合后一个 1. 条，因此该被检索的未知植物是裂叶牵牛 *Pharbitis hederacea*。
　　以上说明了未知植物系统检索的认知过程，在系统检索过程中，需要注意一些事项。
　　2. 检索时的注意事项
　　(1) 在核对两项相对的特征时，即使第一项已符合于被检索的植物，也应该继续读完第二项特征，以免查错。
　　(2) 如果查到某一项，而该项特征没有观察，应补行观察后再进行检索。不要越过去检索下项，否则容易错查下去。
　　(三) 检索后植物特征的核对
　　为了避免植物检索过程中出现错误，在检索到植物名称后要对被检索的植物进行核对。核对的方法是把植物的特征与植物志或图鉴中的有关形态描述的内容进行对比。植物志中有科、属、种的文字描述，而且附有插图，在核对时，不仅要与文字描述进行核对，还要核对插图。在核对插图时，除了应注意在外形上是否相似外，尤其应该重视解剖图的特征，因为后者往往是该种植物的关键特征。经过核对，如果发现有出入，说明检索可能有误，这就需要重新检索，找出问题所在。
　　常用来进行检索核对的植物志和植物图鉴有：《中国植物志》（共 126 卷）、《东北植物志》、《内蒙古植物志》、《河北植物志》、《山西植物志》、《秦岭植物志》、《四川植物志》、《云南植物志》、《浙江植物志》、《庐山植物志》、《安徽植物志》、《广西植物志》、《福建植物志》、《新疆植物志》、《青藏高原植物志》以及《中国高等植物图鉴》、《中国高等植物科属检索表》等。对于常用药用植物，我们还可以和相应的中药图谱进行核对，常用的中药图谱有：《中华人民共和国药典中药彩色图谱》、《全国中草药汇编彩色图谱》、《常用中草药彩色图谱》、《本草纲目彩色图谱》、《神农本草经彩色图谱》、《中国本草彩色图鉴》、《新编中草药图谱大典》、《实用中药彩色图谱》、《新编中药志》等。
　　核对无误后，将检索到的植物科名和种名填写到标本的鉴定标签上，并与标本同时保存好，以便长期认知。

附录　被子植物门分科检索表

1. 子叶 2 个，极稀可为 1 个或较多；茎具中央髓部；为多年生的木本植物且有年轮；叶片常具网状脉；花常为 5 出或 4 出数。次 1 项，见 209 页 ⋯⋯⋯⋯⋯⋯⋯⋯⋯⋯⋯⋯⋯⋯⋯⋯ 双子叶植物纲 Dicotyledoneae
   2. 花无真正的花冠（花被片逐渐变化，呈覆瓦状排列成 2 层至数层的，也可在此检查）；有或无花萼，有时且可类似花冠。次 2 项，见 188 页。
      3. 花单性，雌雄同株或异株，其中雄花，或雌花和雄花均可呈葇荑花序或类似葇荑状的花序。次 3 项，见 180 页。
         4. 无花萼，或在雄花中存在。
            5. 雌花以花梗着生于椭圆形膜质苞片的中脉上；心皮 1 ⋯⋯⋯⋯⋯⋯⋯⋯ 漆树科 Anacardiaceae
                                                                                       （九子不离母属 Dobinea）
            5. 雌花情形非如上述；心皮 2 或更多数。
               6. 多为木质藤本；叶为全缘单叶，具掌状脉；果实为浆果 ⋯⋯⋯⋯⋯⋯⋯ 胡椒科 Piperaceae
               6. 乔木或灌木；叶可呈各种形式，但常为羽状脉；果实不为浆果。
                  7. 旱生性植物，有具节的分枝和极退化的叶片，后者在每节上连合成为具齿的鞘状物
                  ⋯⋯⋯⋯⋯⋯⋯⋯⋯⋯⋯⋯⋯⋯⋯⋯⋯⋯⋯⋯⋯⋯⋯⋯⋯⋯⋯⋯ 木麻黄科 Casuarinaceae
                                                                                       （木麻黄属 Casuarina）
                  7. 植物体为其他情形者。
                     8. 果实为具多数种子的蒴果；种子有丝状毛茸 ⋯⋯⋯⋯⋯⋯⋯⋯⋯ 杨柳科 Salicaceae
                     8. 果实为仅具 1 个种子的小坚果、核果或核果状的坚果。
                        9. 叶为羽状复叶；雄花有花被 ⋯⋯⋯⋯⋯⋯⋯⋯⋯⋯⋯⋯⋯ 胡桃科 Juglandaceae
                        9. 叶为单叶（有时在杨梅科中可为羽状分裂）。
                           10. 果实为肉质核果；雄花无花被 ⋯⋯⋯⋯⋯⋯⋯⋯⋯⋯ 杨梅科 Myricaceae
                           10. 果实为小坚果；雄花有花被 ⋯⋯⋯⋯⋯⋯⋯⋯⋯⋯ 桦木科 Betulaceae
         4. 有花萼，或在雄花中不存在。
            11. 子房下位。
               12. 叶对生，叶柄基部互相连合 ⋯⋯⋯⋯⋯⋯⋯⋯⋯⋯⋯⋯⋯⋯⋯ 金粟兰科 Chloranthaceae
               12. 叶互生。
                  13. 叶为羽状复叶 ⋯⋯⋯⋯⋯⋯⋯⋯⋯⋯⋯⋯⋯⋯⋯⋯⋯⋯⋯ 胡桃科 Juglandaceae
                  13. 叶为单叶。
                     14. 果实为蒴果 ⋯⋯⋯⋯⋯⋯⋯⋯⋯⋯⋯⋯⋯⋯⋯⋯⋯ 金缕梅科 Hamamelidaceae
                     14. 果实为坚果。
                        15. 坚果封藏于一个变大呈叶状的总苞中 ⋯⋯⋯⋯⋯⋯⋯ 桦木科 Betulaceae
                        15. 坚果有一壳斗下托，或封藏在一个多刺的果壳中 ⋯⋯⋯ 壳斗科 Fagaceae
            11. 子房上位。
               16. 植物体中具白色乳汁。
                  17. 子房 1 室；聚花果 ⋯⋯⋯⋯⋯⋯⋯⋯⋯⋯⋯⋯⋯⋯⋯⋯⋯⋯⋯⋯⋯⋯ 桑科 Moraceae
                  17. 子房 2～3 室；蒴果 ⋯⋯⋯⋯⋯⋯⋯⋯⋯⋯⋯⋯⋯⋯⋯⋯⋯ 大戟科 Euphorbiaceae
               16. 植物体中无乳汁，或在大戟科的重阳木属（Bischofia）中具红色汁液。
                  18. 子房为单心皮；雄蕊的花丝在花蕾中向内屈曲 ⋯⋯⋯⋯⋯⋯⋯⋯ 荨麻科 Urticacea

18. 子房为 2 枚以上的连合心皮所组成；雄蕊的花丝在花蕾中常直立［在大戟科的重阳木属（*Bischofia*）及巴豆属（*Croton*）中则向前屈曲］。
  19. 果实为 3 个，（稀可 2～4 个）离果所成的蒴果；雄蕊 10 至多数，有时少于 10 ·· 大戟科 Euphorbiaceae
  19. 果实为其他情形；雄蕊少数至数个［大戟科的黄桐树属（*Endospermum*）为 6～10］，和花萼裂片同数且对生。
    20. 雌雄同株的乔木或灌木。
      21. 子房 2 室；蒴果 ·· 金缕梅科 Hamamelidaceae
      21. 子房 1 室；坚果或核果 ·· 榆科 Ulmaceae
    20. 雌雄异株的植物。
      22. 草本或草质藤木；叶为掌状分裂或为掌状复叶 ·························· 桑科 Moraceae
      22. 乔木或灌木；叶全缘，或在重阳木属为 3 小叶所成的复叶
        ·· 大戟科 Euphorbiaceae
3. 花两性或单性，但并不成为荑荑花序。
  23. 子房或子房室内有数个至多数胚珠。次 23 项，见 182 页。
  24. 寄生性草本，无绿色叶片 ··· 大花草科 Rafflesiaceae
  24. 非寄生性植物，有正常绿叶或叶退化而以绿色茎代行叶的功用。
    25. 子房下位或部分下位。次 25 项，见 181 页。
      26. 雌雄同株或异株，如为两性花时，则呈肉质穗状花序。
        27. 草本。
          28. 植物体含多量液汁；单叶常不对称 ······························ 秋海棠科 Begoniaceae
                            （秋海棠属 *Begonia*）
          28. 植物体不含多量液汁；羽状复叶 ·································· 四数木科 Datiscaceae
                             （野麻属 *Datisca*）
        27. 木本。
          29. 花两性，呈肉质穗状花序；叶全缘 ··························· 金缕梅科 Hamamelidaceae
                            （假马蹄荷属 *Chunia*）
          29. 花单性，呈穗状、总状或头状花序；叶缘有锯齿或具裂片。
            30. 花呈穗状或总状花序；子房 1 室 ···································· 四数木科 Datiscaceae
                            （四数木属 *Tetrameles*）
            30. 花呈头状花序；子房 2 室 ·· 金缕梅科 Hamamelidaceae
                            （枫香树亚科 Liquidambaroideae）
      26. 花两性，但不呈肉质穗状花序。
        31. 子房 1 室。
          32. 无花被；雄蕊着生在子房上 ·· 三白草科 Saururaceae
          32. 有花被；雄蕊着生在花被上。
            33. 茎肥厚，绿色，常具棘针；叶常退化；花被片和雄蕊都多数；浆果
              ·· 仙人掌科 Cactaceae
            33. 茎不呈上述形状；叶正常；花被片和雄蕊皆为五出或四出数，或雄蕊数为前者的 2 倍；蒴果 ··· 虎耳草科 Saxifragaceae
        31. 子房 4 室或更多室。
          34. 乔木；雄蕊为不定数 ·· 海桑科 Sonneratiaceae
          34. 草本或灌木。
            35. 雄蕊 4 ·· 柳叶菜科 Onagraceae
                                （丁香蓼属 *Ludwigia*）

             35. 雄蕊 6 或 12 ·· 马兜铃科 Aristolochiaceae
25. 子房上位。
  36. 雌蕊或子房 2 个，或更多数。
   37. 草本。
    38. 复叶或多少有些分裂，稀可为单叶［如驴蹄草属（*Caltha*）］，全缘或具齿裂；心皮多数至少数
      ·· 毛茛科 Ranunculaceae
    38. 单叶，叶缘有锯齿；心皮和花萼裂片同数 ·· 虎耳草科 Saxifragaceae
                                                                                                              （扯根菜属 *Penthorum*）
   37. 木本。
    39. 花的各部为整齐的三出数 ··· 木通科 Lardizabalaceae
    39. 花为其他情形。
     40. 雄蕊数个至多数，连合成单体 ··· 梧桐科 Sterculiaceae
                                                                                                        （苹婆属 *Sterculieae*）
     40. 雄蕊多数，离生。
      41. 花两性；无花被 ··· 昆栏树科 Trochodendraceae
                                                                                                    （昆栏树属 *Trochodendron*）
      41. 花雌雄异株，具 4 个小型萼片 ·· 连香树科 Cercidiphyllaceae
                                                                                                    （连香树属 *Cercidiphyllum*）
  36. 雌蕊或子房单独 1 个。
   42. 雄蕊周位，即着生于萼筒或杯状花托上。
    43. 有不育雄蕊，且和 8～12 能育雄蕊互生 ··· 大风子科 Flacourtiaceae
                                                                                                          （山羊角树属 *Casearia*）
    43. 无不育雄蕊。
     44. 多汁草本植物；花萼裂片呈覆瓦状排列，呈花瓣状，宿存；蒴果盖裂
       ·· 番杏科 Aizoaceae
                                                                                                              （海马齿属 *Sesuvium*）
     44. 植物体为其他情形；花萼裂片不呈花瓣状。
      45. 叶为双数羽状复叶，互生；花萼裂片呈覆瓦状排列；果实为荚果；常绿乔木
         ·· 豆科 Leguminosae
                                                                                                           （云实亚科 Caesalpinoideae）
      45. 叶为对生或轮生单叶；花萼裂片呈镊合状排列；非荚果。
       46. 雄蕊为不定数；子房 10 室或更多室；果实浆果状 ······················· 海桑科 Sonneratiaceae
       46. 雄蕊 4～12（不超过花萼裂片的 2 倍）；子房 1 室至数室；果实蒴果状。
        47. 花杂性或雌雄异株，微小，呈穗状花序，再呈总状或圆锥状排列
          ·· 隐翼科 Crypteroniaceae
                                                                                                                （隐翼属 *Cryptelonia*）
        47. 花两性，中型，单生至排列成圆锥花序 ·· 千屈菜科 Lythraceae
   42. 雄蕊下位，即着生于扁平或凸起的花托上。
    48. 木本；叶为单叶。
     49. 乔木或灌木；雄蕊常多数，离生；胚珠生于侧膜胎座或隔膜上
       ··· 大风子科 Flacourtiaceae
     49. 木质藤本；雄蕊 4 或 5，基部连合呈杯状或环状；胚珠基生（即位于子房室的基底）
       ··· 苋科 Amaranthaceae
                                                                                                              （浆果苋属 *Deeringia*）
    48. 草本或亚灌木。
     50. 植物体沉没水中，常为一具背腹面呈原叶体状的构造，像苔藓 ······ 河苔草科 Podostemaceae

50. 植物体非如上述情形。
　　51. 子房 3～5 室。
　　　　52. 食虫植物；叶互生；雌雄异株 ………………………………… 猪笼草科 Nepenthaceae
　　　　　　　　　　　　　　　　　　　　　　　　　　　　　　　　　　　（猪笼草属 *Nepenthes*）
　　　　52. 非食虫植物；叶对生或轮生；花两性 …………………………… 番杏科 Aizoaceae
　　　　　　　　　　　　　　　　　　　　　　　　　　　　　　　　　　　（粟米草属 *Mollugo*）
　　51. 子房 1～2 室。
　　　　53. 叶为复叶或多少有些分裂 ……………………………………… 毛茛科 Ranunculaceae
　　　　53. 叶为单叶。
　　　　　　54. 侧膜胎座。
　　　　　　　　55. 花无花被 ………………………………………………… 三白草科 Saururaceae
　　　　　　　　55. 花具 4 离生萼片 ………………………………………… 十字花科 Cruciferae
　　　　　　54. 特立中央胎座。
　　　　　　　　56. 花序呈穗状、头状或圆锥状；萼片多少为干膜质 ……… 苋科 Amaranthaceae
　　　　　　　　56. 花序呈聚伞状；萼片草质 ……………………………… 石竹科 Caryophyllaceae
23. 子房或其子房室内仅有一至数个胚珠。
　57. 叶片中常有透明微点。
　　　58. 叶为羽状复叶 …………………………………………………………… 芸香科 Rutaceae
　　　58. 叶为单叶，全缘或有锯齿。
　　　　　59. 草本植物或有时在金粟兰科为木本植物；花无花被，常呈简单或复合的穗状花序，但在胡椒科齐头绒属（*Zippelia*）则呈疏松总状花序。
　　　　　　　60. 子房下位，仅 1 室有 1 胚珠；叶对生；叶柄在基部连合 … 金粟兰科 Chloranthaceae
　　　　　　　60. 子房上位，叶为对生时，叶柄也不在基部连合。
　　　　　　　　　61. 雌蕊由 3～6 近于离生心皮组成，每心皮各有 2～4 胚珠 …… 三白草科 Saururaceae
　　　　　　　　　　　　　　　　　　　　　　　　　　　　　　　　　　　（三白草属 *Saururus*）
　　　　　　　　　61. 雌蕊由 1～4 合生心皮组成，仅 1 室，有 1 胚珠 ……… 胡椒科 Piperaceae
　　　　　　　　　　　　　　　　　　　　　　　　　（齐头绒属 *Zippelia*，豆瓣绿属 *Peperomia*）
　　　　　59. 乔木或灌木；花具一层花被；花序有各种类型，但不为穗状。
　　　　　　　62. 花萼裂片常 3 片，呈镊合状排列；子房为 1 心皮所成，成熟时肉质，常以 2 瓣裂开；雌雄异株 ……………………………………………………………… 肉豆蔻科 Myristicaceae
　　　　　　　62. 花萼裂片 4～6 片，呈覆瓦状排列；子房为 2～4 合生心皮所成。
　　　　　　　　　63. 花两性；果实仅 1 室，蒴果状，2～3 瓣裂开 ………… 大风子科 Flacourtiaceae
　　　　　　　　　　　　　　　　　　　　　　　　　　　　　　　　　　　（山羊角树属 *Casearia*）
　　　　　　　　　63. 花单性；雌雄异株；果实 2～4 室，肉质或革质，很晚才裂开 ……… 大戟科 Euphorbiaceae
　　　　　　　　　　　　　　　　　　　　　　　　　　　　　　　　　　　（白树属 *Gelonium*）
　57. 叶片中无透明微点。
　　　64. 雄蕊连为单体，至少在雄花中有这现象，花丝互相连合呈筒状或成为一个中柱。次 64 项，见 183 页。
　　　　　65. 肉质寄生草本植物，具退化呈鳞片状的叶片，无叶绿素 ……… 蛇菇科 Balanphoraceae
　　　　　65. 植物体非为寄生性，有绿叶。
　　　　　　　66. 雌雄同株，雄花呈球形头状花序，雌花以 2 个同生于 1 个有 2 室而具钩状芒刺的果壳中 …………………………………………………………… 菊科 Compositae
　　　　　　　　　　　　　　　　　　　　　　　　　　　　　　　　　　　（苍耳属 *Xanthium*）
　　　　　　　66. 花两性，如为单性时，雄花及雌花也无上述情形。
　　　　　　　　　67. 草本植物；花两性。
　　　　　　　　　　　68. 叶互生 ……………………………………………………… 藜科 Chenopodiaceae

68. 叶对生。
  69. 花显著，有连合成花萼状的总苞 ······ 紫茉莉科 Nyctaginaceae
  69. 花微小，无上述情形的总苞 ······ 苋科 Amaranthaceae
67. 乔木或灌木，稀可为草本；花单性或杂性；叶互生。
  70. 萼片呈覆瓦状排列，至少在雄花中如此 ······ 大戟科 Euphorbiaceae
  70. 萼片呈镊合状排列。
    71. 雌雄异株；花萼常具3裂片；雌蕊为1心皮所成，成熟时肉质，且常以2瓣裂开
       ······ 肉豆蔻科 Myristicaceae
    71. 花单性或雄花和两性花同株；花萼具4～5裂片或裂齿；雌蕊为3～6近于离生的心皮所成，各心皮于成熟时为革质或木质，呈蓇葖果状而不裂开 ······ 梧桐科 Sterculiaceae
      （苹婆属 *Sterculieae*）
64. 雄蕊各自分离，有时仅为1个，或花丝成为分枝的簇丛 [如大戟科的蓖麻属（*Ricinus*）]。
 72. 每朵花有雌蕊2个至多数，近于或完全离生；或花的界限不明显时，则雌蕊多数，呈1个球形头状花序。
  73. 花托下陷，呈杯状或坛状。
    74. 灌木；叶对生；花被片在坛状花托的外侧排列成数层 ······ 蜡梅科 Calycanthaceae
    74. 草本或灌木；叶互生；花被片在杯状或坛状花托的边缘排列成一轮 ······ 蔷薇科 Rosaceae
  73. 花托扁平或隆起，有时可延长。
    75. 乔木、灌木或木质藤本。
      76. 花有花被 ······ 木兰科 Magnoliaceae
      76. 花无花被。
        77. 落叶灌木或小乔木；叶呈卵形，具羽状脉和锯齿缘；无托叶；花两性或杂性，在叶腋中丛生；翅果无毛，有柄 ······ 昆栏树科 Trochodendraceae
        （领春木属 *Euptelea*）
        77. 落叶乔木，叶广阔，掌状分裂，叶缘有缺刻或大锯齿；有托叶围茎成鞘，易脱落；花单性，雌雄同株，分别聚成球形头状花序；小坚果，围以长柔毛而无柄
         ······ 悬铃木科 Platanaceae
        （悬铃木属 *Platanus*）
    75. 草本或稀为亚灌木，有时为攀缘性。
      78. 胚珠倒生或直生。
        79. 叶片多少有些分裂或为复叶；无托叶或极微小；有花被（花萼）；胚珠倒生；花单生或呈各种类型的花序 ······ 毛茛科 Ranunculaceae
        79. 叶为全缘单叶；有托叶；无花被；胚珠直生；花呈穗形总状花序
          ······ 三白草科 Sauururaceae
      78. 胚珠常弯生，叶为全缘单叶。
        80. 直立草本；叶互生，非肉质 ······ 商陆科 Phytolaccaceae
        80. 平卧草本；叶对生或近轮生，肉质 ······ 番杏科 Aizoaceae
         （针晶粟草属 *Gisekia*）
 72. 每花仅有1个复合或单雌蕊，心皮有时在成熟后各自分离。
81. 子房下位或半下位。次81项，见184页。
 82. 草本。
  83. 水生或小型沼泽植物。
    84. 花柱2个或更多；叶片（尤其沉没水中的）常呈羽状细裂或为复叶
       ······ 小二仙草科 Haloragidaceae
    84. 花柱1个，叶为线形全缘单叶 ······ 杉叶藻科 Hippuridaceae
  83. 陆生草本。

85. 寄生性肉质草本，无绿叶。
　　　　　86. 花单性，雌花常无花被；无珠被及种皮……………………………… 蛇菇科 Balanophoraceae
　　　　　86. 花杂性，有一层花被，两性花有1雄蕊；有珠被及种皮 ……………… 锁阳科 Cynomoriaceae
　　　　　　　　　　　　　　　　　　　　　　　　　　　　　　　　　　　　　　（锁阳属 *Cynomorium*）
　　　85. 非寄生性植物，或于百蕊草属（*Thesium*）为半寄生性，但均有绿叶。
　　　　　87. 叶对生，其形宽广而有锯齿缘 ……………………………………… 金粟兰科 Chloranthaceae
　　　　　87. 叶互生。
　　　　　　　88. 平铺草本（限于我国植物），叶片宽，三角形，多少有些肉质 ……… 番杏科 Aizoaceae
　　　　　　　　　　　　　　　　　　　　　　　　　　　　　　　　　　　　　　（番杏属 *Tetragonia*）
　　　　　　　88. 直立草本，叶片窄而细长 ……………………………………… 檀香科 Santalaceae
　　　　　　　　　　　　　　　　　　　　　　　　　　　　　　　　　　　　　　（百蕊草属 *Thesium*）
　82. 灌木或乔木。
　　　89. 子房3～10室。
　　　　　90. 坚果1～2个，同生在一个木质且可裂为4瓣的壳斗里 ………………… 壳斗科 Fagaceae
　　　　　　　　　　　　　　　　　　　　　　　　　　　　　　　　　　　　　　（水青冈属 *Fagus*）
　　　　　90. 核果，并不生在壳斗里。
　　　　　　　91. 雌雄异株，呈顶生的圆锥花序，后者并不为叶状苞片所托 ……… 山茱萸科 Cornaceae
　　　　　　　　　　　　　　　　　　　　　　　　　　　　　　　　　　　　　　（鞘柄木属 *Torricellia*）
　　　　　　　91. 花杂性，形成球形的头状花序，后者为2～3白色叶状苞片所托 ……… 珙桐科 Nyssaceae
　　　　　　　　　　　　　　　　　　　　　　　　　　　　　　　　　　　　　　（珙桐属 *Davidia*）
　　　89. 子房1或2室，或在铁青树科的青皮木属（*Schoepfia*）中，子房的基部可为3室。
　　　　　92. 花柱2个。
　　　　　　　93. 蒴果，2瓣裂开 …………………………………………………… 金缕梅科 Hamamelidaceae
　　　　　　　93. 果实呈核果状，或为蒴果状的瘦果，不裂开 ……………………… 鼠李科 Rhamnaceae
　　　　　92. 花柱1个或无花柱。
　　　　　　　94. 叶片下面多少有些具皮屑状或鳞片状的附属物 ……………… 胡颓子科 Elaeagnaceae
　　　　　　　94. 叶片下面无皮屑状或鳞片状的附属物。
　　　　　　　　　95. 叶缘有锯齿或圆锯齿，稀可在荨麻科的紫麻属（*Oreocnide*）中有全缘者。
　　　　　　　　　　　96. 叶对生，具羽状脉；雄花裸露，有雄蕊1～3个 ……… 金粟兰科 Chloranthaceae
　　　　　　　　　　　96. 叶互生，大都于叶基具三出脉；雄花具花被及雄蕊4个（稀可3或5个）
　　　　　　　　　　　　………………………………………………………………… 荨麻科 Urticaceae
　　　　　　　　　95. 叶全缘，互生或对生。
　　　　　　　　　　　97. 植物体寄生在乔木的树干或枝条上；果实呈浆果状
　　　　　　　　　　　　………………………………………………………………… 桑寄生科 Loranthaceae
　　　　　　　　　　　97. 植物体大都陆生，或有时可为寄生性；果实呈坚果状或核果状，胚珠1～5个。
　　　　　　　　　　　　98. 花多为单性；胚珠垂悬于基底胎座上 ………………… 檀香科 Santalaceae
　　　　　　　　　　　　98. 花两性或单性；胚珠垂悬于子房室的顶端或中央胎座的顶端。
　　　　　　　　　　　　　　99. 雄蕊10个，为花萼裂片的2倍数 …………………… 使君子科 Combretaceae
　　　　　　　　　　　　　　　　　　　　　　　　　　　　　　　　　　　　　　（诃子属 *Terminalia*）
　　　　　　　　　　　　　　99. 雄蕊4或5个，和花萼裂片同数且对生 ……………… 铁青树科 Olacaceae
81. 子房上位，如有花萼时，和它相分离，或在紫茉莉科及胡颓子科中，当果实成熟时，子房为宿存萼筒
　　所包围。
　　100. 托叶鞘围抱茎的各节；草本，稀可为灌木 …………………………………… 蓼科 Polygonaceae
　　100. 无托叶鞘，在悬铃木科有托叶鞘但易脱落。
　　　　101. 草本，或有时在藜科及紫茉莉科中为亚灌木。次101项，见186页。
　　　　　　102. 无花被。

103. 花两性或单性；子房 1 室，内仅有 1 个基生胚珠。
　　104. 叶基生，由 3 小叶而成；穗状花序在一个细长基生无叶的花梗上
　　　　 ·· 小檗科 Berberidaceae
　　　　　　　　　　　　　　　　　　　　　　　　　　　　（裸花草属 Achogs）
　　104. 叶茎生，单叶；穗状花序顶生或腋生，但常和叶相对生 ·········· 胡椒科 Piperaceae
　　　　　　　　　　　　　　　　　　　　　　　　　　　　（胡椒属 Piper）
103. 花单性；子房 3 或 2 室。
　　105. 水生或微小的沼泽植物，无乳汁；子房 2 室，每室内含 2 个胚珠
　　　　 ·· 水马齿科 Callitrichaceae
　　　　　　　　　　　　　　　　　　　　　　　　　　　　（水马齿属 Callitriche）
　　105. 陆生植物；有乳汁；子房 3 室，每室内仅含 1 个胚珠 ·········· 大戟科 Euphorbiaceae
102. 有花被，当花为单性时，特别是雄花是如此。
　106. 花萼呈花瓣状，且呈管状。
　　107. 花有总苞，有时总苞类似花萼 ································· 紫茉莉科 Nyctaginaceae
　　107. 花无总苞。
　　　108. 胚珠 1 个，在子房的近顶端处 ····························· 瑞香科 Thymelaeaceae
　　　108. 胚珠多数，生在特立中央胎座上 ·························· 报春花科 Primulaceae
　　　　　　　　　　　　　　　　　　　　　　　　　　　　（海乳草属 Glaux）
　106. 花萼非如上述情形。
　　109. 雄蕊周位，即位于花被上。
　　　110. 叶互生，羽状复叶而有草质的托叶；花无膜质苞片，瘦果 ·········· 蔷薇科 Rosaceae
　　　　　　　　　　　　　　　　　　　　　　　　　　　　（地榆族 Sanguisorbieae）
　　　110. 叶对生，或在蓼科的冰岛蓼属（Koenigia）为互生，单叶无草质托叶；花有膜质苞片。
　　　　111. 花被片和雄蕊各为 5 或 4 个，对生；蒴果；托叶膜质 ·········· 石竹科 Caryophyllaceae
　　　　111. 花被片和雄蕊各为 3 个，互生；坚果；无托叶 ·················· 蓼科 Polygonaceae
　　　　　　　　　　　　　　　　　　　　　　　　　　　　（冰岛蓼属 Koenigia）
　　109. 雄蕊下位，即位于子房下。
　　　112. 花柱或其分枝为 2 或数个，内侧常为柱头面。
　　　　113. 子房常为数个至多数心皮连合而成 ·················· 商陆科 Phytolaccaceae
　　　　113. 子房常为 2 或 3（或 5）心皮连合而成。
　　　　　114. 子房 3 室，稀可 2 或 4 室 ····························· 大戟科 Euphorbiaceae
　　　　　114. 子房 1 或 2 室。
　　　　　　115. 叶为掌状复叶或具掌状脉而有宿存托叶 ················ 桑科 Moraceae
　　　　　　　　　　　　　　　　　　　　　　　　　　　　（大麻亚科 Cannaboideae）
　　　　　　115. 叶具羽状脉，或稀可为掌状脉而无托叶，也可在藜科中叶退化成鳞片或为肉质而形如圆筒。
　　　　　　　116. 花有草质而带绿色或灰绿色的花被及苞片 ············ 藜科 Chenopoldiaceae
　　　　　　　116. 花有干膜质而常有色泽的花被及苞片 ················ 苋科 Amaranthaceae
　　　112. 花柱 1 个，常顶端有柱头，也可无花柱。
　　　　117. 花两性。
　　　　　118. 雌蕊为单心皮；花萼由 2 膜质且宿存的萼片组成；雄蕊 2 个 ········ 毛茛科 Ranunculaceae
　　　　　　　　　　　　　　　　　　　　　　　　　　　　（星叶草属 Circaeaster）
　　　　　118. 雌蕊由 2 合生心皮而成。
　　　　　　119. 萼片 2 片；雄蕊多数 ······································ 罂粟科 Papaveraceae
　　　　　　　　　　　　　　　　　　　　　　　　　　　　（博落回属 Macleaya）
　　　　　　119. 萼片 4 片；雄蕊 2 或 4 ···································· 十字花科 Cruciferae

(独行菜属 *Lepidium*)
- 117. 花单性。
  - 120. 沉没于淡水中的水生植物；叶细裂呈丝状 ………………… 金鱼藻科 Ceratophyllaceae
    (金鱼藻属 *Ceratophyllum*)
  - 120. 陆生植物；叶为其他情形。
    - 121. 叶含多量水分；托叶连接叶柄的基部；雄花的花被2片；雄蕊多数
      ……………………………………………………………………… 假牛繁缕科 Theligonaceae
      (假牛繁缕属 *Theligonum*)
    - 121. 叶不含多量水分；如有托叶时，也不连接叶柄的基部；雄花的花被片和雄蕊均各为 4 或 5
      个，两者相对生 ……………………………………………………… 荨麻科 Drticaceae
- 101. 木本植物或亚灌木。
  - 122. 耐寒旱性的灌木，或在藜科的琐琐属（*Haloxylon*）为乔木；叶微小，细长或呈鳞片状，也可有时（如藜科）为肉质而呈圆筒形或半圆筒形。
    - 123. 雌雄异株或花杂性；花萼为三出数，萼片微呈花瓣状，和雄蕊同数且互生；花柱1，极短，常有 6~9 放射状且有齿裂的柱头；核果；胚体劲直；常绿而基部偃卧的灌木；叶互生，无托叶 ……
      ……………………………………………………………………… 岩高兰科 Empetraceae
      (岩高兰属 *Empetrum*)
    - 123. 花两性或单性，花萼为五出数，稀可三出或四出数，萼片或花萼裂片草质或革质，和雄蕊同数且对生，或在藜科中雄蕊由于退化而数较少，甚或1个；花柱或花柱分枝 2 或 3 个，内侧常为柱头面；胞果或坚果；胚体弯曲如环或弯曲呈螺旋形。
      - 124. 花无膜质苞片；雄蕊下位；叶互生或对生；无托叶；枝条常具关节
        ……………………………………………………………………… 藜科 Chenopodiaceae
      - 124. 花有膜质苞片；雄蕊周位；叶对生，基部常互相连合；有膜质托叶；枝条不具关节
        ……………………………………………………………………… 石竹科 Caryophyllaceae
  - 122. 不是上述的植物；叶片呈矩圆形或披针形，或宽广至圆形。
    - 125. 果实及子房均为 2 至数室，或在大风子科中为不完全的 2 至数室。次 125 项，见 187 页。
      - 126. 花常为两性。
        - 127. 萼片 4 或 5 片，稀可 3 片，呈覆瓦状排列。
          - 128. 雄蕊 4 个，4 室的蒴果 ………………………………………… 木兰科 Magnoliaceae
            (水青树属 *Tetracentron*)
          - 128. 雄蕊多数，浆果状的核果 ……………………………………… 大风子科 Flacouriticeae
        - 127. 萼片多 5 片，呈镊合状排列。
          - 129. 雄蕊为不定数；具刺的蒴果 ……………………………… 杜英科 Elaeocarpaceae
            (猴欢喜属 *Sloanea*)
          - 129. 雄蕊和萼片同数；核果或坚果。
            - 130. 雄蕊和萼片对生，各为 3~6 …………………………… 铁青树科 Olacaceae
            - 130. 雄蕊和萼片互生，各为 4 或 5 ……………………………… 鼠李科 Rhamnaceae
      - 126. 花单性（雌雄同株或异株）或杂性。
        - 131. 果实各种；种子无胚乳或有少量胚乳。
          - 132. 雄蕊常 8 个；果实呈坚果状或为有翅的蒴果；羽状复叶或单叶 …… 无患子科 Sapindaceae
          - 132. 雄蕊 5 或 4 个，且和萼片互生；核果有 2~4 个小核；单叶 …… 鼠李科 Rhammaceae
            (鼠李属 *Rhammus*)
        - 131. 果实多呈蒴果状，无翅；种子常有胚乳。
          - 133. 果实为具 2 室的蒴果，有木质或革质的外种皮及角质的内果皮
            ……………………………………………………………………… 金缕梅科 Hamamelidaceae
          - 133. 果实纵为蒴果时，也不像上述情形。

134. 胚珠具腹脊；果实有各种类型，但多为胞间裂开的蒴果 ················ 大戟科 Euphorbiaceae
134. 胚珠具背脊；果实为胞背裂开的蒴果，或有时呈核果状 ················ 黄杨科 Buxaceae
125. 果实及子房均为1或2室，稀可在无患子科的荔枝属（*Litchi*）及韶子属（*Nephelium*）中为3室，或在卫矛科的十齿花属（*Dipentodon*）及铁青树科的铁青树属（Olax）中，子房的下部为3室，而上部为1室。
135. 花萼具显著的萼筒，且常呈花瓣状。
136. 叶无毛或下面有柔毛；萼筒整个脱落 ················ 瑞香科 Thymelaeaceae
136. 叶下面具银白色或棕色的鳞片；萼筒或其下部永久宿存，当果实成熟时，变为肉质而紧密包着子房 ················ 胡颓子科 Elaeagnaceae
135. 花萼不是像上述情形，或无花被。
137. 花药以2或4舌瓣裂开 ················ 樟科 Lauraceae
137. 花药不以舌瓣裂开。
138. 叶对生。
139. 果实为有双翅或呈圆形的翅果 ················ 槭树科 Aceraceae
139. 果实为有单翅而呈细长形兼矩圆形的翅果 ················ 木樨科 Oleaceae
138. 叶互生。
140. 叶为羽状复叶。
141. 叶为二回羽状复叶，或退化仅具叶状柄（特称为叶状叶柄） ········· 豆科 Leguminosae
（金合欢属 *Acacia*）
141. 叶为一回羽状复叶。
142. 小叶边缘有锯齿；果实有翅 ················ 马尾树科 Rhoipteleaceae
（马尾树属 *Rhoiptelea*）
142. 小叶全缘；果实无翅。
143. 两性或杂性 ················ 无患子科 Sapindaceae
143. 雌雄异株 ················ 漆树科 Anacardiaceae
（黄连木属 *Pistacia*）
140. 叶为单叶。
144. 均无花被。
145. 木质藤本；叶全缘；花两性或杂性，呈紧密的穗状花序 ················ 胡椒科 Piperaceae
（胡椒属 *Piper*）
145. 乔木；叶缘有锯齿或缺刻；花单性。
146. 叶宽广，具掌状脉及掌状分裂，叶缘具缺刻或大锯齿；有托叶，围茎成鞘，但易脱落；雌雄同株，雌花和雄花分别呈球形的头状花序；雌蕊为单心皮而成；小坚果为倒圆锥形而有棱角，无翅也无梗，但围以长柔毛 ················ 悬铃木科 Platanaceae
（悬铃木属 *Platanus*）
146. 叶呈椭圆形至卵形，具羽状脉及锯齿缘；无托叶；雌雄异株，雄花聚成疏松有苞片的簇丛，雌花单生于苞片的腋内；雌蕊为2心皮而成；小坚果扁平，具翅且有柄，但无毛 ················ 杜仲科 Eucommiaceae
（杜仲属 *Eucommia*）
144. 花常有花萼，尤其在雄花。
147. 植物体内有乳汁 ················ 桑科 Moraceae
147. 植物体内无乳汁。
148. 花柱或其分枝2或数个，但在大戟科的核实树属（*Drypetes*）中则柱头几无柄，呈盾状或肾形。
149. 雌雄异株或有时为同株；叶全缘或具波状齿。
150. 矮小灌木或亚灌木；果实干燥，包藏于具有长柔毛而互相连合呈双角状的2苞片

　　　　　　　中；胚体弯曲如环 ………………………………………… 藜科 Chenopodiaceae
　　　　　　　　　　　　　　　　　　　　　　　　　　　　　　　（优若藜属 Eurotia）
　　　　150. 乔木或灌木；果实呈核果状，常为1室含1种子，不包藏于苞片内；胚体劲直
　　　　　　　…………………………………………………………… 大戟科 Euphorbiaceae
　　149. 花两性或单性；叶缘多有锯齿或具齿裂，稀可全缘。
　　　　151. 雄蕊多数 ………………………………………………… 大风子科 Flacourtiaceae
　　　　151. 雄蕊10个或较少。
　　　　　　152. 子房2室，每室有1个至数个胚珠；果实为木质蒴果 ……… 金缕梅科 Hamamelidaceae
　　　　　　152. 子房1室，仅含1胚珠；果实不是木质蒴果 ………………… 榆科 Ulmaceae
　148. 花柱1个，也可有时（如荨麻属）不存，而柱头呈画笔状。
　　　153. 叶缘有锯齿；子房为1心皮而成。
　　　　　154. 花两性 ……………………………………………………… 山龙眼科 Proteaceae
　　　　　154. 雌雄异株或同株。
　　　　　　　155. 花生于当年新枝上；雄蕊多数 ………………………… 蔷薇科 Rosaceae
　　　　　　　　　　　　　　　　　　　　　　　　　　　　　　　（假稠李属 Maddenia）
　　　　　　　155. 花生于老枝上；雄蕊和萼片同数 …………………… 荨麻科 Urticaceae
　　　153. 叶全缘或边缘有锯齿；子房为2个以上连合心皮所成。
　　　　　156. 果实呈核果状或坚果状，内有1种子；无托叶。
　　　　　　　157. 子房具2或2个以上胚珠；果实于成熟后由萼筒包围 ………… 铁青树科 Olacaceae
　　　　　　　157. 子房仅具1个胚珠；果实和花萼相分离，或仅果实基部由花萼衬托之
　　　　　　　　　………………………………………………………… 山柚仔科 Opiliaceae
　　　　　156. 果实呈蒴果状或浆果状，内含1个至数个种子。
　　　　　　　158. 花下位，雌雄异株，稀可杂性，雄蕊多数；果实呈浆果状；无托叶
　　　　　　　　　………………………………………………………… 大风子科 Flacourtiaceae
　　　　　　　　　　　　　　　　　　　　　　　　　　　　　　　（柞木属 Xylosma）
　　　　　　　158. 花周位，两性；雄蕊5～12个；果实呈蒴果状；有托叶，但易脱落。
　　　　　　　　　159. 花为腋生的簇丛或头状花序；萼片4～6片 ……… 大风子科 Flacourtiaceae
　　　　　　　　　　　　　　　　　　　　　　　　　　　　　　　（山羊角树属 Casearia）
　　　　　　　　　159. 花为腋生的伞形花序；萼片10～14片 ………… 卫矛科 Celastraceae
　　　　　　　　　　　　　　　　　　　　　　　　　　　　　　　（十齿花属 Dipentodon）
2. 花具花萼也具花冠，或有两层以上的花被片，有时花冠可为蜜腺叶所代替。
　160. 花冠常为离生的花瓣所组成。次160项，见203页。
　　　161. 成熟雄蕊（或单体雄蕊的花药）多在10个以上，通常多数，或其数超过花瓣的2倍。次161项，
　　　　　见193页。
　　　162. 花萼和1个或更多的雌蕊多少有些互相愈合，即子房下位或半下位。次162项，见190页。
　　　　　163. 水生草本植物；子房多室 ……………………………… 睡莲科 Nymphaeaceae
　　　　　163. 陆生植物；子房1至数室，心皮为1至数个，或在海桑科中为多室。
　　　　　　　164. 植物体具肥厚的肉质茎，多有刺，常无真正叶片 ……… 仙人掌科 Cactaceae
　　　　　　　164. 植物体为普通形态，不呈仙人掌状，有真正的叶片。
　　　　　　　　　165. 草本植物或稀可为亚灌木。
　　　　　　　　　　　166. 花单性。
　　　　　　　　　　　　　167. 雌雄同株；花鲜艳，多呈腋生聚伞花序；子房2～4室
　　　　　　　　　　　　　　　………………………………………… 秋海棠科 Begoniaceae
　　　　　　　　　　　　　　　　　　　　　　　　　　　　　　　（秋海棠属 Begonia）
　　　　　　　　　　　　　167. 雌雄异株；花小而不显著，呈腋生穗状或总状花序 ……… 四数木科 Datiscaceae
　　　　　　　　　　　166. 花常两性。

168. 叶基生或茎生，呈心形，或在阿柏麻属（*Apama*）为长形，不为肉质；花为三出数 ·· 马兜铃科 Aristolochiaceae
（细辛族 Asareae）
168. 叶茎生，不呈心形，多少有些肉质，或为圆柱形；花不是三出数。
  169. 花萼裂片常为 5，叶状；蒴果 5 室或更多室，在顶端呈放射状裂开 ·········· 番杏科 Aizoaceae
  169. 花萼裂片 2；蒴果 1 室，盖裂 ··· 马齿苋科 Portulacaceae
（马齿苋属 *Portulaca*）
165. 乔木或灌木［但在虎耳草科的银梅草属（*Deinanthe*）及草绣球属（*Cardiandra*）为亚灌木，黄山梅属（*Kirengeshoma*）为多年生高大草本］，有时以气生小根而攀缘。
  170. 叶通常对生［虎耳草科的草绣球属（*Cardiandra*）例外］，或在石榴科的石榴属（*Punica*）中有时可互生。
    171. 叶缘常有锯齿或全缘；花序［除山梅花属（*Philadelpheae*）外］常有不孕的边缘花 ·· 虎耳草科 Saxifragaceae
    171. 叶全缘；花序无不孕花。
      172. 叶为脱落性；花萼呈朱红色 ··· 石榴科 Punicaceae
（石榴属 *Punica*）
      172. 叶为常绿性；花萼不呈朱红色。
        173. 叶片中有腺体微点；胚珠常多数 ····························· 桃金娘科 Myrtaceae
        173. 叶片中无微点。
          174. 胚珠在每子房室中为多数 ································· 海桑科 Sonneratiaceae
          174. 胚珠在每子房室中仅 2 个，稀可较多 ······················ 红树科 Rhizophoraceae
  170. 叶互生。
    175. 花瓣呈细长形兼长方形，最后向外翻转 ······························· 八角枫科 Alangiaceae
（八角枫属 *Alangium*）
    175. 花瓣不呈细长形，或纵为细长形时，也不向外翻转。
      176. 叶无托叶。
        177. 叶全缘；果实肉质或木质 ·· 玉蕊科 Lecythidaceae
（玉蕊属 *Barringtonia*）
        177. 叶缘多少有些锯齿或齿裂；果实呈核果状，其形歪斜 ············ 山矾科 Symplocaceae
（山矾属 *Symplocos*）
      176. 叶有托叶。
        178. 花瓣呈旋转状排列；花药隔向上延伸；花萼裂片中 2 个或更多个在果实上变大而呈翅状 ·· 龙脑香科 Dipterocarpaceae
        178. 花瓣呈覆瓦状或旋转状排列［如蔷薇科的火棘属（*Pyracantha*）］；花药隔并不向上延伸；花萼裂片也无上述变大情形。
          179. 子房 1 室，内具 2～6 侧膜胎座，各有 1 个至多数胚珠；果实为革质蒴果，自顶端以 2～6 片裂开 ·· 大风子科 Flacourtiaceae
（天料木属 *Homalium*）
          179. 子房 2～5 室，内具中轴胎座，或其心皮在腹面互相分离而具边缘胎座。
            180. 花呈伞房、圆锥、伞形或总状等花序，稀可单生；子房 2～5 室，或心皮 2～5 个，下位，每室或每心皮有胚珠 1～2 个，稀可有时为 3～10 个，或为多数；果实为肉质或木质假果；种子无翅 ····································· 蔷薇科 Rosaceae
（梨亚科 Pomoideae）
            180. 花呈头状或肉穗花序；子房 2 室，半下位．每室有胚珠 2～6 个；果为木质蒴果；种子有或无翅 ·· 金缕梅科 Hamamelidaceae
（马蹄荷亚科 Bucklandioideae）

162. 花萼和1个或更多的雌蕊互相分离，即子房上位。
 181. 花为周位花。
  182. 萼片和花瓣相似，覆瓦状排列成数层，着生于坛状花托的外侧 …………… 蜡梅科 Calycanthaceae
                           （洋蜡梅属 *Calycanthus*）
  182. 萼片和花瓣有分化，在萼筒或花托的边缘排列成2层。
   183. 叶对生或轮生，有时上部者可互生，但均为全缘单叶；花瓣常于蕾中呈皱折状。
    184. 花瓣无爪，形小，或细长；浆果 …………………………………… 海桑科 Sonneratiaceae
    184. 花瓣有细爪，边缘具腐蚀状的波纹或具流苏；蒴果 ………… 千屈菜科 Lythraceae
   183. 叶互生，单叶或复叶；花瓣不呈皱折状。
    185. 花瓣宿存；雄蕊的下部连成一管 ………………………………… 亚麻科 Linaceae
                           （黏木属 *Lxonanthes*）
    185. 花瓣脱落性；雄蕊互相分离。
     186. 草本植物，具二出数的花朵；萼片2片，早落性；花瓣4个 ……… 罂粟科 Papaveraeeae
                           （花菱草属 *Eschscholzia*）
     186. 木本或草本植物，具五出或四出数的花朵。
      187. 花瓣呈镊合状排列；果实为荚果；叶多为二回羽状复叶；有时叶片退化，而叶柄发育为叶状柄；心皮1个 ………………………………………………………… 豆科 Leguminosae
                         （含羞草亚科 Mimosoideae）
      187. 花瓣呈覆瓦状排列；果实为核果、蓇葖果或瘦果；叶为单叶或复叶；心皮1个至多数 ………………………………………………………………………… 蔷薇科 Rosaceae
181. 花为下位花，或至少在果实时花托扁平或隆起。
 188. 雌蕊少数至多数，互相分离或微有连合。
  189. 水生植物。
   190. 叶片呈盾状，全缘 ……………………………………………………… 睡莲科 Nymphaeaceae
   190. 叶片不呈盾状，多少有些分裂或为复叶 …………………………… 毛茛科 Ranunculaceae
  189. 陆生植物。
   191. 茎为攀缘性。
    192. 草质藤本。
     193. 花显著，为两性花 ……………………………………………… 毛茛科 Ranunculaceae
     193. 花小型，为单性，雌雄异株 ………………………………… 防己科 Menispermaceae
    192. 木质藤本或为蔓生灌木。
     194. 叶对生，复叶由3小叶所成，或顶端小叶形成卷须 …………… 毛茛科 Ranunculaceae
                         （锡兰莲属 *Naravelia*）
     194. 叶互生，单叶。
      195. 花单性。
       196. 心皮多数，结果时聚生成一个球状的肉质体或散布于极延长的花托上 ……………………………………………………………………………… 木兰科 Magnoliaceae
                     （五味子亚科 Schisandroideae）
       196. 心皮3～6，果为核果或核果状 ………………………… 防己科 Menispermaceae
      195. 花两性或杂性；心皮数个，果为蓇葖果 …………………… 五桠果科 Dilleniaceae
                        （锡叶藤属 *Tetracera*）
   191. 茎直立，不为攀缘性。
    197. 雄蕊的花丝连成单体 ……………………………………………… 锦葵科 Malvaceae
    197. 雄蕊的花丝互相分离。
     198. 草本植物，稀可为亚灌木；叶片多少有些分裂或为复叶。
      199. 叶无托叶，种子有胚乳 …………………………………… 毛茛科 Ranunculaceae

199. 叶多有托叶，种子无胚乳 ·· 蔷薇科 Rosaceae
　　198. 木本植物；叶片全缘或边缘有锯齿，也稀有分裂者。
　　　200. 萼片及花瓣均为镊合状排列；胚乳具嚼痕 ····························· 番荔枝科 Annonaceae
　　　200. 萼片及花瓣均为覆瓦状排列；胚乳无嚼痕。
　　　　201. 萼片及花瓣相同，三出数，排列成3层或多层，均可脱落
　　　　　　 ·· 木兰科 Magnoliaceae
　　　　201. 萼片及花瓣甚有分化，多为五出数，排列成2层，萼片宿存。
　　　　　　202. 心皮3个至多数；花柱互相分离；胚珠为不定数 ············ 五桠果科 Dilleniaceae
　　　　　　202. 心皮3～10个；花柱完全合生；胚珠单生 ····················· 金莲木科 Ochnaceae
　　　　　　　　　　　　　　　　　　　　　　　　　　　　　　　　　　（金莲木属 Ochna）
188. 雌蕊1个，但花柱或柱头为1至多数。
　203. 叶片中具透明微点。
　　　204. 叶互生，羽状复叶或退化为仅有1顶生小叶 ······························· 芸香科 Rutaceae
　　　204. 叶对生，单叶 ·· 藤黄科 Guttiferae
　203. 叶片中无透明微点。
　　205. 子房单纯，具1子房室。
　　　　206. 乔木或灌木；花瓣呈镊合状排列；果实为荚果 ····················· 豆科 Leguminosae
　　　　　　　　　　　　　　　　　　　　　　　　　　　　（含羞草亚科 Mimosoideae）
　　　　206. 草本植物；花瓣呈覆瓦状排列；果实不是荚果。
　　　　　　207. 花为五出数；蓇葖果 ·· 毛茛科 Ranunculaceae
　　　　　　207. 花为三出数；浆果 ·· 小檗科 Berberidaceae
　　205. 子房为复合性。
　　　　208. 子房1室，或在马齿苋科的土人参属（*Talinum*）中子房基部为3室。
　　　　　209. 特立中央胎座。
　　　　　　　210. 草本；叶互生或对生；子房的基部3室，有多数胚珠 ······ 马齿苋科 Portulacaceae
　　　　　　　　　　　　　　　　　　　　　　　　　　　　　　　　　（土人参属 *Talinum*）
　　　　　　　210. 灌木；叶对生；子房1室，内有成为3对的6个胚珠 ······ 红树科 Rhizophoraceae
　　　　　　　　　　　　　　　　　　　　　　　　　　　　　　　　　（秋茄树属 *Kandelia*）
　　　　　209. 侧膜胎座。
　　　　　　　211. 灌木或小乔木（在半日花科中常为亚灌木或草本植物），子房柄不存在或极短；果实为蒴果或浆果。
　　　　　　　　212. 叶对生；萼片不相等，外面2片较小，或有时退化，内面3片呈旋转状排列
　　　　　　　　　　 ·· 半日花科 Cistaceae
　　　　　　　　　　　　　　　　　　　　　　　　　　　　　　　　　（半日花属 *Helianthemum*）
　　　　　　　　212. 叶常互生，萼片相等，呈覆瓦状或镊合状排列。
　　　　　　　　　　213. 植物体内含有色泽的汁液；叶具掌状脉，全缘；萼片5片，互相分离，基部有腺体；种皮肉质，红色 ·· 红木科 Bixaceae
　　　　　　　　　　　　　　　　　　　　　　　　　　　　　　　　　（红木属 *Bixa*）
　　　　　　　　　　213. 植物体内不含有色泽的汁液；叶具羽状脉或掌状脉；叶缘有锯齿或全缘；萼片3～8片，离生或合生；种皮坚硬，干燥 ·························· 大风子科 Flacourtiaceae
　　　　　　　211. 草本植物，如为木本植物时，则具有显著的子房柄；果实为浆果或核果。
　　　　　　　　214. 植物体内含乳汁；萼片2～3 ······································· 罂粟科 Papaveraceae
　　　　　　　　214. 植物体内不含乳汁；萼片4～8。
　　　　　　　　　　215. 叶为单叶或掌状复叶；花瓣完整；长角果 ··············· 白花菜科 Capparidaceae
　　　　　　　　　　215. 叶为单叶，或为羽状复叶或分裂；花瓣具缺刻或细裂；蒴果仅于顶端裂开
　　　　　　　　　　　　 ·· 木樨草科 Resedaceae

208. 子房2室至多室，或为不完全的2至多室。
  216. 草本植物，具多少有些呈花瓣状的萼片。
    217. 水生植物；花瓣为多数雄蕊或鳞片状的蜜腺叶所代替 ·················· 睡莲科 Nymphaeaceae
                                                                                      （萍蓬草属 *Nuphar*）
    217. 陆生植物；花瓣不为蜜腺叶所代替。
      218. 一年生草本植物；叶呈羽状细裂；花两性 ························ 毛茛科 Ranunculaceae
                                                                                                   （黑种草属 *Nigella*）
      218. 多年生草本植物；叶全缘而呈掌状分裂；雌雄同株 ·················· 大戟科 Euphorbiaceae
                                                                                             （麻风树属 *Jatropha*）
  216. 木本植物，或陆生草本植物，常不具呈花瓣状的萼片。
    219. 萼片于蕾内呈镊合状排列。
      220. 雄蕊互相分离或连成数束。
        221. 花药1室或数室；叶为掌状复叶或单叶；全缘，具羽状脉 ············· 木棉科 Bombacaceae
        221. 花药2室；叶为单叶，叶缘有锯齿或全缘。
          222. 花药以顶端2孔裂开 ······································ 杜英科 Elaeocarpaceae
          222. 花药纵长裂开 ·· 椴树科 Tiliaceae
      220. 雄蕊连为单体，至少内层如此，并且多少有些连成管状。
        223. 花单性；萼片2或3片 ·· 大戟科 Euphorbiaceae
                                                                              （油桐属 *Aleurites*）
        223. 花常两性；萼片多5片，稀可较少。
          224. 花药2室或更多室。
            225. 无副萼；多有不育雄蕊；花药2室；叶为单叶或掌状分裂 ·········· 梧桐科 Sterculiaceae
            225. 有副萼；无不育雄蕊；花药数室；叶为单叶，全缘且具羽状脉 ······ 木棉科 Bombacaceae
                                                                             （榴莲属 *Durio*）
          224. 花药1室。
            226. 花粉粒表面平滑；叶为掌状复叶 ····························· 木棉科 Bombacaceae
                                                                        （木棉属 *Gossampinus*）
            226. 花粉粒表面有束刺；叶有各种情形 ····························· 锦葵科 Malvaceae
    219. 萼片于蕾内呈覆瓦状或旋转状排列，或有时［如大戟科的巴豆属（*Croton*）］近于呈镊合状排列。
      227. 雌雄同株或稀可异株；果实为蒴果，由2~4个各自裂为2片的离果所成 ··· 大戟科 Euphorbiaceae
      227. 花常两性，或在猕猴桃科的猕猴桃属（*Actinidia*）中为杂性或雌雄异株；果实为其他情形。
        228. 萼片在果实时增大且呈翅状；雄蕊具伸长的花药隔 ················ 龙脑香科 Dipterocarpaceae
        228. 萼片及雄蕊两者不为上述情形。
          229. 雄蕊排列成2层，外层10个和花瓣对生，内层5个和萼片对生 ··· 蒺藜科 Zygophyllaceae
                                                                          （骆驼蓬属 *Peganum*）
          229. 雄蕊的排列为其他情形。
            230. 食虫的草本植物；叶基生，呈管状，其上再具有小叶片 ········ 瓶子草科 Sarraceniaceae
            230. 不是食虫植物；叶茎生或基生，但不呈管状。
              231. 植物体呈耐寒旱状；叶为全缘单叶。
                232. 叶对生或上部者互生；萼片5片，互不相等，外面2片较小或有时退化，内面3片
                    较大，呈旋转状排列，宿存；花瓣早落 ······················ 半日花科 Cistaceae
                232. 叶互生；萼片5片，大小相等；花瓣宿存；在内侧基部各有2舌状物
                                               ·· 柽柳科 Tamaricaceae
                                                                         （琵琶柴属 *Reaumuria*）
            231. 植物体不是耐寒旱状；叶常互生；萼片2~5片，彼此相等；呈覆瓦状或稀可呈镊合
                状排列。

233. 草本或木本植物；花为四出数，或其萼片多为2片且早落。
　　234. 植物体内含乳汁；无或有极短子房柄；种子有丰富胚乳 ………… 罂粟科 Papaveraceae
　　234. 植物体内不含乳汁；有细长的子房柄；种子无或有少量胚乳
　　　　…………………………………………………………………… 白花菜科 Capparidaceae
233. 木本植物；花常为五出数，萼片宿存或脱落。
　　235. 果实为具5个棱角的蒴果，分成5个骨质各含1或2个种子的心皮后，再各沿其缝线
　　　　而2瓣裂开 …………………………………………………………… 蔷薇科 Rosaceae
　　　　　　　　　　　　　　　　　　　　　　　　　　　　　　　　　（白鹃梅属 *Exochorda*）
　　235. 果实不为蒴果，如为蒴果时则为胞背裂开。
　　　　236. 蔓生或攀缘的灌木；雄蕊互相分离；子房5室或更多室；浆果，常可食
　　　　　　…………………………………………………………………… 猕猴桃科 Actinidiaceae
　　　　236. 直立乔木或灌木；雄蕊至少在外层者连为单体，或连成3～5束而着生于花瓣的基
　　　　　　部；子房3～5室。
　　　　　　237. 花药能转动，以顶端孔裂开；浆果；胚乳颇丰富 ……… 猕猴桃科 Actinidiaceae
　　　　　　　　　　　　　　　　　　　　　　　　　　　　　　　　　　（水冬哥属 *Saurauia*）
　　　　　　237. 花药能或不能转动，常纵长裂开；果实有各种情形；胚乳通常量微小
　　　　　　　　………………………………………………………………… 山茶科 Theaceae
161. 成熟雄蕊10个或较少，如多于10个时，其数并不超过花瓣的2倍。
　　238. 成熟雄蕊和花瓣同数，且和它对生。次238项，见194页。
　　239. 雌蕊3个至多数，离生。
　　　　240. 直立草本或亚灌木；花两性，五出数 ……………………………… 蔷薇科 Rosaceae
　　　　　　　　　　　　　　　　　　　　　　　　　　　　　　　　（地蔷薇属 *Chamaerhodos*）
　　　　240. 木质或草质藤本；花单性，常为三出数。
　　　　　　241. 叶常为单叶；花小型；核果；心皮3～6个，呈星状排列，各含1胚珠
　　　　　　　　……………………………………………………………… 防己科 Menispermaceae
　　　　　　241. 叶为掌状复叶或由3小叶组成；花中型；浆果；心皮3个至多数，呈轮状或螺旋状排列，各
　　　　　　　　含1个或多数胚珠 ………………………………………… 木通科 Lardizabalaceae
　　239. 雌蕊1个。
　　　　242. 子房2至数室。
　　　　　　243. 花萼裂齿不明显或微小；以卷须缠绕其他灌木或草本植物 ………… 葡萄科 Vitaceae
　　　　　　243. 花萼具4～5裂片；乔木、灌木或草本植物，有时虽可为缠绕性，但无卷须。
　　　　　　　　244. 雄蕊连成单体。
　　　　　　　　　　245. 叶为单叶；每个子房室内含胚珠2～6个［或在可可树亚族（*Theobromineae*）中为多数］
　　　　　　　　　　　　……………………………………………………… 梧桐科 Sterculiaceae
　　　　　　　　　　245. 叶为掌状复叶；每个子房室内含胚珠多数 …………… 木棉科 Bombacaceae
　　　　　　　　　　　　　　　　　　　　　　　　　　　　　　　　　　　　（吉贝属 *Ceiba*）
　　　　　　　　244. 雄蕊互相分离，或稀可在其下部连成一管。
　　　　　　　　　　246. 叶无托叶；萼片各不相等；呈覆瓦状排列；花瓣不相等，在内层的2片常很小
　　　　　　　　　　　　………………………………………………………… 清风藤科 Sabiaceae
　　　　　　　　　　246. 叶常有托叶；萼片同大，呈镊合状排列；花瓣均大小同形。
　　　　　　　　　　　　247. 叶为单叶 ……………………………………… 鼠李科 Rhamnaceae
　　　　　　　　　　　　247. 叶为1～3回羽状复叶 ……………………………… 葡萄科 Vitaceae
　　　　　　　　　　　　　　　　　　　　　　　　　　　　　　　　　　　　（火筒树属 *Leea*）
　　242. 子房1室［在马齿苋科的土人参属（*Talinum*）及铁青树科的铁青树属（*Olax*）中则子房的下
　　　　部多少有些成为3室］。
　　　　248. 子房下位或半下位。

249. 叶互生，边缘常有锯齿；蒴果 ·················· 大风子科 Flacourtiaceae
(天料木属 *Homalium*)
*249. 叶多对生或轮生，全缘；浆果或核果 ············· 桑寄生科 Loranthaceae
248. 子房上位。
  250. 花药以舌瓣裂开 ·················· 小檗科 Berberidaceae
  250. 花药不以舌瓣裂开。
    251. 缠绕草本；胚珠 1 个；叶肥厚，肉质 ············ 落葵科 Basellaceae
(落葵属 *Basella*)
    251. 直立草本，或有时为木本；胚珠 1 个至多数。
      252. 雄蕊连成单体；胚珠 2 个 ·············· 梧桐科 Sterculiaceae
(蛇婆子属 *Walthenia*)
      252. 雄蕊互相分离，胚珠 1 个至多数。
        253. 花瓣 6～9 片；雌蕊单纯 ············· 小檗科 Berberidaceae
        253. 花瓣 4～8 片；雌蕊复合。
          254. 常为草本；花萼有 2 个分离萼片。
            255. 花瓣 4 片；侧膜胎座 ············ 罂粟科 Papaveraceae
(角茴香属 *Hypecoum*)
            255. 花瓣常 5 片；基底胎座 ·········· 马齿苋科 Portulacaceae
          254. 乔木或灌木，常蔓生；花萼呈倒圆锥形或杯状。
            256. 通常雌雄同株；花萼裂片 4～5 片；花瓣呈覆瓦状排列；无不育雄蕊；胚珠有 2 层珠被 ·················· 紫金牛科 Myrsinaceae
(信筒子属 *Embelia*)
            256. 花两性；花萼于开花时微小，而具不明显的齿裂；花瓣多为镊合状排列；有不育雄蕊（有时代以蜜腺）；胚珠无珠被。
              257. 花萼于果时增大；子房的下部为 3 室，上部为 1 室，内含 3 个胚珠 ················· 铁青树科 Olacaceae
(铁青树属 *Olax*)
              257. 花萼于果时不增大；子房 1 室，内仅含 1 个胚珠 ······· 山柚仔科 Opiliaceae
238. 成熟雄蕊和花瓣不同数，如同数时则雄蕊和花瓣互生。
  258. 雌雄异株；雄蕊 8 个，不相同，其中 5 个较长，有伸出花外的花丝，且和花瓣互生，另 3 个则较短而藏于花内；灌木或灌木状草本；互生或对生单叶；心皮单生；雌花无花被，无梗，贴生于宽圆形的叶状苞片上 ·················· 漆树科 Anacardiaceae
(九子不离母属 *Dobinea*)
  258. 花两性或单性，即使为雌雄异株时，其雄蕊中也无上述情形的雄蕊。
    259. 花萼或其筒部和子房多少有些相连合。次 259 项，见 196 页。
    260. 每个子房室内含胚珠或种子 2 个至多数。次 260 项，见 195 页。
      261. 花药以顶端孔裂开；草本或木本植物；叶对生或轮生，大都于叶片基部具 3～9 脉 ························· 野牡丹科 Melastomaceae
      261. 花药纵长裂开。
        262. 草本或亚灌木；有时为攀缘性。
          263. 具卷须的攀缘草本；花单性 ··········· 葫芦科 Cucurbitaceae
          263. 无卷须的植物；花常两性。
            264. 萼片或花萼裂片 2 片；植物体多少肉质而多水分 ········· 马齿苋科 Portulacaceae
(马齿苋属 *Portulaca*)
            264. 萼片或花萼裂片 4～5 片；植物体常不为肉质。
              265. 花萼裂片呈覆瓦状或镊合状排列；花柱 2 个或更多；种子具胚乳

　　　　　　　　　　　………………………………………………………… 虎耳草科 Saxifragaceae
　　　　265. 花萼裂片呈镊合状排列；花柱1个，具2～4裂，或为1个呈头状的柱头；种子无
　　　　　　胚乳 ………………………………………………………… 柳叶菜科 Onagraceae
　262. 乔木或灌木，有时具攀缘性。
　　　266. 叶互生。
　　　　267. 花数朵至多数，呈头状花序；常绿乔木；叶革质，全缘或具浅裂
　　　　　　……………………………………………………… 金缕梅科 Hamamelidaceae
　　　　267. 花呈总状或圆锥花序。
　　　　　268. 灌木；叶为掌状分裂，基部具3～5脉；子房1室，有多数胚珠；浆果
　　　　　　　…………………………………………………………… 虎耳草科 Saxifragaceae
　　　　　　　　　　　　　　　　　　　　　　　　　　　　　　　　　　　（茶藨子属 Ribes）
　　　　　268. 乔木或灌木；叶缘有锯齿或细锯齿，有时全缘，具羽状脉；子房3～5室，每室内
　　　　　　　含2个至数个胚珠，或在山茉莉属（Huodendron）为多数；干燥或木质核果，或蒴
　　　　　　　果，有时具棱角或有翅 ………………………………… 野茉莉科 Styracaceae
　　　266. 叶常对生［使君子科的榄李树属（Lumnitzera）例外，同科的风车子属（Combretum）
　　　　　也可有时为互生，或互生和对生共存于一枝上］。
　　　　269. 胚珠多数，除冠盖藤属（Pileostegia）自子房室顶端垂悬外，均位于侧膜或中轴胎座
　　　　　　上；浆果或蒴果；叶缘有锯齿或为全缘，但均无托叶；种子含胚乳
　　　　　　………………………………………………………………… 虎耳草科 Saxifragaceae
　　　　269. 胚珠2个至数个，近于自子房室顶端垂悬；叶全缘或有圆锯齿；果实多不裂开，内有
　　　　　　种子1个至数个。
　　　　　270. 乔木或灌木，常为蔓生，无托叶，不为形成海岸林的组成分子［榄李树属（Lumni-
　　　　　　　tzera）例外］种子无胚乳，落地后始萌芽 ………… 使君子科 Combretaceae
　　　　　270. 常绿灌木或小乔木，具托叶；多为形成海岸林的主要组成分子，种子常有胚乳，在
　　　　　　　落地前即萌芽（胎生）…………………………………… 红树科 Rhizophoraceae
260. 每个子房室内仅含胚珠或种子1个。
　271. 果实裂开为2个干燥的离果，并共同悬于一果梗上；花序常为伞形花序［在变豆菜属（Sanicula）
　　　及鸭儿芹属（Cryptotaerda）中为不规则的花序，在刺芫荽属（Eryngium）中，则为头状花序］
　　　………………………………………………………………………… 伞形科 Umbelliferae
　271. 果实不裂开或裂开而不是上述情形；花序可为各种类型。
　　　272. 草本植物。
　　　　273. 花柱或柱头2～4个；种子具胚乳；果实为小坚果或核果，具棱角或有翅
　　　　　　………………………………………………………………… 小二仙草科 Haloragidaceae
　　　　273. 花柱1个，具有2头状或呈2裂的柱头；种子无胚乳。
　　　　　274. 陆生草本植物，具对生叶；花为二出数；果实为一个具钩状刺毛的坚果
　　　　　　　………………………………………………………………… 柳叶菜科 Onagraceae
　　　　　　　　　　　　　　　　　　　　　　　　　　　　　　　　　　　（露珠草属 Circaea）
　　　　　274. 水生草本植物，有聚生而漂浮在水面的叶片；花为四出数；果实为具2～4刺的坚果（栽培
　　　　　　　种果实可无显著的刺）……………………………………… 菱科 Trapaceae
　　　　　　　　　　　　　　　　　　　　　　　　　　　　　　　　　　　（菱属 Trapa）
　　　272. 木本植物。
　　　　275. 果实干燥或为蒴果状。
　　　　　276. 子房2室；花柱2个 ……………………………… 金缕梅科 Hamamelidaceae
　　　　　276. 子房1室；花柱1个。
　　　　　　277. 花序伞房状或圆锥状 ……………………………… 莲叶桐科 Hernandiaceae
　　　　　　277. 花序头状 ……………………………………………… 珙桐科 Nyssaceae

(旱莲木属 *Camptotheca*)

275. 果实呈核果状或浆果状。
 278. 叶互生或对生；花瓣呈镊合状排列；花序有各种形式，但稀为伞形或头状，有时且可生于叶片上。
  279. 花瓣 3～5 片，呈卵形至披针形；花药短 ……………………… 山茱萸科 Cornaceae
  279. 花瓣 4～10 片，狭窄形并向外翻转；花药细长 ……………… 八角枫科 Alangiaceae

(八角枫属 *Alangium*)

 278. 叶互生；花瓣呈覆瓦状或镊合状排列；花序常为伞形或呈头状。
  280. 子房 1 室；花柱 1 个；花杂性兼雌雄异株，雌花单生或以少数朵至数朵聚生，雄花多数，腋生为有花梗的簇丛 ……………………………… 珙桐科 Nyssaceae

(蓝果树属 *Nyssa*)

  280. 子房 2 室或更多室；花柱 2～5 个；如子房为 1 室而具 1 个花柱时〔例如马蹄参属（*Diplopanax*）〕，则花为两性，形成顶生类似穗状的花序 ……………………… 五加科 Araliaceae
259. 花萼和子房相分离。
 281. 叶片中有透明微点。
  282. 花整齐，稀可两侧对称；果实不为荚果 ………………………… 芸香科 Rutaceae
  282. 花整齐或不整齐；果实为荚果 ……………………………………… 豆科 Leguminosae
 281. 叶片中无透明微点。
  283. 雌蕊 2 个或更多，互相分离或仅有局部的连合；也可子房分离而花柱连合成 1 个。次 283 项，见 197 页。
   284. 多水分的草本，具肉质的茎及叶 …………………………… 景天科 Crassulaceae
   284. 植物体为其他情形。
    285. 花为周位花。
     286. 花的各部分呈螺旋状排列，萼片逐渐变为花瓣；雄蕊 5 或 6 个；雌蕊多数
     ……………………………………………………………… 蜡梅科 Calycanthaceae

(蜡梅属 *Chimonanthus*)

     286. 花的各部分呈轮状排列，萼片和花瓣甚有分化。
      287. 雌蕊 2～4 个，各有多数胚珠；种子有胚乳；无托叶
      …………………………………………………………… 虎耳草科 Saxifragaceae
      287. 雌蕊 2 个至多数，各有 1 个至数个胚珠；种子无胚乳；有或无托叶
      ………………………………………………………………… 蔷薇科 Rosaceae
    285. 花为下位花，或在悬铃木科中微呈周位。
     288. 草本或亚灌木。
      289. 各子房的花柱互相分离。
       290. 叶常互生或基生，多少有些分裂；花瓣脱落性，较萼片为大，或于天葵属（*Semiaquilegia*）稍小；呈花瓣状的萼片 …………………………… 毛茛科 Ranunculaceae
       290. 叶对生或轮生，为全缘单叶；花瓣宿存性，较萼片小 ………… 马桑科 Coriariaceae

(马桑属 *Coriaria*)

      289. 各子房合具 1 个共同的花柱或柱头；叶为羽状复叶；花为五出数；花萼宿存；花中有和花瓣互生的腺体；雄蕊 10 个 ……………………………… 牻牛儿苗科 Geraniaceae

(熏倒牛属 *Bieberisteinia*)

     288. 乔木、灌木或木本的攀缘植物。
      291. 叶为单叶。次 291 项，见 197 页。
       292. 叶对生或轮生 ……………………………………………… 马桑科 Coriariaceae

(马桑属 *Coriaria*)

       292. 叶互生。

293. 叶为脱落性，具掌状脉；叶柄基部扩张呈帽状以覆盖腋芽 ………… 悬铃木科 Platanaceae
（悬铃木属 *Platanus*）
293. 叶为常绿性或脱落性，具羽状脉。
 294. 雌蕊 7 个至多数（稀可少至 5 个）；直立或缠绕性灌木；花两性或单性
  ………………………………………………………………………… 木兰科 Magnoliaceae
 294. 雌蕊 4～6 个；乔木或灌木；花两性。
  295. 子房 5 或 6 个，以 1 个共同的花柱而连合，各子房均可熟为核果 ……… 金莲木科 Ochnaceae
（赛金莲木属 *Ouratia*）
  295. 子房 4～6 个，各具 1 花柱，仅有 1 个子房可成熟为核果 ……… 漆树科 Anacardiaceae
（山楗仔属 *Buchanania*）
291. 叶为复叶。
 296. 叶对生 …………………………………………………………… 省沽油科 Staphyleaceae
 296. 叶互生。
  297. 木质藤本；叶为掌状复叶或三出复叶 ……………………… 木通科 Lardizabalaceae
  297. 乔木或灌木（有时在牛栓藤科中有缠绕性者）；叶为羽状复叶。
   298. 果实为 1 个含多数种子的浆果，状似猫屎 ……………… 木通科 Lardizabalaceae
（猫儿屎属 *Decaisnea*）
   298. 果实为其他情形。
    299. 果实为菁葖果 ……………………………………………… 牛栓藤科 Connaraceae
    299. 果实为离果，或在臭椿属（*Ailanthus*）中为翅果 ……… 苦木科 Simaroubaceae
283. 雌蕊 1 个，或至少其子房为 1 个。
 300. 雌蕊或子房确是单纯的，仅 1 室。
  301. 果实为核果或浆果。
   302. 花为三出数，稀可二出数；花药以舌瓣裂开 ……………………… 樟科 Lauraceae
   302. 花为五出或四出数；花药纵长裂开。
    303. 落叶具刺灌木；雄蕊 10 个，周位，均可发育 …………………… 蔷薇科 Rosaceae
（扁核木属 *Prinsepia*）
    303. 常绿乔木；雄蕊 1～5 个，下位，常仅其中 1 或 2 个可发育 ……… 漆树科 Anacardiaceae
（芒果属 *Mangifera*）
  301. 果实为菁葖果或荚果。
   304. 果实为菁葖果。
    305. 落叶灌木；叶为单叶；菁葖果内含 2 个至数个种子 ……………… 蔷薇科 Rosaceae
（绣线菊亚科 Spiraeoideae）
    305. 常为木质藤本；叶多为单数复叶或具 3 片小叶；有时因退化而只有 1 片小叶；菁葖果内仅含 1 个种子 ………………………………………………………… 牛栓藤科 Connaraceae
   304. 果实为荚果 ……………………………………………………… 豆科 Leguminosae
 300. 雌蕊或子房并非单纯者，有 1 个以上的子房室或花柱、柱头、胎座等部分。
  306. 子房 1 室或因有 1 个假隔膜的发育而成 2 室，有时下部 2～5 室，上部 1 室。次 306 项，见 199 页。
   307. 花下位，花瓣 4 片，稀可更多。次 307 项，见 198 页。
    308. 萼片 2 片 …………………………………………………… 罂粟科 Papaveraceae
    308. 萼片 4～8 片。
     309. 子房柄常细长，呈线状 ………………………………… 白花菜科 Capparidaceae
     309. 子房柄极短或不存在。
      310. 子房为 2 个心皮连合组成，常具 2 子房室及 1 个假隔膜 ……… 十字花科 Cruciferae

310. 子房为 3～6 个心皮连合组成，仅 1 个子房室。
　　311. 叶对生，微小，为耐寒旱性；花为辐射对称；花瓣完整，具瓣爪，其内侧有舌状的鳞片附属物
　　　　　·· 瓣鳞花科 Frankeniaceae
　　　　　　　　　　　　　　　　　　　　　　　　　　　　　　　　　　　（瓣鳞花属 Frankenia）
　　311. 叶互生，显著，非为耐寒旱性；花为两侧对称；花瓣常分裂，但其内侧并无鳞片状的附属物
　　　　　·· 木犀草科 Resedaceae
307. 花周位或下位，花瓣 3～5 片，稀可 2 片或更多。
　　312. 每个子房室内仅有胚珠 1 个。
　　　　313. 乔木，或稀为灌木；叶常为羽状复叶。
　　　　　　314. 叶常为羽状复叶，具托叶及小托叶 ·· 省沽油科 Staphyleacea
　　　　　　　　　　　　　　　　　　　　　　　　　　　　　　　　　　　　（银鹊树属 Tapiscia）
　　　　　　314. 叶为羽状复叶或单叶，无托叶及小托叶 ··· 漆树科 Anacardiaceae
　　　　313. 木本或草本；叶为单叶。
　　　　　　315. 通常均为木本，稀可在樟科的无根藤属（Cassytha）则为缠绕性寄生草本；叶常互生，无膜质
　　　　　　　　托叶。
　　　　　　　　316. 乔木或灌木；无托叶；花为三出或二出数，萼片和花瓣同形，稀可花瓣较大；花药以舌瓣裂
　　　　　　　　　　开；浆果或核果 ·· 樟科 Lauraceae
　　　　　　　　316. 蔓生性的灌木，茎为合轴型，具钩状的分枝；托叶小而早落；花为五出数，萼片和花瓣不同
　　　　　　　　　　形，前者且于结实时增大呈翅状；花药纵长裂开；坚果
　　　　　　　　　　·· 钩枝藤科 Ancistrocladaceae
　　　　　　　　　　　　　　　　　　　　　　　　　　　　　　　　　　　（钩枝藤属 Ancistrocladus）
　　　　　　315. 草本或亚灌木；叶互生或对生，具膜质托叶鞘 ·································· 蓼科 Polygonaceae
　　312. 每个子房室内有胚珠 2 个至多数。
　　　　317. 乔木、灌木或木质藤本。次 317 项，见 199 页。
　　　　　　318. 花瓣及雄蕊均着生于花萼上 ··· 千屈菜科 Lythraceae
　　　　　　318. 花瓣及雄蕊均着生于花托上（或于西番莲科中雄蕊着生于子房柄上）。
　　　　　　　　319. 核果或翅果，仅有 1 个种子。
　　　　　　　　　　320. 花萼具显著的 4 或 5 裂片或裂齿，微小而不能长大 ················ 茶茱萸科 Icacinaceae
　　　　　　　　　　320. 花萼呈截平头或具不明显的萼齿，微小，但能在果实上增大 ············ 铁青树科 Olaeaceae
　　　　　　　　　　　　　　　　　　　　　　　　　　　　　　　　　　　　（铁青树属 Olax）
　　　　　　　　319. 蒴果或浆果，内有 2 个至多数种子。
　　　　　　　　　　321. 花两侧对称。
　　　　　　　　　　　　322. 叶为 2～3 回羽状复叶；雄蕊 5 个 ····························· 辣木科 Moringaceae
　　　　　　　　　　　　　　　　　　　　　　　　　　　　　　　　　　　　（辣木属 Moringa）
　　　　　　　　　　　　322. 叶为全缘的单叶；雄蕊 8 个 ····································· 远志科 Polygalaceae
　　　　　　　　　　321. 花辐射对称；叶为单叶或掌状分裂。
　　　　　　　　　　　　323. 花瓣具有直立而常彼此衔接的瓣爪 ···························· 海桐花科 Pittosporaceae
　　　　　　　　　　　　　　　　　　　　　　　　　　　　　　　　　　　（海桐花属 Pittosporum）
　　　　　　　　　　　　323. 花瓣不具细长的瓣爪。
　　　　　　　　　　　　　　324. 植物体为耐寒旱性，有鳞片状或细长形的叶片；花无小苞片
　　　　　　　　　　　　　　　　·· 柽柳科 Tamariceae
　　　　　　　　　　　　　　324. 植物体为非耐寒旱性，具有较宽大的叶片。
　　　　　　　　　　　　　　　　325. 花两性。次 325 项，见 199 页。
　　　　　　　　　　　　　　　　　　326. 花萼和花瓣不甚分化，且前者较大 ············· 大风子科 Flacourtiaceae
　　　　　　　　　　　　　　　　　　　　　　　　　　　　　　　　　　　（红子木属 Erythrospemum）
　　　　　　　　　　　　　　　　　　326. 花萼和花瓣有很大分化，前者很小 ················· 堇菜科 Violaceae

　　　　　　　　　　　　　　　　　　　　　　　　　　　　（雷诺木属 Rinorea）
　　327. 乔木；花的每一个花瓣基部各具位于内方的一个鳞片；无子房柄
　　　　　　　　　　　　　　　　　　　　　　　　…… 大风子科 Flacourtiaceae
　　　　　　　　　　　　　　　　　　　　　　　　　　（大风子属 Hydnocarpus）
　　327. 多为具卷须而攀缘的灌木；花常具一个为5鳞片所成的副冠，各鳞片和萼片相对生；有子房柄
　　　　　　　　　　　　　　　　　　　　　　　　…… 西番莲科 Passifloraceae
　　　　　　　　　　　　　　　　　　　　　　　　　　　（蒴莲属 Adenia）
317. 草本或亚灌木。
　　328. 胎座位于子房室的中央或基底。
　　　　329. 花瓣着生于花萼的喉部 …………………………… 千屈菜科 Lythraceae
　　　　329. 花瓣着生于花托上。
　　　　　　330. 萼片2片；叶互生，稀可对生 ………………… 马齿苋科 Portulacaceae
　　　　　　330. 萼片5或4片；叶对生 …………………………… 石竹科 Caryophyllaceae
　　328. 胎座为侧膜胎座。
　　　　331. 食虫植物，具生有腺体刚毛的叶片 ………………… 茅膏菜科 Droseraceae
　　　　331. 非为食虫植物，也无生有腺体毛茸的叶片。
　　　　　　332. 花两侧对称。
　　　　　　　　333. 花有一个位于前方的矩状物；蒴果3瓣裂开 …… 堇菜科 Violaceae
　　　　　　　　333. 花有一个位于后方的大型花盘；蒴果仅于顶端裂开 …… 木犀草科 Resedaceae
　　　　　　332. 花整齐或近于整齐。
　　　　　　　　334. 植物体为耐寒旱性；花瓣内侧各有1舌状的鳞片 …… 瓣鳞花科 Frankeniaceae
　　　　　　　　　　　　　　　　　　　　　　　　　　　（瓣鳞花属 Frankenia）
　　　　　　　　334. 植物体为非耐寒旱性；花瓣内侧无鳞片的舌状附属物。
　　　　　　　　　　335. 花中有副冠及子房柄 ……………………… 西番莲科 Passifloraceae
　　　　　　　　　　　　　　　　　　　　　　　　　（西番莲属 Passiflora）
　　　　　　　　　　335. 花中无副冠及子房柄 ……………………… 虎耳草科 Saxifragaceae
306. 子房2室或更多室。
　　336. 花瓣形状彼此极不相等。
　　　　337. 每个子房室内有数个至多数胚珠。
　　　　　　338. 子房2室 ……………………………………… 虎耳草科 Saxifragaceae
　　　　　　338. 子房5室 ……………………………………… 凤仙花科 Balsaminaceae
　　　　337. 每子房室内仅有1个胚珠。
　　　　　　339. 子房3室；雄蕊离生；叶盾状，叶缘具棱角或波纹 …… 旱金莲科 Tropaeolaceae
　　　　　　　　　　　　　　　　　　　　　　　　　（旱金莲属 Tropaeolum）
　　　　　　339. 子房2室（稀可1或3室）；雄蕊连合为一个单体；叶不呈盾状，全缘
　　　　　　　　　　　　　　　　　　　　　　　　…… 远志科 Polygalaceae
　　336. 花瓣形状彼此相等或微有不等，且有时花也可为两侧对称。
　　　　340. 雄蕊数和花瓣数既不相等，也不是它的倍数。次340项，见200页。
　　　　　　341. 叶对生。次341项，见200页。
　　　　　　　　342. 雄蕊4~10个，常8个。
　　　　　　　　　　343. 蒴果 ……………………………………… 七叶树科 Hippocastanaceae
　　　　　　　　　　343. 翅果 ……………………………………… 槭树科 Aceraceae
　　　　　　　　342. 雄蕊2或3个，稀也可4或5个。
　　　　　　　　　　344. 萼片及花瓣均为五出数；雄蕊多为3个 …… 翅子藤科 Hippocrateaceae
　　　　　　　　　　344. 萼片及花瓣均为四出数；雄蕊2个，稀可3个 …… 木犀科 Oleaceae

341. 叶互生。
    345. 叶为单叶，多全缘，或在油桐属（*Aleurites*）中可具 3~7 裂片；花单性 ………………………………………………………………………………………… 大戟科 Euphorbiaceae
    345. 叶为单叶或复叶；花两性或杂性。
        346. 萼片为镊合状排列；雄蕊连成单体 ………………………… 梧桐科 Sterculiaceae
        346. 萼片为覆瓦状排列；雄蕊离生。
            347. 子房 4 或 5 室，每个子房室内有 8~12 个胚珠；种子具翅 ……………… 楝科 Meliaceae
                （香椿属 *Toona*）
            347. 子房常 3 室，每个子房室内有 1 个至数个胚珠；种子无翅。
                348. 花小型或中型，下位，萼片互相分离或微有连合 ……………… 无患子科 Sapindaceae
                348. 花大型，美丽，周位，萼片互相连合，呈一个钟形的花萼 ………………………………………………………………………………… 钟萼木科 Bretschneideraceae
                    （钟萼木属 *Bretschneidera*）
340. 雄蕊数和花瓣数相等，或是它的倍数。
  349. 每个子房室内有胚珠或种子 3 个至多数。次 349 项，见 201 页。
    350. 叶为复叶。
      351. 雄蕊连成为单体 ………………………………………………… 酢浆草科 Oxalidaceae
      351. 雄蕊彼此相互分离。
        352. 叶互生。
          353. 叶为 2~3 回的三出叶，或为掌状叶 …………………………… 虎耳草科 Saxifragaceae
                （落新妇亚族 *Astilbinae*）
          353. 叶为 1 回羽状复叶 ……………………………………………………… 楝科 Meliaceae
                （香椿属 *Toona*）
        352. 叶对生。
          354. 叶为双数羽状复叶 ……………………………………………… 蒺藜科 Zygophyllaceae
          354. 叶为单数羽状复叶 ……………………………………………… 省沽油科 Staphyleaceae
    350. 叶为单叶。
      355. 草本或亚灌木。
        356. 花周位；花托多少有些中空。
          357. 雄蕊着生于杯状花托的边缘 …………………………………… 虎耳草科 Saxifragaceae
          357. 雄蕊着生于杯状或管状花萼（或即花托）的内侧 ……………… 千屈菜科 Lythraceae
        356. 花下位；花托常扁平。
          358. 叶对生或轮生，常全缘。
            359. 水生或沼泽草本，有时［例如田繁缕属（*Bergia*）］为亚灌木；有托叶 ………………………………………………………………………………… 沟繁缕科 Elatinaceae
            359. 陆生草本；无托叶 ……………………………………………… 石竹科 Caryophyllaceae
          358. 叶互生或基生；稀可对生，边缘有锯齿，或叶退化为无绿色组织的鳞片。
            360. 草本或亚灌木；有托叶；萼片呈镊合状排列，脱落性 ……………… 椴树科 Tiliaceae
                （黄麻属 *Corchorus*，田麻属 *Corchoropsis*）
            360. 多年生常绿草本，或为死物寄生植物而无绿色组织；无托叶；萼片呈覆瓦状排列，宿存性 …………………………………………………………………… 鹿蹄草科 Pyrolaceae
      355. 木本植物。
        361. 花瓣常有彼此衔接或其边缘互相依附的柄状瓣爪 ……………… 海桐花科 Pittosporaceae
                （海桐花属 *Pittosporum*）
        361. 花瓣无瓣爪，或仅具互相分离的细长柄状瓣爪。
          362. 花托空凹；萼片呈镊合状或覆瓦状排列。

363. 叶互生，边缘有锯齿，常绿性 ·· 虎耳草科 Saxifragaceae
(鼠刺属 *Itea*)
363. 叶对生或互生，全缘，脱落性。
364. 子房2~6室，仅具1个花柱；胚珠多数，着生于中轴胎座上
·· 千屈菜科 Lythraceae
364. 子房2室，具2个花柱；胚珠数个，垂悬于中轴胎座上 ········ 金缕梅科 Hamamelidaceae
(双花木属 *Disanthus*)
362. 花托扁平或微凸起；萼片呈覆瓦状或于杜英科中呈镊合状排列。
365. 花为四出数；果实呈浆果状或核果状；花药纵长裂开或顶端舌瓣裂开。
366. 穗状花序腋生于当年新枝上；花瓣先端具齿裂 ··············· 杜英科 Elaeocarpaceae
(杜英属 *Elaeocarpus*)
366. 穗状花序腋生于昔年老枝上；花瓣完整 ···················· 旌节花科 Stachyuraceae
(旌节花属 *Stachyurus*)
365. 花为五出数；果实呈蒴果状；花药顶端孔裂。
367. 花粉粒单纯；子房3室 ·· 山柳科 Clethraceae
(山柳属 *Clethra*)
367. 花粉粒复合，成为四合体；子房5室 ···················· 杜鹃花科 Ericaceae
349. 每个子房室内有胚珠或种子1或2个。
368. 草本植物，有时基部为灌木状。
369. 花单性、杂性，或雌雄异株。
370. 具卷须的藤本；叶为二回三出复叶 ························ 无患子科 Sapindaceae
(倒地铃属 *Cardiospermum*)
370. 直立草本或亚灌木；叶为单叶 ··························· 大戟科 Euphorbiaceae
369. 花两性。
371. 萼片呈镊合状排列；果实有刺 ······························ 椴树科 Tiliaceae
(刺蒴麻属 *Triumfetta*)
371. 萼片呈覆瓦状排列；果实无刺。
372. 雄蕊彼此分离；花柱互相连合 ····················· 牻牛儿苗科 Geraniaceae
372. 雄蕊互相连合；花柱彼此分离 ······················ 亚麻科 Linaceae
368. 木本植物。
373. 叶肉质，通常仅为1对小叶所组成的复叶 ··················· 蒺藜科 Zygophyllaceae
373. 叶为其他情形。
374. 叶对生；果实为1、2或3个翅果所组成。
375. 花瓣细裂或具齿裂；每个果实有3个翅果 ················ 金虎尾科 Malpighiaceae
375. 花瓣全缘；每个果实具2个或连合为1个的翅果 ········· 槭树科 Aceraceae
374. 叶互生，如为对生时，则果实不为翅果。
376. 叶为复叶，或稀可为单叶而有具翅的果实。次376项，见202页。
377. 雄蕊连为单体。
378. 萼片及花瓣均为三出数；花药6个，花丝生于雄蕊管的口部 ········ 橄榄科 Burseraceae
378. 萼片及花瓣均为四出至六出数；花药8~12个，无花丝，直接着生于雄蕊管的喉部或裂齿之间 ·· 楝科 Meliaceae
377. 雄蕊各自分离。
379. 叶为单叶；果实为一具3翅而其内仅有1个种子的小坚果 ·········· 卫矛科 Celastraceae
(雷公藤属 *Tripterygium*)
379. 叶为复叶；果实无翅。

380. 花柱 3~5 个叶常互生，脱落性 ·············· 漆树科 Anacardiaceae
380. 花柱 1 个；叶互生或对生。
　　381. 叶为羽状复叶，互生，常绿性或脱落性；果实有各种类型 ········· 无患子科 Sapindaceae
　　381. 叶为掌状复叶，对生，脱落性；果实为蒴果 ············ 七叶树科 Hippocastanaceae
376. 叶为单叶；果实无翅。
　382. 雄蕊连成单体，或如为 2 轮时，至少其内轮者如此，有时其花药无花丝〔例如大戟科的三宝木属（*Trigonastemon*）〕。
　　383. 花单性；萼片或花萼裂片 2~6 片，呈镊合状或覆瓦状排列 ·········· 大戟科 Euphorbiaceae
　　383. 花两性；萼片 5 片，呈覆瓦状排列。
　　　384. 果实呈蒴果状；子房 3~5 室，各室均可成熟 ················ 亚麻科 Linaceae
　　　384. 果实呈核果状；子房 3 室，大都其中的 2 室为不孕性，仅另 1 室可成熟，而有 1 或 2 个胚珠
　　　　　　··· 古柯科 Erythroxylaceae
　　　　　　　　　　　　　　　　　　　　　　　　　　　　　　　　　（古柯属 *Erythroxylum*）
　382. 雄蕊各自分离，有时在毒鼠子科中可和花瓣相连合而形成 1 个管状物。
　　385. 果呈蒴果状。
　　　386. 叶互生或稀可对生；花下位。
　　　　387. 叶脱落性或常绿性；花单性或两性；子房 3 室，稀可 2 或 4 室，有时可多至 15 室〔例如算盘子属（*Glochidion*）〕 ······················ 大戟科 Euphorbiaceae
　　　　387. 叶常绿性；花两性；子房 5 室 ················ 五列木科 Pentaphylacaceae
　　　　　　　　　　　　　　　　　　　　　　　　　　　　　　　　　（五列木属 *Pentaphylax*）
　　　386. 叶对生或互生；花周位 ························ 卫矛科 Celastraceae
　　385. 果呈核果状，有时木质化，或呈浆果状。
　　　388. 种子无胚乳，胚体肥大而多肉质。
　　　　389. 雄蕊 10 个 ·································· 蒺藜科 Zygophyllaceae
　　　　389. 雄蕊 4 或 5 个。
　　　　　390. 叶互生；花瓣 5 片，各 2 裂或成 2 部分 ·········· 毒鼠子科 Dichapetalaceae
　　　　　　　　　　　　　　　　　　　　　　　　　　　　　　　　　（毒鼠子属 *Dichapetalum*）
　　　　　390. 叶对生；花瓣 4 片，均完整 ················ 刺茉莉科 Salvadoraceae
　　　　　　　　　　　　　　　　　　　　　　　　　　　　　　　　　（刺茉莉属 *Azima*）
　　　388. 种子有胚乳，胚体有时很小。
　　　　391. 植物体为耐寒旱性，花单性，三出或二出数 ·········· 岩高兰科 Empetraceae
　　　　　　　　　　　　　　　　　　　　　　　　　　　　　　　　　（岩高兰属 *Empetrum*）
　　　　391. 植物体为普通形状；花两性或单性，五出或四出数。
　　　　　392. 花瓣呈镊合状排列。
　　　　　　393. 雄蕊和花瓣同数 ························ 茶茱萸科 Icacinaceae
　　　　　　393. 雄蕊为花瓣的倍数。
　　　　　　　394. 枝条无刺，而有对生的叶片 ············ 红树科 Rhizophoraceae
　　　　　　　　　　　　　　　　　　　　　　　　　　　　　　　　　（红树族 Gynotrocheae）
　　　　　　　394. 枝条有刺，而有互生的叶片 ·············· 铁青树科 Olacaceae
　　　　　　　　　　　　　　　　　　　　　　　　　　　　　　　　　（海檀木属 *Ximenia*）
　　　　　392. 花瓣呈覆瓦状排列，或在大戟科的小盘木属（*Microdesmis*）中为扭转兼覆瓦状排列。
　　　　　　395. 花单性，雌雄异株；花瓣较小于萼片 ··········· 大戟科 Euphorbiaceae
　　　　　　　　　　　　　　　　　　　　　　　　　　　　　　　　　（小盘木属 *Microdesmis*）
　　　　　　395. 花两性或单性；花瓣常较大于萼片。
　　　　　　　396. 落叶攀缘灌木；雄蕊 10 个；子房 5 室，每室内有胚珠 2 个 ······ 猕猴桃科 Actinidiaceae
　　　　　　　　　　　　　　　　　　　　　　　　　　　　　　　　　（藤山柳属 *Clematoclethra*）

396. 多为常绿乔木或灌木；雄蕊4或5个。
　　397. 花下位，雌雄异株或杂性，无花盘 ················· 冬青科 Aquifoliaceae
　　　　　　　　　　　　　　　　　　　　　　　　　　　　　（冬青属 Ilex）
　　397. 花周位，两性或杂性；有花盘 ··················· 卫矛科 Celastraceae
　　　　　　　　　　　　　　　　　　　　　　　　　（异卫矛亚科 Cassinioideae）
160. 花冠为多少有些连合的花瓣所组成。
　398. 成熟雄蕊或单体雄蕊的花药数多于花冠裂片。次398项，见204页。
　　399. 心皮1个至数个，互相分离或大致分离。
　　　400. 叶为单叶或有时可为羽状分裂，对生，肉质 ········· 景天科 Crassulaceae
　　　400. 叶为二回羽状复叶，互生，不呈肉质 ············· 豆科 Leguminosae
　　　　　　　　　　　　　　　　　　　　　　　　　（含羞草亚科 Mimosoideae）
　　399. 心皮2个或更多，连合成一复合性子房。
　　　401. 雌雄同株或异株，有时为杂性。
　　　　402. 子房1室；无分枝而呈棕榈状的小乔木 ·········· 番木瓜科 Caricaceae
　　　　　　　　　　　　　　　　　　　　　　　　　　　　　（番木瓜属 Carica）
　　　　402. 子房2室至多室；具分枝的乔木或灌木。
　　　　　403. 雄蕊连成单体，或至少内层者如此；蒴果 ······· 大戟科 Euphorbiaceae
　　　　　　　　　　　　　　　　　　　　　　　　　　　　（麻疯树属 Jatropha）
　　　　　403. 雄蕊各自分离；浆果 ···················· 柿树科 Ebenateae
　　　401. 花两性。
　　　　404. 花瓣连成一盖状物，或花萼裂片及花瓣均可合成为1或2层的盖状物。
　　　　　405. 叶为单叶，具有透明微点 ················· 桃金娘科 Myrtaceae
　　　　　405. 叶为掌状复叶，无透明微点 ················ 五加科 Araliaceae
　　　　　　　　　　　　　　　　　　　　　　　　　　　（多蕊木属 Tupidanthus）
　　　　404. 花瓣及花萼裂片均不连成盖状物。
　　　　　406. 每个子房室中有3个至多数胚珠。
　　　　　　407. 雄蕊5~10个或其数不超过花冠裂片的2倍，稀可在野茉莉科的银钟花属（Halesia），
　　　　　　　　其数可达16个，而为花冠裂片的4倍。
　　　　　　　408. 雄蕊连成单体或其花丝于基部互相连合；花药纵裂；花粉粒单生。
　　　　　　　　　409. 叶为复叶；子房上位；花柱5个 ········· 酢浆草科 Oxalidaceae
　　　　　　　　　409. 叶为单叶；子房下位或半下位；花柱1个；乔木或灌木，常有星状毛
　　　　　　　　　　　　·································· 野茉莉科 Styracaceae
　　　　　　　408. 雄蕊各自分离；花药顶端孔裂；花粉粒为四合型 ······ 杜鹃花科 Ericaceae
　　　　　　407. 雄蕊为不定数。
　　　　　　　410. 萼片和花瓣常各为多数，而无显著的区分；子房下位；植物体肉质，绿色，常具棘
　　　　　　　　　针，而其叶退化 ······················· 仙人掌科 Cactaceae
　　　　　　　410. 萼片和花瓣常各为5片，而有显著的区分；子房上位。
　　　　　　　　411. 萼片呈镊合状排列；雄蕊连成单体 ············ 锦葵科 Malvaceae
　　　　　　　　411. 萼片呈显著的覆瓦状排列。
　　　　　　　　　412. 雄蕊连成5束，且每束着生于1花瓣的基部；花药顶端孔裂开；浆果
　　　　　　　　　　　　·································· 猕猴桃科 Actinidiaceae
　　　　　　　　　　　　　　　　　　　　　　　　　　　　（水冬哥属 Saurauia）
　　　　　　　　　412. 雄蕊的基部连成单体；花药纵长裂开；蒴果 ······ 山茶科 Theaceae
　　　　　　　　　　　　　　　　　　　　　　　　　　　　（紫茎木属 Stewartia）
　　　　　406. 每个子房室中常仅有1或2个胚珠。
　　　　　　413. 花萼中的2片或更多片于结实时能长大成翅状 ········ 龙脑香科 Dipterocarpaceae

413. 花萼裂片无上述变大的情形。
　　414. 植物体常有星状毛茸 ……………………………………………………… 野茉莉科 Styracaceae
　　414. 植物体无星状毛茸。
　　　　415. 子房下位或半下位；果实歪斜 ……………………………………… 山矾科 Symplocaceae
　　　　　　　　　　　　　　　　　　　　　　　　　　　　　　　　　　　（山矾属 *Symplocos*）
　　　　415. 子房上位。
　　　　　　416. 雄蕊相互连合为单体；果实成熟时分裂为离果 ……………………… 锦葵科 Malvaceae
　　　　　　416. 雄蕊各自分离；果实不是离果。
　　　　　　　　417. 子房 1 或 2 室；蒴果 ……………………………………… 瑞香科 Thymelaeaceae
　　　　　　　　　　　　　　　　　　　　　　　　　　　　　　　　　　　（沉香属 *Aquilaria*）
　　　　　　　　417. 子房 6～8 室；浆果 …………………………………………… 山榄科 Sapotaceae
　　　　　　　　　　　　　　　　　　　　　　　　　　　　　　　　　　　（紫荆木属 *Madhuca*）
398. 成熟雄蕊并不多于花冠裂片或有时因花丝的分裂则可过之。
　　418. 雄蕊和花冠裂片为同数且对生。
　　　　419. 植物体内有乳汁 ……………………………………………………… 山榄科 Sapotaceae
　　　　419. 植物体内不含乳汁。
　　　　　　420. 果实内有数个至多数种子。
　　　　　　　　421. 乔木或灌木；果实呈浆果状或核果状 ……………………… 紫金牛科 Myrsinaceae
　　　　　　　　421. 草本；果实呈蒴果状 …………………………………………… 报春花科 Primulaceae
　　　　　　420. 果实内仅有 1 个种子。
　　　　　　　　422. 子房下位或半下位。
　　　　　　　　　　423. 乔木或攀缘性灌木；叶互生 ……………………………… 铁青树科 Olacaceae
　　　　　　　　　　423. 为半寄生性灌木；叶对生 ……………………………… 桑寄生科 Loranthaceae
　　　　　　　　422. 子房上位。
　　　　　　　　　　424. 花两性。
　　　　　　　　　　　　425. 攀缘性草本；萼片 2；果为肉质宿存花萼所包围 ………… 落葵科 Basellaceae
　　　　　　　　　　　　　　　　　　　　　　　　　　　　　　　　　　　　（落葵属 *Basella*）
　　　　　　　　　　　　425. 直立草本或亚灌木，有时为攀缘性；萼片或萼裂片 5；果为蒴果或瘦果，被花萼所包围
　　　　　　　　　　　　　　………………………………………………………… 蓝雪科 Plumbaginaceae
　　　　　　　　　　424. 花单性，雌雄异株；攀缘性灌木。
　　　　　　　　　　　　426. 雄蕊连合成单体；雌蕊单纯性 ……………………… 防己科 Menispermaceae
　　　　　　　　　　　　　　　　　　　　　　　　　　　　　　　　　　　（锡生藤亚族 Cissampelinae）
　　　　　　　　　　　　426. 雄蕊各自分离；雌蕊复合性 ……………………… 茶茱萸科 Icacinaceae
　　　　　　　　　　　　　　　　　　　　　　　　　　　　　　　　　　　（微花藤属 *Iodes*）
　　418. 雄蕊和花冠裂片为同数且互生，或雄蕊数较花冠裂片为少。
　　　　427. 子房下位。次 427 项，见 205 页。
　　　　　　428. 植物体常卷须而攀缘或蔓生；胚珠及种子皆水平生长于侧膜胎座上 ……… 葫芦科 Cucurbitaceae
　　　　　　428. 植物体直立，如攀缘时也无卷须；胚珠及种子并不为水平生长。
　　　　　　　　429. 雄蕊互相连合。
　　　　　　　　　　430. 花整齐或两侧对称，呈头状花序，或在苍耳属（*Xanthium*）中，雌花序为一个仅含 2 朵花的果壳，其外生有钩状刺毛；子房 1 室，内仅有 1 个胚珠 ……………… 菊科 Compositae
　　　　　　　　　　430. 花多两侧对称，单生或呈总状或伞房花序；子房 2 或 3 室，内有多数胚珠。
　　　　　　　　　　　　431. 花冠裂片呈镊合状排列；雄蕊 5 个，具分离的花丝及连合的花药
　　　　　　　　　　　　　　………………………………………………………… 桔梗科 Campanulaceae
　　　　　　　　　　　　　　　　　　　　　　　　　　　　　　　　　　　（半边莲亚科 Lobelioideae）
　　　　　　　　　　　　431. 花冠裂片呈覆瓦状排列；雄蕊 2 个，具连合的花丝及分离的花药

·· 花柱草科 Stylidiaceae
（花柱草属 *Stylidium*）
429. 雄蕊各自分离。
　432. 雄蕊和花冠相分离或近于分离。
　　433. 花药顶端孔裂开；花粉粒连合成四合体；灌木或亚灌木 ················ 杜鹃花科 Ericaceae
（乌饭树亚科 Vaccinioideae）
　　433. 花药纵长裂开，花粉粒单纯；多为草本。
　　　434. 花冠整齐；子房 2～5 室，内有多数胚珠 ·························· 桔梗科 Campanulaceae
　　　434. 花冠不整齐；子房 1～2 室，每个子房室内仅有 1～2 个胚珠
·· 草海桐科 Goodeniaceae
　432. 雄蕊着生于花冠上。
　　435. 雄蕊 4 或 5 个，和花冠裂片同数。
　　　436. 叶互生；每个子房室内有多数胚珠 ······························ 桔梗科 Campanulaceae
　　　436. 叶对生或轮生；每个子房室内有 1 个至多数胚珠。
　　　　437. 叶轮生，如为对生时，则有托叶存在 ································ 茜草科 Rubiaceae
　　　　437. 叶对生，无托叶或稀可有明显的托叶。
　　　　　438. 花序多为聚伞花序 ·· 忍冬科 Caprifoliaceae
　　　　　438. 花序为头状花序 ··· 川续断科 Dipsacaceae
　　435. 雄蕊 1～4 个，其数较花冠裂片为少。
　　　439. 子房 1 室。
　　　　440. 胚珠多数，生于侧膜胎座上 ·· 苦苣苔科 Gesneriaceae
　　　　440. 胚珠 1 个，垂悬于子房的顶端 ······································ 川续断科 Dipsacaceae
　　　439. 子房 2 室或更多室，具中轴胎座。
　　　　441. 子房 2～4 室，所有的子房室均可成熟；水生草本 ················· 胡麻科 Pedaliaceae
（茶菱属 *Trapella*）
　　　　441. 子房 3 或 4 室，仅其中 1 或 2 室可成熟。
　　　　　442. 落叶或常绿的灌木；叶片常全缘或边缘有锯齿 ·············· 忍冬科 Caprifoliaceae
　　　　　442. 陆生草本；叶片常有很多的分裂 ·························· 败酱科 Valerianaceae
427. 子房上位。
　443. 子房深裂为 2～4 部分；花柱或数花柱均自子房裂片之间伸出。
　　444. 花冠两侧对称或稀可整齐；叶对生 ···································· 唇形科 Labiatae
　　444. 花冠整齐；叶互生。
　　　445. 花柱 2 个；多年生匍匐性小草本；叶片呈圆肾形 ··············· 旋花科 Convolvulaceae
（马蹄金属 *Dichondra*）
　　　445. 花柱 1 个ů··· 紫草科 Boraginaceae
　443. 子房完整或微有分割，或为 2 个分离的心皮所组成；花柱自子房的顶端伸出。
　　446. 雄蕊的花丝分裂。
　　　447. 雄蕊 2 个，各分为 3 裂 ·· 罂粟科 Papaveraceae
（紫堇亚科 Fumarioideae）
　　　447. 雄蕊 5 个，各分为 2 裂 ·· 五福花科 Adoxaceae
（五福花属 *Adoxa*）
　　446. 雄蕊的花丝单纯。
　　　448. 花冠不整齐，常多少有些呈两唇状。次 448 项，见 206 页。
　　　　449. 成熟雄蕊 5 个。
　　　　　450. 雄蕊和花冠离生 ··· 杜鹃花科 Ericaceae
　　　　　450. 雄蕊着生于花冠上 ·· 紫草科 Boraginaceae

449. 成熟雄蕊 2 或 4 个，退化雄蕊有时也可存在。
   451. 每个子房室内仅含 1 或 2 个胚珠（如为后一情形时，也可在次 451 项检索之）。
      452. 叶对生或轮生；雄蕊 4 个，稀可 2 个；胚珠直立，稀可垂悬。
         453. 子房 2～4 室，共有 2 个或更多的胚珠 ………………………… 马鞭草科 Verbenaceae
         453. 子房 1 室，仅含 1 个胚珠 ……………………………………… 透骨草科 Phrymataceae
                                                         （透骨草属 *Phryma*）
      452. 叶互生或基生；雄蕊 2 或 4 个，胚珠垂悬；子房 2 室，每子房室内仅有 1 个胚珠
        ……………………………………………………………………………… 玄参科 Scrophulariaceae
   451. 每子房室内有 2 个至多数胚珠。
      454. 子房 1 室具侧膜胎座或中央胎座（有时可因侧膜胎座的深入而为 2 室）。
         455. 草本或木本植物，不为寄生性，也非食虫性。
            456. 多为乔木或木质藤本；叶为单叶或复叶，对生或轮生，稀可互生，种子有翅，但无胚
              乳 ……………………………………………………………………… 紫葳科 Bignoniaceae
            456. 多为草本；叶为单叶，基生或对生；种子无翅，有或无胚乳
                ………………………………………………………………………… 苦苣苔科 Gesneriaceae
         455. 草本植物，为寄生性或食虫性。
            457. 植物体寄生于其他植物的根部，而无绿叶存在；雄蕊 4 个；侧膜胎座
              ………………………………………………………………………… 列当科 Orobanchaceae
            457. 植物体为食虫性，有绿叶存在；雄蕊 2 个；特立中央胎座；多为水生或沼泽植物，且
              有具距的花冠 ……………………………………………………… 狸藻科 Lentibulariaceae
      454. 子房 2～4 室，具中轴胎座，或于角胡麻科中为子房 1 室而具侧膜胎座。
         458. 植物体常具分泌黏液的腺体毛茸；种子无胚乳或具一薄层胚乳。
            459. 子房最后成为 4 室；蒴果的果皮质薄而不延伸为长喙；油料植物
              …………………………………………………………………………… 胡麻科 Pedaliaceae
                                                               （胡麻属 *Sesamum*）
            459. 子房 1 室，蒴果的内皮坚硬而呈木质，延伸为钩状长喙；栽培花卉
              …………………………………………………………………………… 角胡麻科 Martyniaceae
                                                              （角胡麻属 *Pooboscidea*）
         458. 植物体不具上述的毛茸；子房 2 室。
            460. 叶对生；种子无胚乳，位于胎座的钩状突起上 ………………… 爵床科 Acanthaceae
            460. 叶互生或对生；种子有胚乳，位于中轴胎座上。
              461. 花冠裂片具深缺刻；成熟雄蕊 2 个 ……………………………… 茄科 Solanaceae
                                                               （蝴蝶花属 *Schizanthus*）
              461. 花冠裂片全缘或仅其先端具一个凹陷；成熟雄蕊 2 或 4 个
                ………………………………………………………………………… 玄参科 Scrophulariaceae
448. 花冠整齐，或近于整齐。
   462. 雄蕊数较花冠裂片为少。
      463. 子房 2～4 室，每个室内仅含 1 或 2 个胚珠。
         464. 雄蕊 2 个 ……………………………………………………………… 木犀科 Oleaceae
         464. 雄蕊 4 个。
            465. 叶互生，有透明腺体微点存在 ………………………………… 苦槛蓝科 Myoporaceae
            465. 叶对生，无透明微点存在 ……………………………………… 马鞭草科 Verbenaceae
      463. 子房 1 或 2 室，每个室内有数个至多数胚珠。
         466. 雄蕊 2 个；每子房室内有 4～10 个胚珠垂悬于室的顶端 ………… 木犀科 Oleaceae
                                                                （连翘属 *Forsythia*）
         466. 雄蕊 2 或 4 个；每子房室内有多数胚珠着生于中轴或侧膜胎座上。

467. 子房 1 室，内具分歧的侧膜胎座，或因胎座深入而使子房成 2 室
.... 苦苣苔科 Gesneriaceae
467. 子房为完全的 2 室，内具中轴胎座。
　　468. 花冠于蕾中常折叠；子房 2 心皮的位置偏斜 .... 茄科 Solanaceae
　　468. 花冠于蕾中不折叠，而呈覆瓦状排列；子房的 2 心皮位于前后方
.... 玄参科 Scrophulariaceae
462. 雄蕊和花冠裂片同数。
　469. 子房 2 个，或为 1 个而成熟后呈双角状。
　　470. 雄蕊各自分离；花粉粒也彼此分离 .... 夹竹桃科 Apocynaceae
　　470. 雄蕊互相连合；花粉粒连成花粉块 .... 萝藦科 Asclepiadaceae
　469. 子房 1 个，不呈双角状。
　　471. 子房 1 室或因侧膜胎座的深入而成 2 室。
　　　472. 子房为 1 心皮所成。
　　　　473. 花显著，呈漏斗形而簇生；果实为 1 瘦果，有棱或有翅 ...... 紫茉莉科 Nyctaginaceae
　　　　　　　　　　　　　　　　　　　　　　　　　　　　　　　　（紫茉莉属 Mirabilis）
　　　　473. 花小型而形成球形的头状花序；果实为 1 荚果，成熟后则裂为仅含 1 种子的节荚
.... 豆科 Leguminosae
　　　　　　　　　　　　　　　　　　　　　　　　　　　　　　　　（含羞草属 Mimosa）
　　　472. 子房为 2 个以上连合心皮所成。
　　　　474. 乔木或攀缘性灌木，稀可为攀缘性草木，而体内具有乳汁［例如心翼果属（Cardiopteris）］；果实呈核果状（但心翼果属则为干燥的翅果），内有 1 个种子
.... 茶茱萸科 Icacinaceae
　　　　474. 草本或亚灌木，或于旋花科的麻辣仔藤属（Erycibe）中为攀缘灌木；果实呈蒴果状（或于麻辣仔藤属中呈浆果状），内有 2 个或更多的种子。
　　　　　475. 花冠裂片呈覆瓦状排列。
　　　　　　476. 叶茎生，羽状分裂或为羽状复叶（限于我国植物如此）
.... 田基麻科 Hydrophyllaceae
　　　　　　　　　　　　　　　　　　　　　　　　　　　　　　　　（水叶属 Hydrophylleae）
　　　　　　476. 叶基生，单叶，边缘具齿裂 .... 苦苣苔科 Gesneriaceae
　　　　　　　　　　　　　　　　　　　　　　　　　　（苦苣苔属 Conandron，黔苣苔属 Tengia）
　　　　　475. 花冠裂片常呈旋转状或内折的镊合状排列。
　　　　　　477. 攀缘性灌木；果实呈浆果状，内有少数种子 .... 旋花科 Convolvulaceae
　　　　　　　　　　　　　　　　　　　　　　　　　　　　　　　　（麻辣仔藤属 Erycibe）
　　　　　　477. 直立陆生或漂浮水面的草本；果实呈蒴果状，内有少数至多数种子
.... 龙胆科 Gentianaceae
　　471. 子房 2～10 室。
　　　478. 无绿叶而为缠绕性的寄生植物 .... 旋花科 Convolvulaceae
　　　　　　　　　　　　　　　　　　　　　　　　　　　　　（菟丝子亚科 Cuscutoideae）
　　　478. 不是上述的无叶寄生植物。
　　　　479. 叶常对生，在两叶之间有托叶所成的连接线或附属物 .... 马钱科 Loganiaceae
　　　　479. 叶常互生，或有时基生，如为对生时，其两叶之间也无托叶所成的连系物，有时其叶也可轮生。
　　　　　480. 雄蕊和花冠离生或近于离生。
　　　　　　481. 灌木或亚灌木；花药顶端孔裂；花粉粒为四合体；子房常 5 室 .... 杜鹃花科 Ericaceae
　　　　　　481. 一年或多年生草本，常为缠绕性；花药纵长裂开；花粉粒单纯；子房常 3～5 室
.... 桔梗科 Campanulaceae

480. 雄蕊着生于花冠的筒部。
    482. 雄蕊 4 个，稀可在冬青科为 5 个或更多。
        483. 无主茎的草本，具由少数至多数花朵所形成的穗状花序生于一个基生花梃上 ··· 车前科 Plantaginaceae
（车前属 *Plantago*）
        483. 乔木、灌木或具有主茎的草木。
            484. 叶互生，多常绿 ··· 冬青科 Aquifoliaceae
（冬青属 *Ilex*）
            484. 叶对生或轮生。
                485. 子房 2 室，每个室内有多数胚珠 ··············· 玄参科 Scrophulariaceae
                485. 子房 2 室至多室，每个室内有 1 或 2 个胚珠 ······ 马鞭草科 Verbenaceae
    482. 雄蕊常 5 个，稀可更多。
        486. 每个子房室内仅有 1 或 2 个胚珠。
            487. 子房 2 或 3 室；胚珠自子房室近顶端垂悬；木本植物；叶全缘。
                488. 每花瓣 2 裂或 2 分；花柱 1 个；子房无柄，2 或 3 室，每个室内各有 2 个胚珠；核果；有托叶 ··· 毒鼠子科 Dichapetalaceae
（毒鼠子属 *Dichapetalum*）
                488. 每个花瓣均完整；花柱 2 个；子房具柄，2 室，每室内仅有 1 个胚珠；翅果；无托叶 ··· 茶茱萸科 Icacinaceae
            487. 子房 1~4 室；胚珠在子房室基底或中轴的基部直立或上举；无托叶；花柱 1 个，稀可 2 个，有时在紫草科的破布木属（*Cordia*）中其先端可成两次的 2 分。
                489. 果实为核果；花冠有明显的裂片，并在蕾中呈覆瓦状或旋转状排列；叶全缘或有锯齿；通常均为直立木本或草本，多粗壮或具刺毛 ········ 紫草科 Boraginaceae
                489. 果实为蒴果；花瓣完整或具裂片；叶全缘或具裂片，但无锯齿缘。
                  490. 通常为缠绕性稀可为直立草本，或为半木质的攀缘植物至大型木质藤本［例如盾苞藤属（*Neuropeltis*）］萼片多互相分离；花冠常完整而几无裂片，于蕾中呈旋转状排列，也可有时深裂而其裂片呈内折的镊合状排列（例如盾苞藤属） ·· 旋花科 Convolvulaceae
                  490. 通常均为直立草木；萼片连合呈钟形或筒状；花冠有明显的裂片，惟于蕾中也成旋转状排列 ··· 花荵科 Polemoniaceae
        486. 每子房室内有多数胚珠，或在花荵科中有时为 1 至数个；多无托叶。
            491. 高山区生长的耐寒旱性低矮多年生草本或丛生亚灌木；叶多小型，常绿，紧密排列成覆瓦状或莲座式；花无花盘；花单生至聚集成几为头状花序；花冠裂片呈覆瓦状排列；子房 3 室；花柱 1 个；柱头 3 裂；蒴果室背开裂 ······················· 岩梅科 Diapensiaceae
            491. 草本或木本，不为耐寒旱性；叶常为大型或中型，脱落性，疏松排列而各自展开；花多有位于子房下方的花盘。
                492. 花冠不于蕾中折叠，其裂片呈旋转状排列，或在田基麻科中为覆瓦状排列。
                  493. 叶为单叶，或在花荵属（*Polemonium*）为羽状分裂或为羽状复叶；子房 3 室（稀可 2 室）；花柱 1 个；柱头 3 裂；蒴果多室背开裂 ············ 花荵科 Polemoniaceae
                  493. 叶为单叶，且在田基麻属（*Hydrolea*）为全缘；子房 2 室；花柱 2 个；柱头呈头状；蒴果室间开裂 ······································· 田基麻科 Hydrophyllaceae
（田基麻族 Hydrolieae）
              492. 花冠裂片呈镊合状或覆瓦状排列，或其花冠于蕾中折叠，且成旋转状排列；花萼常宿存；子房 2 室；或在茄科中为假 3 室至假 5 室；花柱 1 个；柱头完整或 2 裂。
                494. 花冠多于蕾中折叠，其裂片呈覆瓦状排列；或在曼陀罗属（*Datura*）呈旋转状排列，稀可在枸杞属（*Lycium*）和颠茄属（*Atropa*）等属中，并不于蕾中折叠，而呈覆瓦状排列，雄

　　　　　蕊的花丝无毛；浆果，或为纵裂或横裂的蒴果 …………………………… 茄科 Solanaceae
　　　494. 花冠不于蕾中折叠，其裂片呈覆瓦状排列；雄蕊的花丝具毛茸（尤以后方的3个如此）。
　　　　　495. 室间开裂的蒴果 ………………………………………………… 玄参科 Scrophulariaceae
　　　　　　　　　　　　　　　　　　　　　　　　　　　　　　　　　　（毛蕊花属 *Verbascum*）
　　　　　495. 浆果，有刺灌木 ………………………………………………………… 茄科 Solanaceae
　　　　　　　　　　　　　　　　　　　　　　　　　　　　　　　　　　　　（枸杞属 *Lycium*）
1. 子叶1个；茎无中央髓部，也无呈年轮状的生长；叶多具平行叶脉；花为三出数，有时为四出数，但极
　　少为五出数 …………………………………………………………… 单子叶植物纲 Monocotyledoneae
　　496. 木本植物，或其叶于芽中呈折叠状。
　　　　497. 灌木或乔木；叶细长或呈剑状，在芽中不呈折叠状 ………………… 露兜树科 Pandanaceae
　　　　497. 木本或草本；叶甚宽，常为羽状或扇形的分裂，在芽中呈折叠状而有强韧的平行脉或射出脉。
　　　　　498. 植物体多甚高大，呈棕榈状，具简单或分枝少的主干；花为圆锥或穗状花序，托以佛焰状苞片
　　　　　　　……………………………………………………………………………… 棕榈科 Palmae
　　　　　498. 植物体常为无主茎的多年生草本，具常深裂为2片的叶片；花为紧密的穗状花序
　　　　　　　………………………………………………………………………… 环花科 Cyclanthaceae
　　　　　　　　　　　　　　　　　　　　　　　　　　　　　　　　　（巴拿马草属 *Carludovica*）
　　496. 草本植物或稀可为本质茎，但其叶于芽中从不呈折叠状。
　　　　499. 无花被或在眼子菜科中很小。次499项，见210页。
　　　　　500. 花包藏于或附托以呈覆瓦状排列的壳状鳞片（特称为颖）中，由多花至1花形成小穗（自形态
　　　　　　　学观点而言，此小穗实即简单的穗状花序）。
　　　　　　501. 秆多少有些呈三棱形，实心；茎生叶呈三行排列；叶鞘封闭；花药以基底附着花丝；果实为
　　　　　　　　 瘦果或囊果 …………………………………………………………… 莎草科 Cyperaceae
　　　　　　501. 秆常呈圆筒形；中空；茎生叶呈二行排列；叶鞘常在一侧纵裂开；花药以其中部附着花丝；
　　　　　　　　 果实通常为颖果 ……………………………………………………… 禾本科 Gramineae
　　　　　500. 花虽有时排列为具总苞的头状花序，但并不包藏于呈壳状的鳞片中。
　　　　　　502. 植物体微小，无真正的叶片，仅具无茎而漂浮水面或沉没水中的叶状体
　　　　　　　　 ……………………………………………………………………… 浮萍科 Lemnaceae
　　　　　　502. 植物体常具茎，也具叶，其叶有时可呈鳞片状。
　　　　　　　 503. 水生植物，具沉没水中或漂浮水面的叶片。次503项，见210页。
　　　　　　　　 504. 花单性，不排列成穗状花序。
　　　　　　　　　 505. 叶互生；花呈球形的头状花序 ………………………… 黑三棱科 Sparganiaceae
　　　　　　　　　　　　　　　　　　　　　　　　　　　　　　　　　（黑三棱属 *Sparganium*）
　　　　　　　　　 505. 叶多对生或轮生；花单生，或在叶腋间形成聚伞花序。
　　　　　　　　　　506. 多年生草本；雌蕊为1个或更多而互相分离的心皮所成；胚珠自子房室顶端垂悬
　　　　　　　　　　　 ……………………………………………………… 眼子菜科 Potamogetonaceae
　　　　　　　　　　　　　　　　　　　　　　　　　　　　　　　　（角果藻族 Zannichellieae）
　　　　　　　　　　506. 一年生草本；雌蕊1个，具2~4柱头；胚珠直立于子房室的基底
　　　　　　　　　　　 ……………………………………………………………… 茨藻科 Najadaceae
　　　　　　　　　　　　　　　　　　　　　　　　　　　　　　　　　　　（茨藻属 *Najas*）
　　　　　　　　 504. 花两性或单性，排列成简单或分歧的穗状花序。
　　　　　　　　　 507. 花排列于1个扁平穗轴的一侧。
　　　　　　　　　　508. 海水植物；穗状花序不分歧，但具雌雄同株或异株的单性花；雄蕊1个，具无花丝
　　　　　　　　　　　 而为1室的花药；雌蕊1个，具2柱头；胚珠1个，垂悬于子房室的顶端
　　　　　　　　　　　 ……………………………………………………… 眼子菜科 Potamogetonaceae
　　　　　　　　　　　　　　　　　　　　　　　　　　　　　　　　　　（大叶藻属 *Zostera*）
　　　　　　　　　　508. 淡水植物；穗状花序常分为两歧而具两性花；雄蕊6个或更多，具极细长的花丝和

　　　　　　2室的花药；雌蕊为3～6个离生心皮所成；胚珠在每个室内有2个或更多，基生
　　　　　　...水蕹科 Aponogetonaceae
　　　　　　　　　　　　　　　　　　　　　　　　　　　　　　　（水蕹属 *Aponogeton*）
　　　　507. 花排列于穗轴的周围，多为两性花；胚珠常仅1个 .... 眼子菜科 Potamogetonaceae
　　503. 陆生或沼泽植物，常有位于空气中的叶片。
　　　　509. 叶有柄，全缘或有各种形状的分裂，具网状脉；花形成一个肉穗花序，后者常有一个大型而常
　　　　　　具色彩的佛焰苞片 .... 天南星科 Araceae
　　　　509. 叶无柄，呈细长形、剑形或退化为鳞片状，其叶片常具平行脉。
　　　　　　510. 花形成紧密的穗状花序，或在帚灯草科为疏松的圆锥花序。
　　　　　　　　511. 陆生或沼泽植物；花序为由位于苞腋间的小穗所组成的疏散圆锥花序；雌雄异株；叶多呈
　　　　　　　　　　鞘状 .... 帚灯草科 Restionaceae
　　　　　　　　　　　　　　　　　　　　　　　　　　　　　　　　（薄果草属 *Leptocarpus*）
　　　　　　　　511. 水生或沼泽植物；花序为紧密的穗状花序。
　　　　　　　　　　512. 穗状花序位于一个呈二菱形的基生花梃的一侧，而另一侧则延伸为叶状的佛焰苞片；花
　　　　　　　　　　　　两性 .... 天南星科 Araceae
　　　　　　　　　　　　　　　　　　　　　　　　　　　　　　　　（石菖蒲属 *Acorus*）
　　　　　　　　　　512. 穗状花序位于一个圆柱形花梗的顶端，形如蜡烛而无佛焰苞；雌雄同株
　　　　　　　　　　　　... 香蒲科 Typhaceae
　　　　　　510. 花序有各种形式。
　　　　　　　　513. 花单性，呈头状花序。
　　　　　　　　　　514. 头状花序单生于基生无叶的花梃顶端；叶狭窄，呈禾草状，有时叶为膜质
　　　　　　　　　　　　... 谷精草科 Eriocaulaceae
　　　　　　　　　　　　　　　　　　　　　　　　　　　　　　　　（谷精草属 *Eriocaulon*）
　　　　　　　　　　514. 头状花序散生于具叶的主茎或枝条的上部，雄性者在上，雌性者在下；叶细长，呈扁三
　　　　　　　　　　　　棱形，直立或漂浮水面，基部呈鞘状 .... 黑三棱科 Sparganiaceae
　　　　　　　　　　　　　　　　　　　　　　　　　　　　　　　　（黑三棱属 *Sparganium*）
　　　　　　　　513. 花常两性。
　　　　　　　　　　515. 花序呈穗状或头状，包藏于2个互生的叶状苞片中；无花被；叶小，细长形或呈丝状；
　　　　　　　　　　　　雄蕊1或2个；子房上位，1～3室，每个子房室内仅有1个垂悬胚珠
　　　　　　　　　　　　.. 刺鳞草科 Centrolepidaceae
　　　　　　　　　　515. 花序不包藏于叶状的苞片中；有花被。
　　　　　　　　　　　　516. 子房3～6个，至少在成熟时互相分离 .... 水麦冬科 Juncaginaceae
　　　　　　　　　　　　　　　　　　　　　　　　　　　　　　　　（水麦冬属 *Triglochin*）
　　　　　　　　　　　　516. 子房1个，由3心皮连合所组成 .... 灯心草科 Juncaceae
499. 有花被，常显著，且呈花瓣状。
　　517. 雌蕊3个至多数，互相分离。
　　　　518. 死物寄生性植物，具呈鳞片状而无绿色叶片。
　　　　　　519. 花两性，具2层花被片；心皮3个，各有多数胚珠 .... 百合科 Liliaceae
　　　　　　　　　　　　　　　　　　　　　　　　　　　　　　　　（无叶莲属 *Petrosavia*）
　　　　　　519. 花单性或稀可杂性，具一层花被片；心皮数个，各仅有1个胚珠
　　　　　　　　... 霉草科 Triuridaceae
　　　　　　　　　　　　　　　　　　　　　　　　　　　　　　　　（喜阴草属 *Sciaphila*）
　　　　518. 不是死物寄生性植物，常为水生或沼泽植物，具有发育正常的绿叶。
　　　　　　520. 花被裂片彼此相同；叶细长，基部具鞘 .... 水麦冬科 Juncaginaceae
　　　　　　　　　　　　　　　　　　　　　　　　　　　　　　　　（芝菜属 *Scheuchzeria*）
　　　　　　520. 花被裂片分化为萼片和花瓣2轮。

521. 叶（限于我国植物）呈细长形，直立；花单生或呈伞形花序；蓇葖果
.... 花蔺科 Butomaceae
（花蔺属 Butomus）

521. 叶呈细长兼披针形至卵圆形，常为箭镞状而具长柄；花常轮生，呈总状或圆锥花序；瘦果
.... 泽泻科 Alismataceae

517. 雌蕊1个，复合性或于百合科的岩菖蒲属（*Tofieldia*）中其心皮近于分离。
522. 子房上位，或花被和子房相分离。
523. 花两侧对称；雄蕊1个，位于前方，即着生于远轴的1个花被片的基部
.... 田葱科 Philydraceae
（田葱属 *Philydrum*）
523. 花辐射对称，稀可两侧对称；雄蕊3个或更多。
524. 花被分化为花萼和花冠2轮，后者于百合科的重楼族中，有时为细长形或线形的花瓣所组成，稀可缺如。
525. 花形成紧密而具鳞片的头状花序；雄蕊3个；子房1室 .... 黄眼草科 Xyridaceae
（黄眼草属 *Xyris*）
525. 花不形成头状花序；雄蕊数在3个以上。
526. 叶互生，基部具鞘，平行脉；花为腋生或顶生的聚伞花序；雄蕊6个，或因退化而数较少
.... 鸭跖草科 Commelinaceae
526. 叶以3个或更多个生于茎的顶端而成一轮，网状脉而于基部具3~5脉；花单独顶生；雄蕊6个、8个或10个 .... 百合科 Liliaceae
（重楼族 Parideae）
524. 花被裂片彼此相同或近于相同，或于百合科的白丝草属（*Chinographis*）中则极不相同，又在同科的油点草属（*Tricynis*）中其外层3个花被裂片的基部呈囊状。
527. 花小型，花被裂片绿色或棕色。
528. 花位于一个穗形总状花序上；蒴果自一个宿存的中轴上裂为3~6瓣，每个果瓣内仅有1个种子 .... 水麦冬科 Juncaginaceae
（水麦冬属 *Triglochin*）
528. 花位于各种形式的花序上；蒴果室背开裂为3瓣，内有多数至3个种子
.... 灯心草科 Juncaceae
527. 花大型或中型，或有时为小型，花被裂片多少有些具鲜明的色彩。
529. 叶（限于我国植物）的顶端变为卷须，并具闭合的叶鞘；胚珠在每室内仅为1个；花排列为顶生的圆锥花序 .... 须叶藤科 Flagellariaceae
（须叶藤属 *Flagellaria*）
529. 叶的顶端不变为卷须；胚珠在每子房室内为多数，稀可仅为1个或2个。
530. 直立或漂浮的水生植物；雄蕊6个，彼此不相同，或有时有不育者
.... 雨久花科 Pontederiaceae
530. 陆生植物；雄蕊6个、4个或2个，彼此相同。
531. 花为四出数，叶（限于我国植物）对生或轮生，具有显著纵脉及密生的横脉
.... 百部科 Stemonaceae
（百部属 *Stemona*）
531. 花为三出或四出数；叶常基生或互生 .... 百合科 Liliaceae
522. 子房下位，或花被多少有些和子房相愈合。
532. 花两侧对称或为不对称形。
533. 花被片均呈花瓣状；雄蕊和花柱多少有些互相连合 .... 兰科 Orchidaceae
533. 花被片并不是均呈花瓣状，其外层者形如萼片；雄蕊和花柱相分离。
534. 后方的1个雄蕊常为不育性，其余5个则均发育而具有花药。

535. 叶和苞片排列成螺旋状；花常因退化而为单性；浆果；花管呈管状，其一侧不久即裂开 ··· 芭蕉科 Musaceae
（芭蕉属 Musa）
535. 叶和苞片排列成2行；花两性，蒴果。
  536. 萼片互相分离或至多可和花冠相连合；居中的1个花瓣并不成为唇瓣 ··· 芭蕉科 Musaceae
（鹤望兰属 Strelitzia）
  536. 萼片互相连合呈管状；居中（位于远轴方向）的1花瓣为大型而成唇瓣 ··· 芭蕉科 Musaceae
（兰花蕉属 Orchidantha）
534. 后方的1个雄蕊发育而具有花药，其余5个则退化，或变形为花瓣状。
  537. 花药2室；萼片互相连合为一个萼筒，有时呈佛焰苞状 ·············· 姜科 Zingiberaceae
  537. 花药1室；萼片互相分离或至多彼此相衔接。
    538. 子房3室，每个子房室内有多数胚珠位于中轴胎座上；各不育雄蕊呈花瓣状，互相于基部简短连合 ··························· 美人蕉科 Cannaceae
（美人蕉属 Canna）
    538. 子房3室或因退化而成1室，每个子房室内仅含1个基生胚珠；各不育雄蕊也呈花瓣状，但多少有些互相连合 ·············· 竹芋科 Marantaceae
532. 花常辐射对称，也即花整齐或近于整齐。
  539. 水生草本，植物体部分或全部沉没水中 ············ 水鳖科 Hydrocharitaceae
  539. 陆生草木。
    540. 植物体为攀缘性；叶片宽广，具网状脉（还有数主脉）和叶柄 ··· 薯蓣科 Dioscoreaceae
    540. 植物体不为攀缘性；叶具平行脉。
      541. 雄蕊3个。
        542. 叶2行排列，两侧扁平而无背腹面之分，由下向上重叠跨覆；雄蕊和花被的外层裂片相对生 ··························· 鸢尾科 Iridaceae
        542. 叶不为2行排列；茎生叶呈鳞片状；雄蕊和花被的内层裂片相对生 ··························· 水玉簪科 Burmanniaceae
      541. 雄蕊6个。
        543. 果实为浆果或蒴果，而花被残留物多少和它相合生，或果实为聚花果；花被的内层裂片各于其基部有2个舌状物；叶呈带形，边缘有刺齿或全缘 ············ 凤梨科 Bromeliaceae
        543. 果实为蒴果或浆果，仅为1朵花所成；花被裂片无附属物。
          544. 子房1室，内有多数胚珠位于侧膜胎座上；花序为伞形，具长丝状的总苞片 ··························· 蒟蒻薯科 Taccaceae
          544. 子房3室，内有多数至少数胚珠位于中轴胎座上。
            545. 子房部分下位 ·· 百合科 Liliaceae
（肺筋草属 Aletris，沿阶草属 Ophiopogon，球子草属 Peliosanthes）
            545. 子房完全下位 ··· 石蒜科 Amaryllidaceae

参 考 文 献

1. 徐世义．药用植物学．北京：化学工业出版社，2004
2. 宋德勋．药用植物．北京：中国中医药出版社，2003
3. 许文渊．药用植物学．北京：中国医药科学出版社，2000
4. 杨春澍．药用植物学．上海：上海科学技术出版社，1999
5. 姚振生．药用植物学．北京：中国中医药出版社，2002
6. 郑汉臣．药用植物学与生药学．北京：人民卫生出版社，2003
7. 郑俊华．生药学．北京：人民卫生出版社，1999
8. 张贵君．中药鉴定学．北京：科学出版社，2002
9. 任仁安．中药鉴定学．上海：上海科学技术出版社，2004
10. 江苏新医药．中药大辞典（上、下）．上海：上海科学技术出版社，1992
11. 树木学（南方本编写委员会）．树木学．北京：中国林业出版社，2000
12. 徐鸿华．中草药彩图草册（一）．广州：广东科技出版社，2004
13. 曹慧娟．植物学．北京：中国林业出版社，1993
14. 赵遵田，苗明升．植物学实验教程．北京：科学出版社，2004
15. 李正理．植物解剖学．北京：高等教育出版社，1984
16. 刘穆．种子植物形态解剖学导论．北京：科学出版社，2004
17. 肖培根．中药志（第一卷至第五卷）．北京：人民卫生出版社，1982

全国医药中等职业技术学校教材可供书目

	书　名	书号	主编	主审	定价
1	中医学基础	7876	石磊	刘笑非	16.00
2	中药与方剂	7893	张晓瑞	范颖	23.00
3	药用植物基础	7910	秦泽平	初敏	25.00
4	中药化学基础	7997	张梅	杜芳麓	18.00
5	中药炮制技术	7861	李松涛	孙秀梅	26.00
6	中药鉴定技术	7986	吕薇	潘力佳	28.00
7	中药调剂技术	7894	阎萍	李广庆	16.00
8	中药制剂技术	8001	张杰	陈祥	21.00
9	中药制剂分析技术	8040	陶定阑	朱品业	23.00
10	无机化学基础	7332	陈艳	黄如	22.00
11	有机化学基础	7999	梁绮思	党丽娟	24.00
12	药物化学基础	8043	叶云华	张春桃	23.00
13	生物化学	7333	王建新	苏怀德	20.00
14	仪器分析	7334	齐宗韶	胡家炽	26.00
15	药用化学基础(一)(第二版)	04538	常光萍	侯秀峰	22.00
16	药用化学基础(二)	7993	陈蓉	宋丹青	24.00
17	药物分析技术	7336	霍燕兰	何铭新	30.00
18	药品生物测定技术	7338	汪穗福	张新妹	29.00
19	化学制药工艺	7978	金学平	张珩	18.00
20	现代生物制药技术	7337	劳文艳	李津	28.00
21	药品储存与养护技术	7860	夏鸿林	徐荣周	22.00
22	职业生涯规划(第二版)	04539	陆祖庆	陆国民	20.00
23	药事法规与管理(第二版)	04879	左淑芬	苏怀德	28.00
24	医药会计实务(第二版)	06017	董桂真	胡仁昱	15.00
25	药学信息检索技术	8066	周淑琴	苏怀德	20.00
26	药学基础	8865	潘雪	苏怀德	21.00
27	药用医学基础(第二版)	05530	赵统臣	苏怀德	39.00
28	公关礼仪	9019	陈世伟	李松涛	23.00
29	药用微生物基础	8917	林勇	黄武军	22.00
30	医药市场营销	9134	杨文章	杨悦	20.00
31	生物学基础	9016	赵军	苏怀德	25.00
32	药物制剂技术	8908	刘娇娥	罗杰英	36.00
33	药品购销实务	8387	张蕾	吴阊云	23.00
34	医药职业道德	00054	谢淑俊	苏怀德	15.00
35	药品 GMP 实务	03810	范松华	文彬	24.00
36	固体制剂技术	03760	熊野娟	孙忠达	27.00
37	液体制剂技术	03746	孙彤伟	张玉莲	25.00
38	半固体及其他制剂技术	03781	温博栋	王建平	20.00
39	医药商品采购	05231	陆国民	徐东	25.00
40	药店零售技术	05161	苏兰宜	陈云鹏	26.00
41	医药商品销售	05602	王冬丽	陈军力	29.00
42	药品检验技术	05879	顾平	董政	29.00
43	药品服务英语	06297	侯居左	苏怀德	20.00
44	全国医药中等职业技术教育专业技能标准	6282	全国医药职业技术教育研究会		8.00

欲订购上述教材,请联系我社发行部:010-64519684,010-64518888

如果您需要了解详细的信息,欢迎登录我社网站:www.cip.com.cn